新编21世纪高等职业教育精品教材
电子与信息类

C语言程序设计

主　编◎杨　磊　李洪建　李晓明
副主编◎王延亮　徐　升　张　卓
陈　琳　张　鹏　童得力
曾　志

中国人民大学出版社
·北京·

前言

Preface

C语言自诞生以来，便以其简洁的语法、强大的功能及广泛的应用领域，奠定了计算机科学教育的基石，成为无数编程爱好者与技术精英探索编程世界的起点。C语言程序设计，正是在这样的时代背景下，秉持传承与创新的精神，应运而生。

C语言作为经典且广泛应用的编程语言，必须为实现和推动新型信息化建设发挥应有的作用。本书不仅致力于传授C语言的基本知识，而且力求在提升学生专业技能的同时，培养其家国情怀、工匠精神与技术自信，为培养德智体美劳全面发展的社会主义建设者和接班人贡献力量。

本书遵循学生学习规律，精心设计了课程内容结构和项目案例。本书内容以任务为指引，以知识为根基，以丰富案例为载体，在任务实现的过程中，介绍涉及的知识储备内容，最后完成项目。本书综合项目通过项目案例的拆解与分析，帮助学生将理论知识转化为实践能力，从而全面掌握模块化编程思想，培养学生使用C语言编写出功能完整的程序解决实际问题的能力。

在内容编排上，本书精心设计了10个任务，涵盖了C语言程序的基本结构、数据类型、运算符与表达式、控制结构、函数、数组、指针、结构体与联合体、文件操作等核心知识点。每个任务都辅以丰富的示例代码和详细的解释说明，帮助学生更好地理解并掌握C语言的精髓。

本书特色鲜明，主要体现在以下几个方面：

（1）“岗课赛证”融通。本书对接软件开发工程师等岗位需求，采用任务驱动的理念设计教学活动，依据“任务目标→任务描述→知识储备→任务实现”的逻辑主线组织教学内容，重点培养学生的编码能力和项目实施能力，以及工匠精神、技术自信等职业素养，落实立德树人的根本任务。

（2）校企“双元”编写。本书由校内教师与华为技术有限公司、山东桥通天下网络科技有限公司工程师共同编写，遵循学生的认知规律，设计了10个任务，配套多个程序案例。

（3）配套数字资源。本书基于数字资源融媒体、可视化及时效性等特点，配套微课视频、课程PPT、习题等资源。微课视频在书中以二维码形式呈现，学生可以随扫随学。

本书由杨磊、李洪建、李晓明担任主编，由王延亮、徐升、张卓、陈琳、张鹏、童得力、曾志担任副主编。杨磊等负责教材内容设计与编排，童得力负责教材编辑、修改与完善，曾志负责教材统稿与全面审订。教材各任务由杨磊、李洪建、李晓明、王延亮、徐升、张卓、陈琳、张鹏等编写，各位作者均承担了数字化资源建设工作。

华为技术有限公司、山东桥通天下网络科技有限公司的工程师们对教材编写提供了项目案例和解决方案，并对C语言工程师学习技术路线进行分析，对教材综合实训项目实施提出了许多宝贵意见，对本书编写给予了大力支持。本书的编写得到了中国人民大学出版社张美丽编辑的悉心指导，在此一并表示衷心的感谢。

由于编者的水平有限，本书难免存在疏漏和不足之处，敬请广大读者批评、指正。

编　者

目录

Contents

任务1 学生成绩管理系统之系统启动

任务目标

知识目标

- 了解C语言的基本概念；
- 理解程序设计的基础知识；
- 掌握C语言的基本语法。

技能目标

- 能够安装编程工具Dev-C++；
- 能够在Dev-C++中创建C程序；
- 能够使用Dev-C++编写程序；
- 能够使用Dev-C++运行程序。

素养目标

- 培养严谨的科学态度；
- 培养编程思维；
- 提高自主学习能力。

任务描述

本任务将通过各知识点引导学生认识程序、认识计算机语言、了解C语言及其风格，带领学生尝试编写第一个C语言程序，最终运用本任务储备的知识，掌握如何运行贯穿本书始终的综合项目——学生成绩管理系统。

微课

任务1 学生成绩管理系统之系统启动

知识储备

1.1 认识程序

程序是软件的重要组成部分，是计算机运行的基石，在各类计算机普及的今天，程序几乎无处不在。程序是人类与计算机沟通的桥梁，是为实现特定目标或解决特定问题而用某种程序设计语言编写的一组指令的集合，这些指令描述了计算机如何执行特定的任务，包括计算、数据处理、信息检索等。

瑞士著名的计算机科学家尼古拉斯·沃斯（Niklaus Wirth）曾提出过这样一个经典公式：

程序＝算法＋数据结构

他认为，程序就是在数据的某些特定的表示方式和结构的基础上对抽象算法的具体描述。编写程序时，首先要明确程序操作的对象，即数据（数据结构就是对数据及它们之间的关系的描述），然后设计出对这些数据进行操作的具体步骤，算法就是对这些操作步骤的一种描述。这个观点在计算机科学领域中被广泛接受，它强调了在编写高效、可靠的程序时，数据结构和算法的重要性。

用户需要计算机完成什么工作，只要将其步骤用多条指令的形式描述出来，并把这些指令存放在计算机的存储器中，需要结果时就向计算机发出一个简单的命令，计算机就会自动逐条执行操作，全部指令执行完就可得到预期的结果。

通常计算机程序有以下共同特点：

（1）目的性。程序有明确的目的，运行时能够完成赋予它的功能。

（2）分步性。程序为了完成一个复杂的功能，可由一系列可执行的步骤组成。

（3）有序性。程序的执行步骤是有序的，不可以随意改变程序步骤的执行顺序。

（4）有限性。程序是有限的指令集合，程序所包含的步骤是有限的。

（5）操作性。程序可以对某些对象进行操作，使其改变状态，完成相应的功能。

1.2 认识计算机语言

计算机语言（Computer Language）的发展史可以追溯到计算机刚刚问世的时候，它是指用于人与计算机之间通信的语言，是人与计算机之间传递信息的媒介。计算机语言是一套用于编写计算机程序的数字、字符和语法规则，由这些数字、字符和语法规则组成计算机各种指令或语句，从而指示计算机执行特定的操作。按照计算机语言的发展历程和特点，其可分为机器语言、汇编语言和高级语言三类，其中机器语言和汇编语言也被统称为低级语言。

1.2.1 机器语言

机器语言是计算机能够直接识别和执行的二进制代码指令集，是计算机设计的底层基础。机器指令由操作码和操作数两部分组成，操作码指示计算机执行某种操作，而操作数则提供操作所需的数据。机器指令示例如下所示：

```
000101 00000011
```

以上指令中的“000101”为操作码，对应机器语言规定的一种操作；“00000011”为操作数“3”，机器指令的操作码和操作数都是由“0”“1”组成的二进制代码。

机器语言的特点主要包括：

（1）直接性：机器语言直接对应计算机的硬件操作，无须经过任何翻译或编译过程，因此执行速度非常快。

（2）底层性：机器语言是计算机最底层的编程语言，与硬件结构紧密相关，因此不同的计算机硬件系统具有各自独特的机器语言。

（3）难学难懂：机器语言由二进制代码组成，与人类自然语言差异较大，学习和理解起来较为困难。

（4）无通用性：机器语言完全依赖于特定的计算机系统和硬件结构，缺乏通用性。

（5）功能完善：尽管高级语言在某些方面可能更为方便，但机器语言能够实现的功能在某些情况下是高级语言无法实现的。

在实际应用中，由于机器语言的上述特点，它主要用于特定的硬件控制、底层系统编程及嵌入式系统等领域。早期，人们使用机器语言来编写程序，直接对用数字表示的机器代码进行操作。但这种语言对于人类来说难以理解和记忆，因为它直接基于二进制编码，没有提供任何高级的抽象或结构，因此逐步诞生了汇编语言和高级语言。

1.2.2 汇编语言

汇编语言是介于机器语言与高级语言之间的一种语言，也被称为符号语言。它用助记符代替机器指令的操作码，用地址符号或标号代替指令或操作数的地址。汇编语言虽然也属于低级语言，但相对于机器语言而言，汇编语言的编写、调试、修改和移植更加方便，同时也具有目标程序占用存储空间小、运行速度快等优点。下面是一条汇编指令示例：

```
MOV R1
```

以上指令中的“MOV”为操作码，对应汇编语言规定的一种操作；“R1”为寄存器地址，通过访问寄存器可获取其中存储的操作数。

汇编语言的特点主要体现在以下几个方面：

（1）与机器语言关联紧密：汇编语言的指令与机器语言的指令基本上是一一对应的，

因此汇编语言程序翻译成机器语言程序后，执行效率非常高，占用的存储空间少。

（2）依赖于特定硬件：汇编语言指令是机器指令的一种符号表示，而不同计算机的机器指令系统不同，所以汇编语言程序依赖于具体的计算机硬件及其指令系统，不能通用。

（3）编程相对简单：与机器语言相比，汇编语言使用助记符来编写程序，使得程序更易于编写、调试和阅读。

（4）接近底层硬件：汇编语言能够直接访问和控制硬件，如内存、CPU 寄存器、I/O 端口等，这使得它在底层系统编程、嵌入式系统开发、设备驱动编写等领域具有广泛的应用。

（5）需要一定硬件知识：编写汇编语言程序需要对计算机硬件有一定的了解，包括 CPU 的指令集、内存布局、I/O 设备等。

（6）跨平台性较差：由于汇编语言是与特定硬件和指令集紧密相关的，因此其代码在不同平台之间的移植性较差。

在实际应用中，汇编语言常用于编写启动代码、系统核心代码、实时控制代码等对性能要求极高或需要直接控制硬件的场合。同时，它也被用作高级语言编译器的目标语言，以生成高效的机器代码。然而，随着高级语言的发展和优化技术的提升，汇编语言在一般应用软件开发中的使用逐渐减少，但在某些特定领域仍具有不可替代的作用。

1.2.3 高级语言

高级语言（High-Level Programming Language）是一种接近于人类自然语言和数学语言的程序设计语言，同时也是相对于机器语言（汇编语言）而言的。高级语言不依赖于计算机硬件，其指令由更复杂的机器语言代码序列构成，能够经由编译器或解释器转换成机器语言。高级语言易于编写、阅读和维护，并且独立于计算机的硬件结构，具有良好的可移植性。下面是一条高级指令示例：

```
a = c + b;
```

以上指令的含义为将操作数 c 和操作数 b 相加，并将结果赋给操作数 a。

高级语言的主要特点包括：

（1）易读性：高级语言的语法和语义设计更接近于人类自然语言，使得代码易于编写和理解。

（2）可移植性：高级语言编写的程序通常可以在不同的计算机系统和平台上运行，只需提供相应的编译器或解释器即可。

（3）强大的抽象能力：高级语言提供了丰富的数据结构和控制结构，支持面向过程、面向对象等多种编程范式，能够表达更复杂的算法和逻辑。

（4）提高开发效率：高级语言通常配备有强大的开发环境和工具，如集成开发环境（IDE）、调试器等，可以极大地提高程序开发的效率和质量。

常见的高级语言包括 C、C++、Java、Python、JavaScript 等。这些语言在各自的领域和场景中发挥着重要作用，如 C 和 C++ 在底层系统开发、游戏开发等领域有广泛应用，

Java 在 Web 应用、企业级应用开发等领域占据主导地位，Python 则在数据分析、机器学习、人工智能等领域受到热烈欢迎。

高级语言是现代计算机编程的主要工具之一，它极大地简化了程序开发的难度和复杂度，提高了开发效率和质量，使得更多的人能够参与到计算机编程中。

1.3 了解 C 语言

C 语言是一种通用的、面向过程的编程语言，也是一种高级语言，它具有高效、灵活、可移植等优点。在近几十年里，C 语言是使用最广泛的编程语言之一，被大量地运用在系统软件与应用软件的开发中。

1.3.1 C 语言的起源与发展

C 语言于 1973 年问世，其原型是 ALGOL 60 语言（也称 A 语言）。1963 年，剑桥大学将 ALGOL 60 语言发展成为 CPL（Combined Programming Language）语言。1967 年，剑桥大学的马丁·理查兹（Matin Richards）对 CPL 语言进行了简化，于是产生了 BCPL 语言。1970 年，美国贝尔实验室的肯·汤普森（Ken Thompson）对 BCPL 进行了修改，并为它起了一个有趣的名字"B 语言"，并用 B 语言写了第一个 Unix 操作系统。1973 年，美国贝尔实验室的丹尼斯·里奇（Dennis M.Ritchie）在 B 语言的基础上设计出了一种新的语言，他取了 BCPL 的第二个字母作为这种语言的名字，即 C 语言。

1978 年，布赖恩·凯尼汉（Brian W.Kernighan）和丹尼斯·里奇（Dennis M.Ritchie）出版了 *The C Programming Language*，从而使 C 语言成为目前世界上流行最广泛的高级程序设计语言。C 语言通过 Unix 操作系统迅速发展，遍布各类计算机，逐渐风靡世界。1988 年，随着微型计算机的普及，C 语言愈发流行，越来越多的厂商优先选择 C 语言开发系统软件、应用等。直至 C++ 出现后，C 语言的热潮在一定程度上有所冷却，但这个时间并未持续太久。随着嵌入式产品应用的普及，C 语言因其简洁高效的特点再度得到重视，并被广泛应用。

进入 21 世纪，C 语言将继续保持其强大的生命力和广泛的应用前景。在嵌入式系统、物联网、高性能计算、跨平台应用和游戏开发等领域，C 语言继续发挥重要作用，并随着技术的不断进步和发展，展现出更多的潜力和价值。

1.3.2 C 语言的特点

C 语言是一种面向过程的、抽象化的通用程序设计语言，广泛应用于底层开发。C 语言图标如图 1-1 所示。

图 1-1 C 语言图标

C 语言的特点可以概括为以下几点。

1. 简洁紧凑，灵活方便

C 语言的核心内容相对较少，只有 32 个关键字和 9 种控制语句，程序书写格式自由，可以压缩一切不必要的成分。此外，C 语言允许直接访问物理地址，能直接实现汇编语言的大部分功能，并可以直接对硬件进行位操作。

2. 运算符丰富

C 语言包含范围广泛的运算符，共有 34 种，可以构造出多种形式的表达式，使得代码更加简洁、实用。

3. 数据类型丰富

C 语言具有丰富的数据类型，包括整型、实型、字符型、数组类型、指针类型、结构类型、联合类型、枚举类型等，可以根据需要选择适当的数据类型来实现各种复杂数据结构的运算。

4. 语言结构化

C 语言是一种结构化语言，其代码及数据的分隔化使得程序的各个部分除了必要的信息交流外彼此独立。这种结构化方式使得程序层次清晰，便于使用、维护及调试。C 语言通过函数来作为程序模块以实现 C 程序的模块化，此外还包含多种循环、条件语句来控制程序流向，使程序完全结构化。

5. 可移植性好

C 语言编写的程序具有很好的可移植性，可以在多种操作系统（如 Windows、DOS、Unix 等）上运行，也适用于多种机型。这是因为 C 语言编译生成的目标代码质量高，并且 C 语言的编译程序便于移植。

6. 生成目标代码质量高

C 语言编写的程序在执行时，生成的目标代码质量高，运行效率高。

总的来说，C 语言是一种功能强大、灵活多变、可移植性好的程序设计语言，适合用于底层系统开发、嵌入式系统开发、游戏开发等多个领域。但同时，由于其直接操作硬件的特性，也需要程序员对硬件和系统底层有较为深入的理解。

1.3.3 C 语言标准

微型计算机的日益普及催生了许多 C 语言版本，多版本的差异给 C 语言的流通与应用带来了负面的影响。为了改变这种情况，美国国家标准学会（ANSI）为 C 语言制定了一套 ANSI 标准，即 C 语言标准。以下是一些关键的 C 语言标准。

1. ANSI C (C89/C90)

这是 C 语言的第一个官方标准，由 ANSI 于 1989 年发布，并在 1990 年被 ISO 采纳为国际标准 ISO/IEC 9899:1990，因此它也被称为 C89 或 C90。ANSI C 引入了许多新的特性，如函数原型、新的头文件、void 指针、const 限定符、volatile 限定符、enum 类型等。

2. ISO/IEC 9899:1999 (C99)

这是在 C89/C90 之后的一个重要更新，于 1999 年发布。它引入了许多新的特性和对 C 语言的改进，包括：复合字面量、变长数组、新的类型（如 _Bool、_Complex 和 _Imaginary）、内联函数、限制指针、新的库函数等。

需要注意的是，尽管 C99 标准已经发布了很多年，但并不是所有的编译器都完全支持。

3. ISO/IEC 9899:2011 (C11)

这是 C99 之后的另一个重要更新，于 2011 年发布。C11 在 C99 的基础上做了一些改进和修正，如泛型选择（_Generic）、静态断言（_Static_assert）、匿名结构体 / 联合体、多线程支持和原子操作等。

与 C99 类似，C11 的一些特性可能并不被所有的编译器完全支持。

4. ISO/IEC 9899:2018 (C18 或 C17)

这是最新的 C 语言标准，于 2018 年发布（但标准编号沿用了 2017 年的草案号，因此通常称为 C17）。C17 主要是一个技术修正版（Technical Corrigendum），它修正了 C11 标准中的一些错误和遗漏，但没有引入新的语言特性。

5. C1X

C1X 并不是一个正式的标准名称，但经常用于指代 C 语言的下一个（尚未发布）标准。

随着时间的推移，C 语言的标准可能会继续发展和更新，以支持新的特性和改进。为了编写可移植的代码，通常建议遵循较低版本的 C 语言标准（如 C89/C90），除非有特定的理由需要使用更高版本的标准中的特性。同时，应该注意检查编译器是否支持想要使用的特性。由于很多编译器仍然没有对 C99 完全支持，因此本书将按照 C89 标准来进行讲解，在适当时会补充 C99 标准的规定和用法。

1.4 C 程序风格

实际工作场景中的一个程序开发项目往往由团队中的多名成员协作完成，因此，保持良好的编程习惯和代码风格，对于确保代码的可读性、可维护性和团队合作的顺畅性至关重要。下面从命名规则、程序注释、代码格式等方面，给出一些 C 程序风格的建议。

1.4.1 命名规则

C 程序的命名规则主要涉及变量、函数、常量、结构体、指针等不同类型的标识符的命名方式。以下是一些基本的命名规则。

（1）标识符的组成：标识符只能由字母（a ～ z，A ～ Z）、数字（0 ～ 9）、下划线（_）组成。并且，标识符的第一个字符必须是字母或下划线，不能以数字开头，如 a1、a2、b1、b2、name1、name_stu 等都是合格的标识符。

（2）大小写敏感：C 语言是大小写敏感的，即 var 和 Var 被视为两个不同的标识符。

（3）避免使用保留字：避免使用 C 语言的保留字（如 int、return 等）作为标识符。

对于不同类型的标识符，具体的命名建议如下：

（1）变量命名：一般使用小写字母和下划线组合。对于包含多个单词的变量名，使用下划线分隔，如 max_value、total_count。

（2）函数命名：函数名一般使用小写字母，每个单词的首字母大写，即采用驼峰命名法，如 CalculateAverage。

（3）宏定义和常量命名：宏定义和常量应使用大写字母，并用下划线分隔单词，如 MAX_NUM、PI。

（4）结构体命名：结构体名应使用大写字母开头，每个单词首字母大写，也采用驼峰命名法，如 StudentInfo。

（5）指针命名：指针名应以“p_”开头，后面跟上指向的变量名，如 p_student。

（6）数组命名：数组名应采用单数形式，如 student。

（7）枚举类型命名：枚举类型应使用大写字母开头，也采用驼峰命名法，如 ColorType。

（8）文件名命名：文件名应全部小写，并用下划线分隔单词，如 my_file.c。

此外，还有一些其他命名建议：

（1）使用英文单词或其组合：尽量避免使用汉语拼音来命名。

（2）长度适中：标识符的长度应适中，既不要太长也不要太短。

（3）与操作系统或开发工具风格一致：命名规则应尽量与所采用的操作系统或开发工具的风格保持一致。

遵循这些命名规则，可以使 C 程序更加清晰、易读和可维护。

1.4.2 程序注释

C 语言程序的注释主要用于程序员维护代码，它本身并不参与程序的编译与运行。注释可以解释代码的意图和目的，以及代码的工作原理，从而帮助其他程序员理解代码。同时，注释也可以用于在代码调试中暂时禁用某些代码段。

注释应简洁明了，解释代码的意图、功能或复杂逻辑。对于复杂的函数或代码块，应在函数或代码块开头添加注释，简要说明其功能、输入参数、返回值等信息。避免使用冗余或模糊的注释，确保注释与代码同步更新。

C 语言提供了两种注释方式：

（1）单行注释：以 // 开头，只能在一行内进行注释。

（2）多行注释：以 /* 开头，以 */ 结尾，可以跨越多行进行注释。

下面是单行注释示例，“//”之后的内容为对本行代码的解释说明。

```
a = b + c;                    //将b和c相加后的值赋给a
```

下面是多行注释示例，“/*”和“*/”之间的内容为注释。

```
/*    printf("Hello, world\n");
      return 0;   */
```

请注意，多行注释可嵌套单行注释，但不支持嵌套，即一个注释块内部不要包含另一个注释的开始和结束标记。此外，注释的内容并不会影响程序的执行，所以即使注释中有语法错误，也不会导致程序运行出错。

1.4.3 代码格式

C 语言的代码格式主要涉及代码的排版、缩进、空格等方面的规范，良好的格式有助于提高代码的可读性和可维护性。下面介绍一些常见的 C 语言代码格式规范。

1. 代码行

一行只写一条语句，每条语句结束后应使用分号，避免使用复杂的表达式，尽量保持每个表达式简洁明了。示例如下：

```
#include <stdio.h>
int main(){
    int a = 3;
    int b = 4;
    printf("a=%d, b=%d",a,b);
    return 0;
}
```

2. 缩进和对齐

C 语言编译器并不关心代码的缩进和对齐（只要语法正确），但通过缩进和对齐可以清晰地表示代码的结构，提高代码的可读性和可维护性。

（1）缩进。

缩进通常用于表示代码块的结构。在C语言中，常见的缩进方式是使用制表符（Tab）或空格。许多程序员和团队选择使用固定数量的空格（如4个或2个）来替代制表符，以确保在不同编辑器或集成开发环境（IDE）中的一致性。示例如下：

```
#include <stdio.h>
int main(){
    //这里是main()函数的代码块，使用缩进明确区分
    int a = 3;
    int b = 4;
    printf("a=%d, b=%d",a,b);
    return 0;
}
//这里是main()函数之外的代码
void func1()
{
    …
}
```

（2）对齐。

对齐通常用于使代码在视觉上更加整齐和易于阅读，一般需要对齐变量声明、赋值、注释等。示例如下：

```
int main(){
    //变量声明对齐
    int a;                      //注释1
    int b;                      //注释2（对齐注释1）
    //变量赋值对齐
    a = 3;
    b = 4;
    printf("a=%d, b=%d",a,b);
    return 0;
}
```

3. 空格

在运算符两侧使用空格，以增强可读性。例如：

```
void Function1(…)
{
    int sum = a + b;            //此行代码缩进，且“+”运算符两侧使用空格
}
```

在函数名后和左括号前，以及控制语句（如if、for、while等）后和左括号前，应有一个空格。例如：

```
while (number < age)
{
    ...
}
```

逗号“,”与分号“;”之后应使用空格。例如：

```
//“,”之后
printf("a=%d, b=%d",a,b);
//“;”之后
for(i = 0; i < 10; i++)
```

4. 代码布局

应将相关的代码组织在一起，如将变量声明放在函数开头或合适的逻辑位置。示例如下：

```
int main(){
    //变量定义
    int a = 3;
    int b = 4;
    printf("a=%d, b=%d",a,b);
    return 0;
}
```

使用空行来分隔不同的代码块或逻辑部分，以提高可读性。示例如下：

```
void func1()
{
    ...
}
//此处空行分隔
void func2()
{
    ...
}
```

5. 长行拆分

对于长的条件语句，使用括号来明确优先级和分组，并尽量避免过长的代码行。一般建议每行不超过 80 个字符，如代码过长，应在合适的位置将代码拆分，拆出的第二行代码在原来缩进的基础上增加一定的缩进量（一般为 1/2 个 Tab），之后的折行全部对齐第二行。示例如下：

```
for(i=0;fread(goods+i,sizeof(struct item),1,fp)!=0;i++){
    if((strcmp(goods[i].brand,str)==0||
```

```
        strcmp(goods[i].id,str)==0)&&                  //长行拆分
        goods[i].storage!=0){                          //长行第 3 段
          printf(" 已经找到所需物品：  \n");
          …
          printf("%s%6s%3.2f%4d\n",
            goods[i].id,goods[i].brand,                //长行拆分
            goods[i].out_price,goods[i].storage);      //长行第 3 段
          printf(" 请输入所需数量：");
          …
      }
  }
```

请注意，这些代码格式规范并非强制性的，可以根据项目需求和团队偏好进行调整。重要的是保持代码的一致性和可读性，以便其他开发人员能够轻松理解和维护代码。同时，使用代码编辑器和IDE的自动格式化功能也可以便于保持代码格式的简洁和统一。

1.4.4 文件格式

C程序文件格式主要包括源文件、头文件和编译后生成的目标文件等，了解常见的文件格式有助于程序员更有效地编写、编译和链接C语言程序。Windows系统中不同格式的C程序文件如图1-2所示。

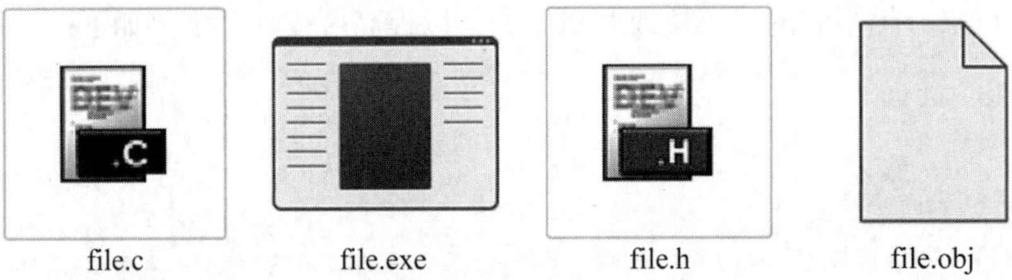

图1-2 Windows系统中不同格式的C程序文件

1. 源文件

源文件是包含C语言代码的文本文件，其后缀通常为“.c”。在这个文件中，程序员编写C语言程序，包括函数定义、变量声明、语句等。源文件是C程序的重要组成部分，它包含了程序执行所需的所有指令和数据。

2. 头文件

头文件是包含函数声明、宏定义、类型定义等信息的文本文件，其后缀通常为“.h”。头文件主要用于声明在多个源文件中共享的函数和变量，以便在编译时链接这些源文件。通过包含头文件，程序员可以确保源文件之间的正确交互，避免重复定义和错误。

3. 目标文件

当源文件经过编译器编译后，会生成目标文件。这些目标文件包含了程序的机器代码，但还不是可执行的程序。目标文件的后缀因编译器和操作系统而异，例如，在 Windows 系统中可能是“.obj”，在 Unix 或 Linux 系统中可能是“.o”。

此外，C 语言程序文件还涉及编码格式的选择。默认情况下，C 语言使用系统的默认编码格式来写入文件，但不同的操作系统可能有不同的默认编码格式，这可能导致文件在不同系统之间移植时出现乱码。为了避免这种情况，程序员可以手动指定编码格式（如 UTF-8 或 GBK 等）来写入文件。

1.5 了解编程工具

编程工具属于开发类软件，这类工具的核心目的在于为开发人员提供必要的环境和辅助，简化编程过程，提升开发效率，以及保证软件产品的质量。它们通常具备友好的用户界面，强大的功能集合，以及高度的定制性，以满足不同开发人员的专业要求。编程工具在编程语言发展和应用的过程中持续推陈出新，本节将介绍一些主流的开发工具，并演示 Dev-C++ 工具的安装过程。

1.5.1 常见的编程工具

编程工具不仅包括文本编辑器、编译器、解释器等，还扩展到了集成开发环境（IDE）、调试工具、版本控制系统等多个领域。下面介绍一些常见的编程工具。

1. Visual Studio

Visual Studio 是微软提供的一套集成开发环境（IDE），支持多种编程语言，尤其在 C/C++ 方面表现出色。它提供了丰富的功能，如智能代码完成、代码诊断、图形化的调试工具等。Visual Studio 对 Windows 系统的支持尤为出色，是开发 Windows 应用程序的首选工具。Visual Studio 图标如图 1－3 所示。

图 1－3　Visual Studio 图标

2. Code::Blocks

Code::Blocks 是一个开源的、跨平台的集成开发环境（IDE），支持 C、C++ 和 Fortran 等编程语言。它有一个简单的用户界面，易于使用，并且支持多种编译器，包括 GCC、Clang 和 MSVC 等。Code::Blocks 图标如图 1－4 所示。

图 1－4　Code::Blocks 图标

3. CLion

CLion 是一款由 JetBrains 推出的专为开发 C/C++ 所设计的跨平台 IDE。它提供了全面的 CMake 支持、智能代码编辑功能、快速导航工具、强大的代码分析和重构功能。CLion 还内置了 GDB 和 LLDB 调试器，使得调试过程更加高效。CLion 图标如图 1－5 所示。

图 1－5　CLion 图标

4. Eclipse

Eclipse 是一个开放源代码的、基于 Java 的可扩展开发平台。它不仅是一个 C/C++ 开发环境，还是许多其他语言的开发工具，如 Java、Python 等。Eclipse CDT（C/C++ Development Tooling）是 Eclipse 的一个插件，提供了 C/C++ 开发的功能。Eclipse 图标如图 1－6 所示。

图 1－6　Eclipse 图标

5. EditPlus

EditPlus 是一款由韩国 Sangil Kim 出品的小巧而功能强大的文本编辑器，可以处理文本、HTML 和程序语言，并通过设置用户工具将其作为 C、Java、PHP 等语言的一个简单的 IDE。EditPlus 图标如图 1－7 所示。

图 1－7 EditPlus 图标

6. Dev-C++

Dev-C++ 是一个在 Windows 环境下，专为初学者设计的轻量级 C/C++ 集成开发环境（IDE），它是一款轻量级的 IDE，启动快，占用系统资源少；通过集成 MinGW 编译器，实现快速的编译和链接；提供了自动完成、语法高亮、代码折叠、代码调试、单元测试等丰富的编辑器功能，有助于提高编程效率；安装简单，安装之后就能用，不需要做任何额外的配置；界面简洁，编辑窗口面积宽大，用户很容易上手；不收取费用，也没有任何功能限制。Dev-C++ 图标如图 1－8 所示。

图 1－8 Dev-C++ 图标

以上工具都有其独特的特点，具体选择哪个工具需要根据自身的需求和项目类型来决定。同时，掌握一些编程工具的使用技巧，如使用快捷键、搜索功能、代码片段等，可以进一步提高开发效率。本书将选用适合初学者使用的 Dev-C++ 作为演示。

1.5.2 安装 Dev-C++

（1）通过搜索引擎搜索“Dev-C++”或访问 https://sourceforge.net/projects/orwelldevcpp/files/latest/download，进入 Dev-C++ 的下载页面，如图 1－9 所示。

（2）单击下载页面中的“Download”按钮，下载 Dev-C++ 的安装文件“Dev-Cpp 5.11 TDM-GCC 4.9.2 Setup.exe”，下载完成后，找到安装文件，双击启动安装程序，如图 1－10 所示。

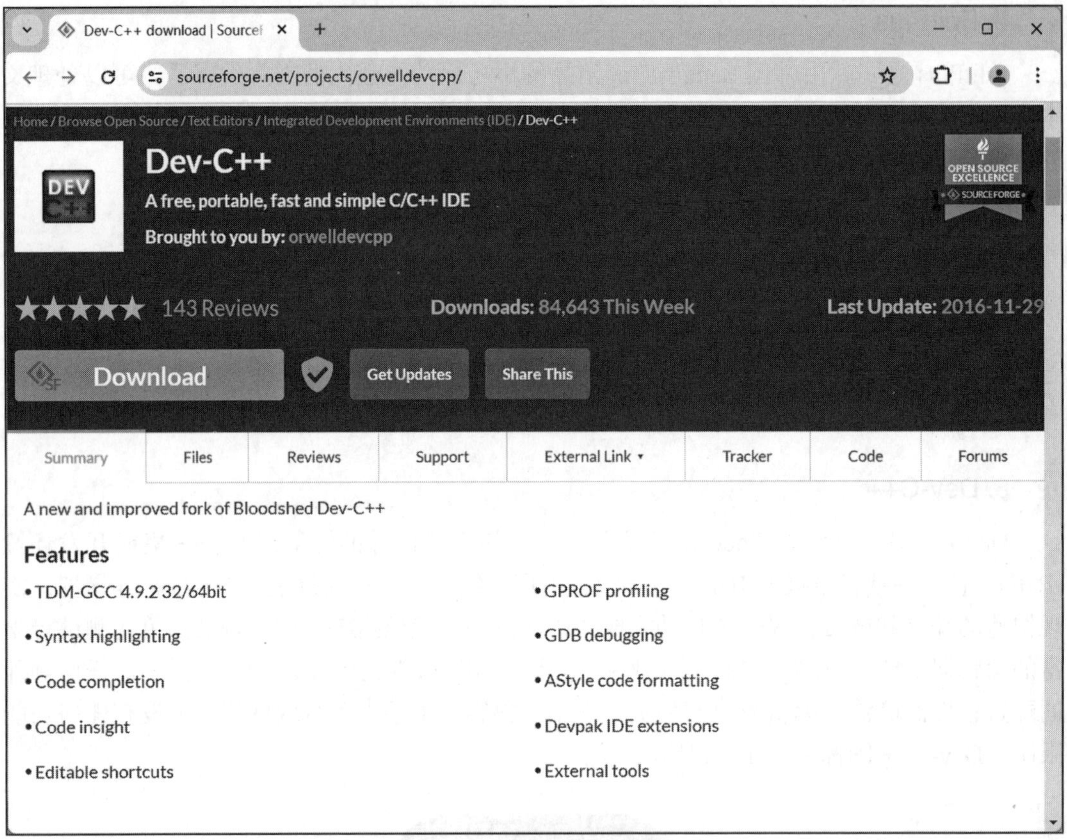

图 1 – 9　Dev-C++ 的下载页面

图 1 – 10　启动安装程序

（3）等待片刻，开始安装，进入“Installer Lanaguage”界面，设置安装程序使用的语言，默认使用英语，如图 1 – 11 所示。

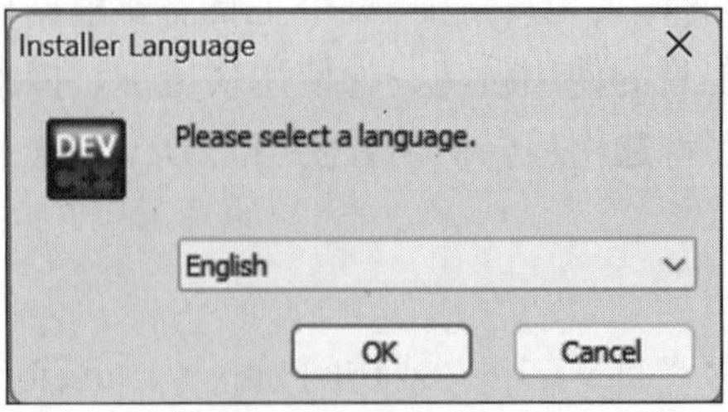

图 1 – 11　“Installer Lanaguage”界面

（4）单击“OK”按钮，进入“License Agreement”界面，以确认许可协议，如图 1 – 12 所示。

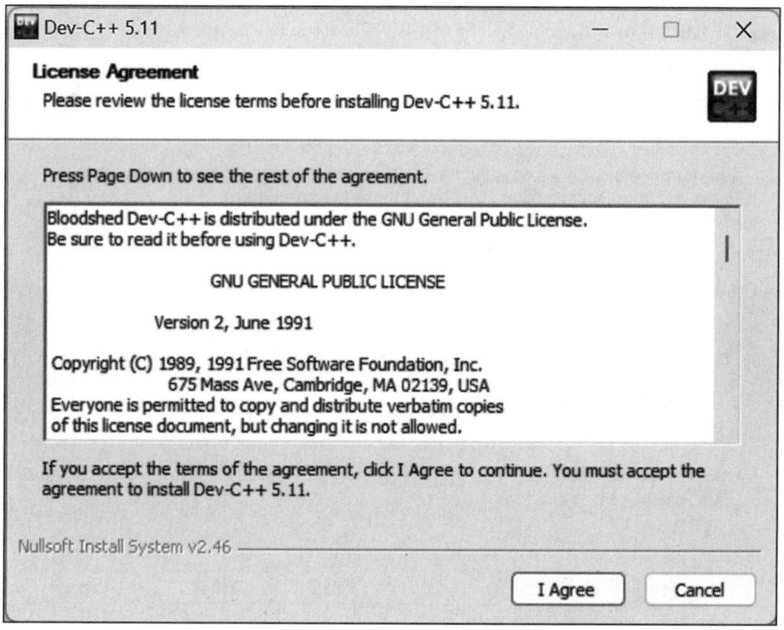

图 1－12 “License Agreement”界面

（5）单击“I Agree”按钮，进入“Choose Components”界面，在该界面可以设置需要安装的组件，如图 1－13 所示。

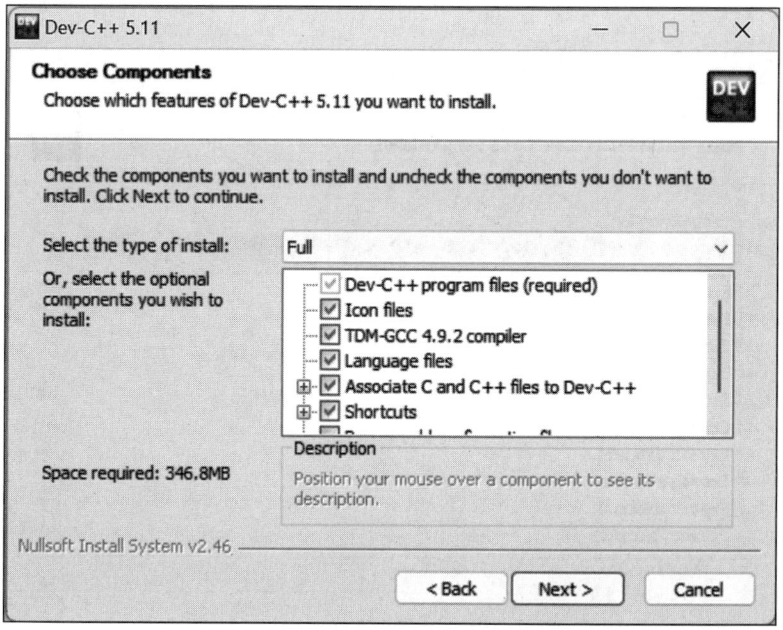

图 1－13 “Choose Components”界面

（6）保持默认配置，单击“Next”按钮，进入“Choose Install Location”界面，如图 1－14 所示。

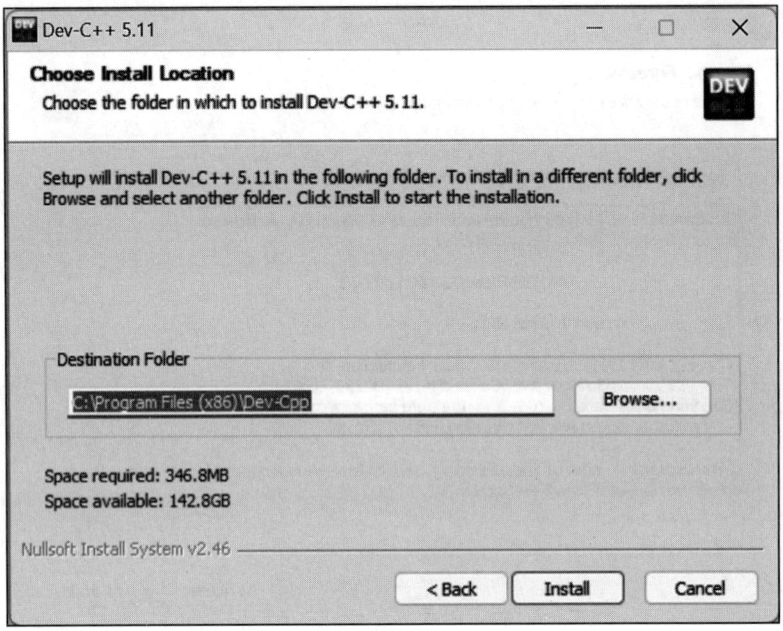

图 1－14 “Choose Install Location”界面

（7）单击“Browse...”按钮，将弹出“浏览文件夹”对话框，可自行选择该对话框中的文件夹，以修改 Dev-C++ 的安装位置。此处使用默认安装位置，单击“Install”按钮，开始安装 Dev-C++，如图 1－15 所示。稍后提示安装完成，如图 1－16 所示。

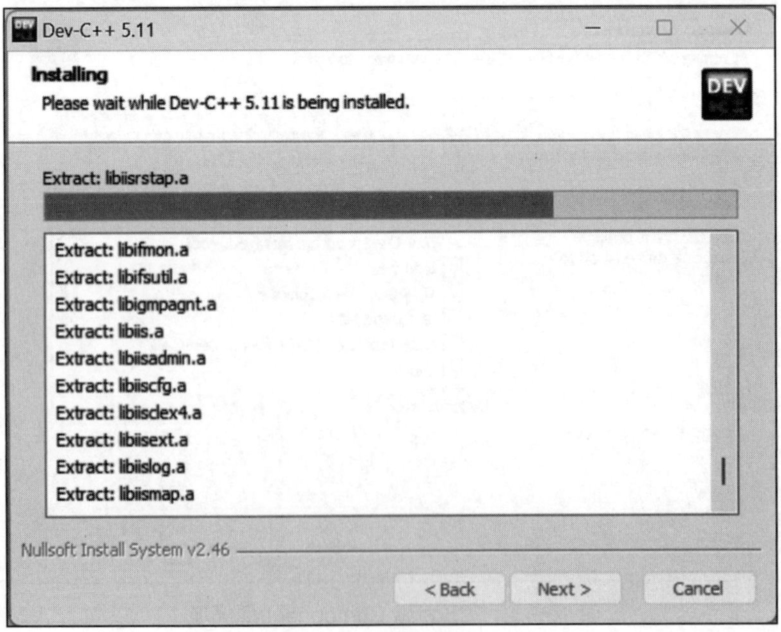

图 1－15 开始安装 Dev-C++

图 1－16　Dev-C++ 安装完成

（8）默认勾选图 1－16 中的“Run Dev-C++ 5.11”，单击“Finish”按钮完成安装，并启动 Dev-C++。Dev-C++ 工作界面如图 1－17 所示。

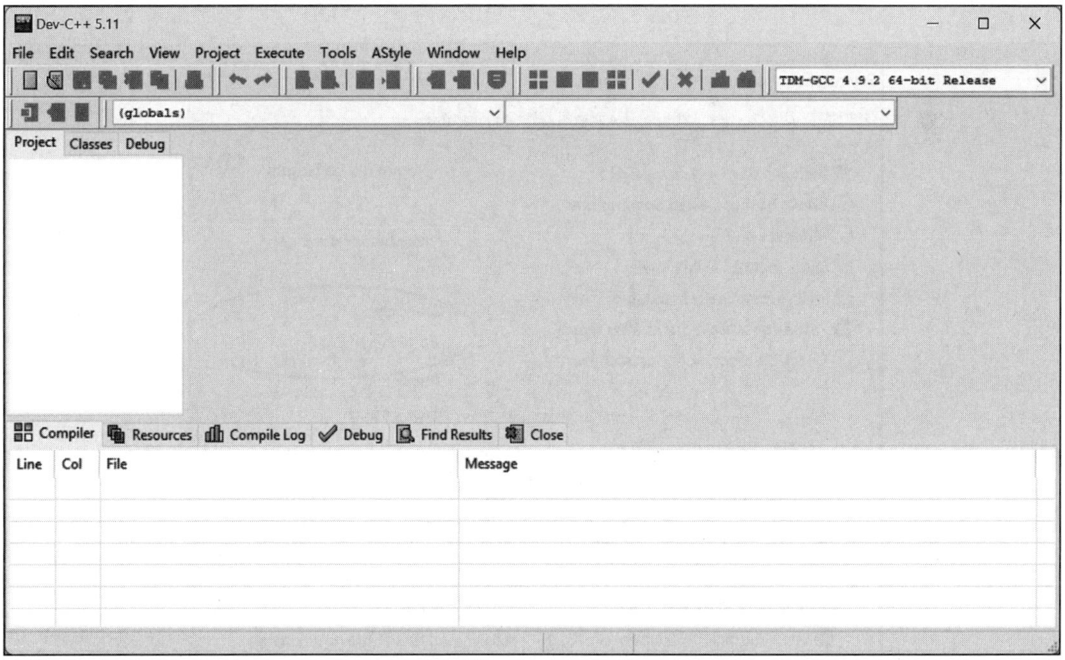

图 1－17　Dev-C++ 工作界面

至此，Dev-C++ 成功安装。

☆多学一招：设置 Dev-C++ 工具语言为中文。

Dev-C++ 工具默认使用英语，用户可根据需求自行设置语言。具体方法如下：

（1）单击 Dev-C++ 工作界面中工具栏部分的“Tools”，在其下拉列表中选择“Environment Options...”，弹出“Environment Options”界面，如图 1－18、图 1－19 所示。

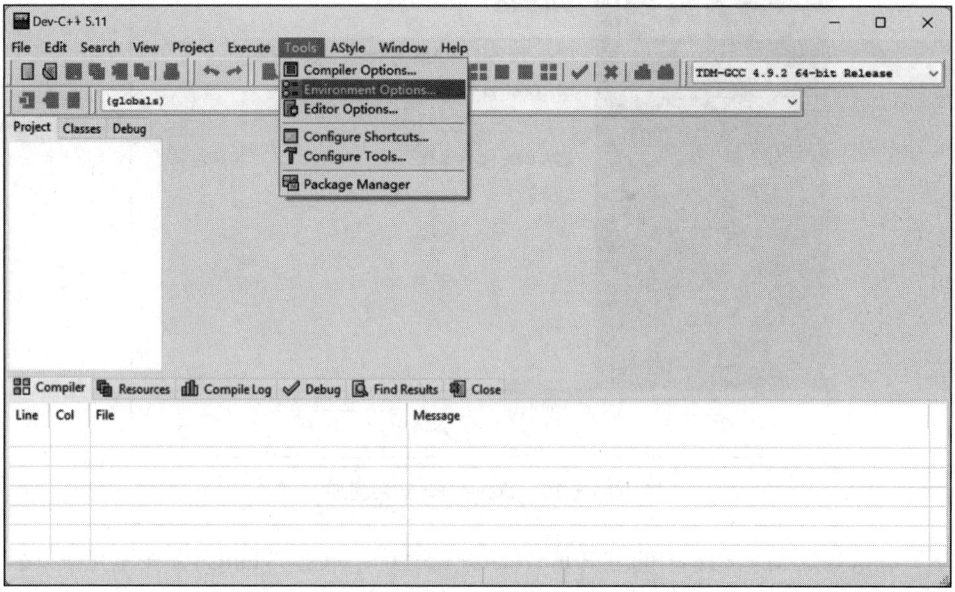

图 1－18 选择“Environment Options...”

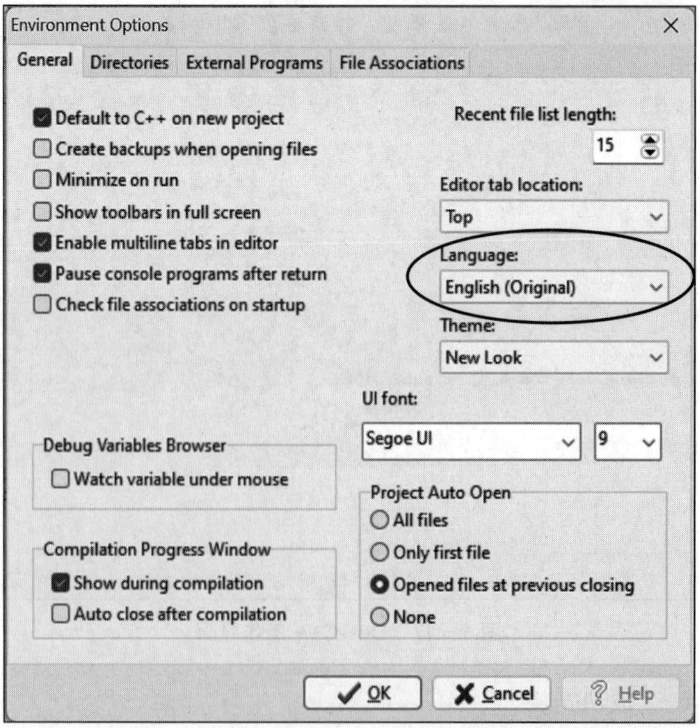

图 1－19 “Environment Options”界面

（2）单击“ Environment Options”界面中“ Language”，在下拉列表中选择“简体中文 /Chinese”，如图 1－20 所示。

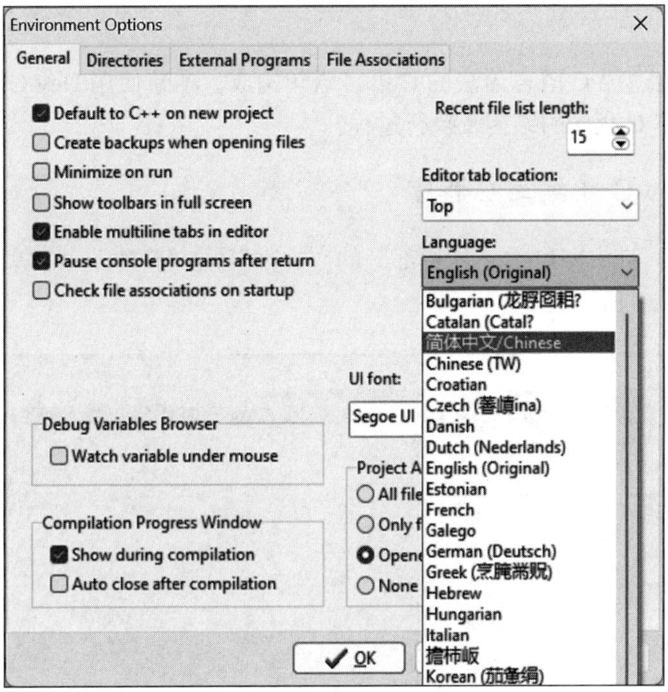

图 1－20 选择“简体中文 /Chinese”

（3）单击“简体中文 /Chinese”完成语言选择，再单击“ Environment Options”界面的“OK”按钮，完成设置。此时 Dev-C++ 工具的语言将被设置成中文，如图 1－21 所示。

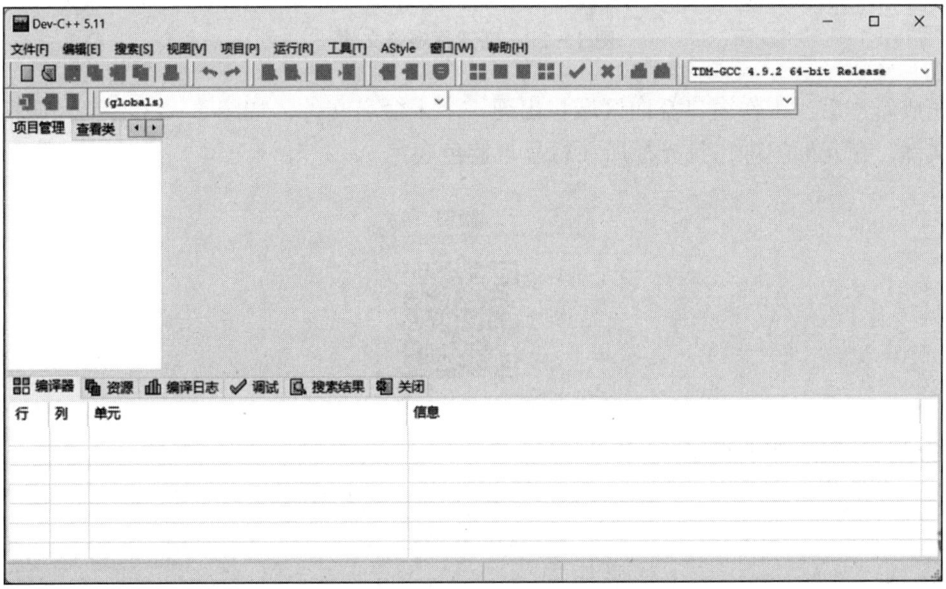

图 1－21 Dev-C++ 工作窗口（中文版）

1.6 第一个 C 语言程序

C 语言程序由遵循 C 语言语法的 C 语言语句构成，本节使用 Dev-C++ 编写一个 C 语言程序，进而了解 C 程序的结构及执行过程。

1.6.1 使用 Dev-C++ 编写 C 程序

单击 Dev-C++ 工作窗口中工具栏部分的“文件”->“新建”->“项目”以新建程序源文件，如图 1－22 所示。

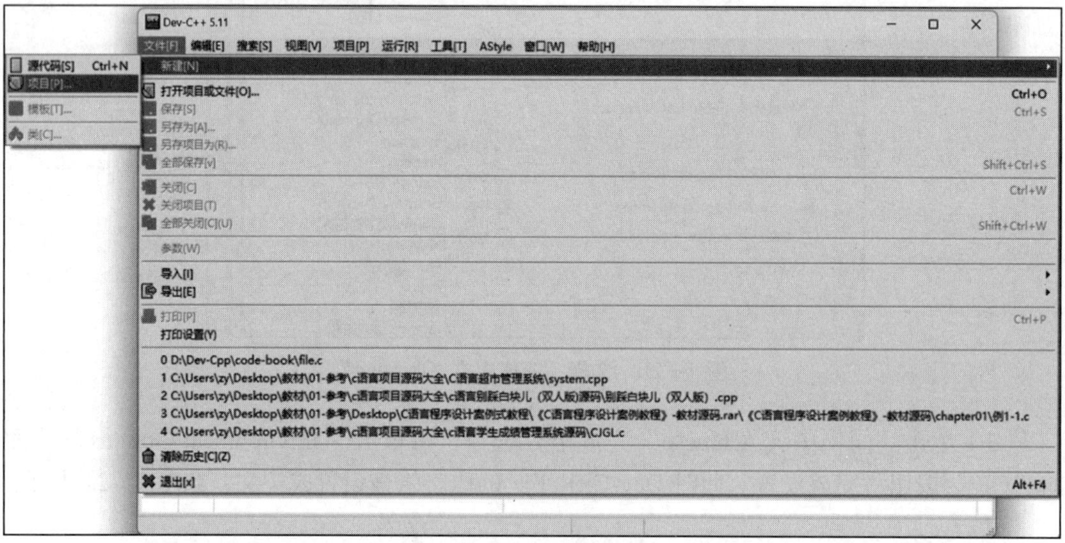

图 1－22　新建程序源文件

完成新建后，工作窗口空白区域将出现一个未命名文件，如图 1－23 所示。观察新建的源文件，有光标闪烁，且光标所在行呈现蓝色底色。

微课

第一个 C 语言程序

通过键盘输入如下程序：

```
#include <stdio.h>

int main()
```

```
{
    printf("Hello World!");
    return 0;
}
```

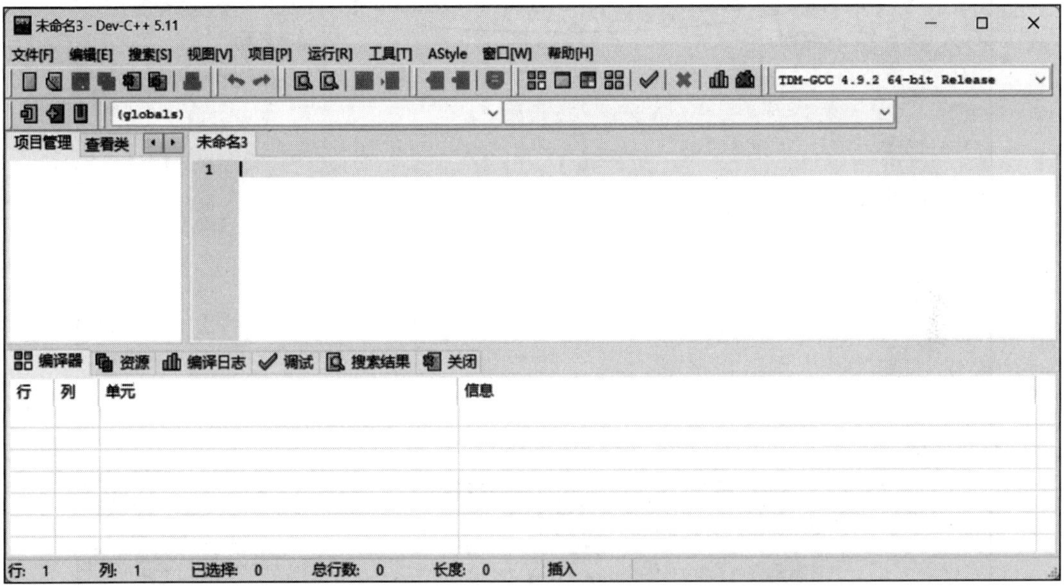

图 1－23　新建源文件

以上程序是学习程序开发的经典程序示例，它开启了绝大多数程序员的程序开发之旅。编写好程序后，Dev-C++ 工作窗口如图 1－24 所示。

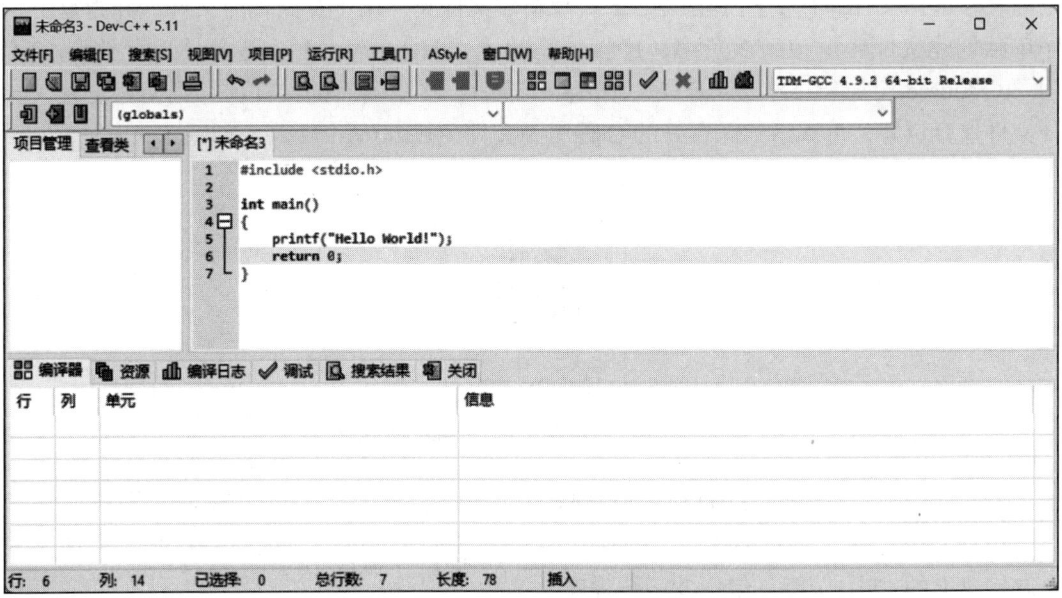

图 1－24　Dev-C++ 工作窗口

按下组合键"Ctrl + S"，将源文件保存到本地，将弹出"保存为"窗口，如图 1－25 所示。

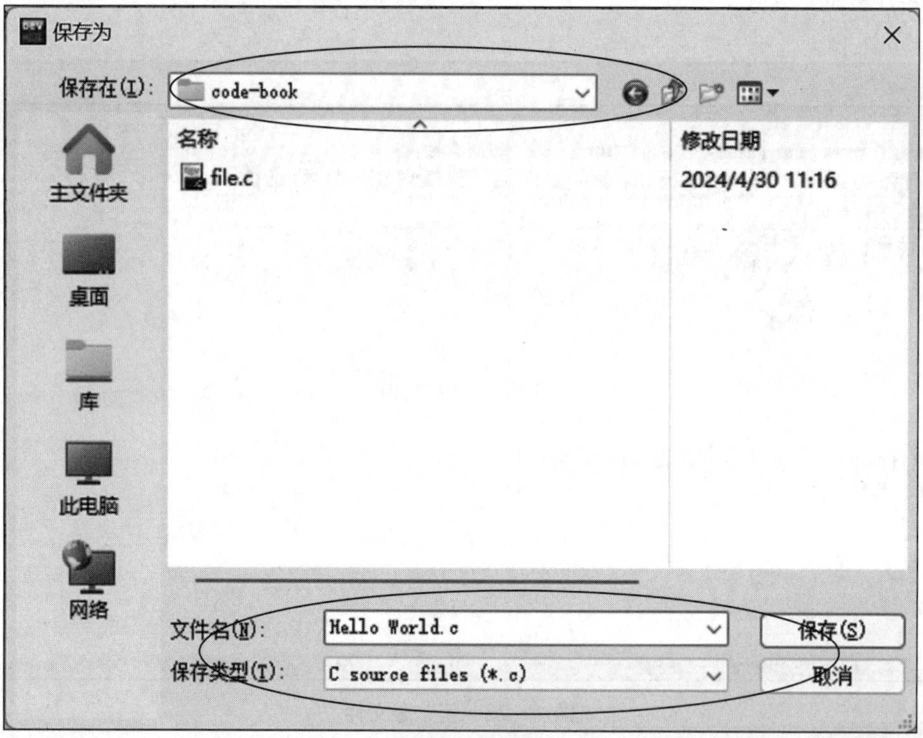

图 1－25 "保存为"窗口

在此窗口中可设置文件保存位置、文件名及保存类型。单击"保存在（I)"右侧的下拉列表，选择文件保存位置（建议在非 C 盘新建文件夹，用于存储程序文件；并为每个程序单独创建文件夹)，在"文件名（N)"一栏填入"Hello World"，选择"保存类型（T)"为"C source files（*.c)"，单击"保存（S)"按钮，将更名后的文件保存到指定位置。打开文件保存位置，可观察到保存好的 C 程序源文件"Hello World.c"，如图 1－26 所示。

图 1－26 C 程序源文件"Hello World.c"

此时回到 Dev-C++ 工作窗口，可看到其中文件名显示为"Hello World.c"。

单击 Dev-C++ 工具栏中的"运行 [R]" -> "编译运行 [o]"，如图 1－27 所示，或按下电脑键盘上的"F11"键，编译并运行程序。

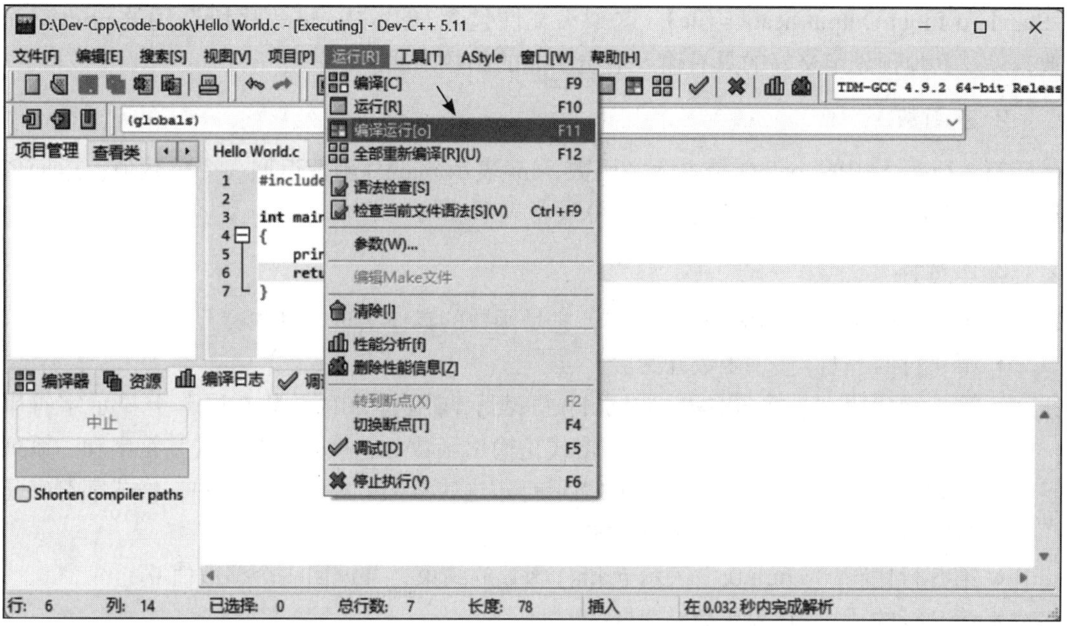

图 1－27　编译运行程序

稍后将弹出程序运行结果窗口，如图 1－28 所示。

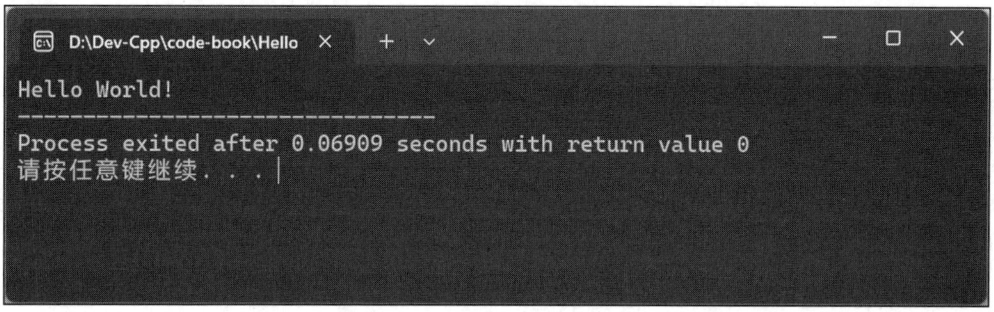

图 1－28　程序运行结果窗口

观察图 1－28 所示的窗口，说明程序语法无误，且顺利编译运行。窗口中的“Hello World!”即为本次程序的运行结果。

1.6.2　认识 C 程序结构

上述的 Hello World 程序虽然简单，但它比较完善地体现了 C 程序的结构，并实现了输入字符串“Hello World!”的功能。此段程序由预处理指令、主函数、函数体三个部分组成。

1. 预处理指令

第 1 行程序中的 #include <> 是一个预处理指令，它用于设置在实际编译之前要包含的头文件。Hello World 程序中的预处理指令用于包含标准输入输出头文件 stdio.h

（Standard Input/Output header file），这个头文件包含 Hello World 程序所调用的 printf() 函数，以及其他预先定义好的具有输入输出功能的函数声明。

2. 主函数

第 3 行程序中的 main() 是一个主函数，int 表示 main() 函数返回一个整数值，返回值通常用于判断程序是否成功执行（返回 0 通常表示成功）。

3. 函数体

第 4 ～ 7 行程序为主函数的函数体，它是函数的具体实现。其中：

- 第 4 行的“{”代表函数开始。
- 第 5 行代码“printf("Hello World!");”表示调用 printf() 函数在屏幕上显示字符串“Hello World!”。printf() 是一个格式化输出函数，它接受一个格式字符串和一系列参数，然后按照格式字符串中的指示打印这些参数。在这个例子中，格式字符串是“Hello World!”，没有额外的参数。
- 第 6 行代码“return 0;”表示 main() 函数的结束，并返回一个整数值 0。
- 第 7 行的“}”代表函数结束。

Hello World 程序只有一个源文件，随着学习的深入，后续内容将会涉及由多个源文件组成的程序。但无论 C 程序有多少个源文件，都有且只有一个 main() 函数。main() 函数是 C 程序中的一个特殊函数，它由操作系统直接调用，是所有 C 程序的入口，程序运行后，编译器会首先找到程序中的 main() 函数，从这里开始执行程序。

1.6.3 C 程序执行过程

观察 Dev-C++ 工具栏的“运行”可发现，此处包含“编译”“运行”“编译运行”等多个选项，实际上每个选项对应 C 程序执行过程中的不同步骤。C 程序的执行过程可以分为编写源代码、预处理、编译、汇编、链接、加载和执行、终止这几个步骤。

1. 编写源代码

首先，需要使用文本编辑器（如 Visual Studio Code、Sublime Text、Vim、Emacs 等）编写 C 程序的源代码。源代码文件通常以 .c 为扩展名。

2. 预处理

在编译之前，预处理器会处理源代码中的预处理指令（如 #include、#define 等）。预处理指令告诉预处理器在编译之前对源代码进行某些操作。例如，#include 指令告诉预处理器将指定的头文件内容插入源代码中。

3. 编译

接下来，编译器（如 GCC、Clang 等）将预处理后的源代码转换为汇编代码。汇编代码是低级语言，它直接对应计算机的特定指令集。编译器还会检查源代码中的语法错误和语义错误。

4. 汇编

汇编器将汇编代码转换为机器代码（也称为目标代码）。机器代码是计算机可以直接执行的二进制指令。汇编器还会将多个目标代码文件（如果有的话）组合成一个可重定位的目标文件（通常是 .o 或 .obj 文件）。

5. 链接

链接器将可重定位的目标文件与必要的库文件（如标准 C 库）组合在一起，生成一个可执行文件（在 Unix 和 Linux 上通常是 .out 或没有扩展名的文件，在 Windows 上通常是 .exe 文件）。链接器还负责解析程序中的符号引用（如函数调用和变量访问），确保它们正确地指向目标代码或库中的定义。

6. 加载和执行

当可执行文件被加载到内存中时，操作系统会为其分配必要的资源（如内存空间）。然后，操作系统将控制权交给可执行文件，程序开始执行。程序从 main() 函数开始执行，并一直执行到 main() 函数返回或遇到某种终止条件［如调用 exit() 函数或遇到未处理的致命错误］。

7. 终止

当 main() 函数返回或程序遇到终止条件时，操作系统会回收程序占用的资源，并结束程序的执行。

需要注意的是，这个过程在大多数现代操作系统和编译器中都是自动的，用户通常只需要编写源代码，然后使用适当的命令来编译和链接程序，最后运行生成的可执行文件即可。Dev-C++ 同样自动处理了程序执行过程中不必由开发者过多关注的环节或非必要环节，主要提供了程序必经阶段编译和运行两个快捷功能。

任务实现

学生成绩管理系统是为本书设计的综合实践项目，相比前面学习的 Hello World 程序，它的规模更大，功能更多，也更加接近实际的生活需求。但对于初学者来说，它也更加复杂，难度更高。本任务作为全书的第 1 个任务，不必追求具体的程序设计及功能实现，只要能在 Dev-C++ 中成功运行该系统即可。

启动 Dev-C++，选择工具栏的“文件 [F]” -> “打开项目或文件 [O]...”，如图 1－29 所示，将弹出“打开文件”窗口，如图 1－30 所示。

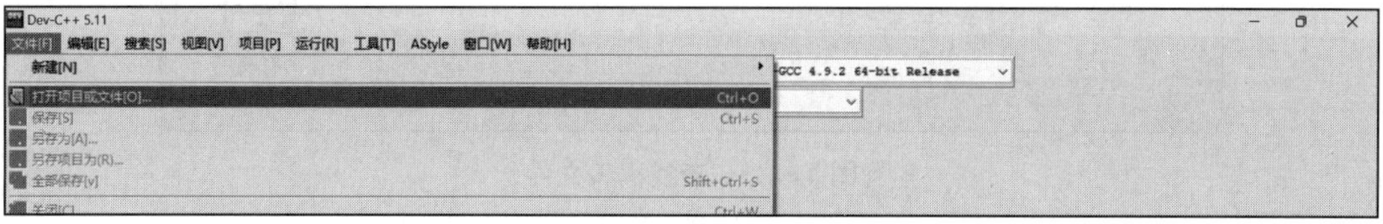

图 1－29　打开项目或文件

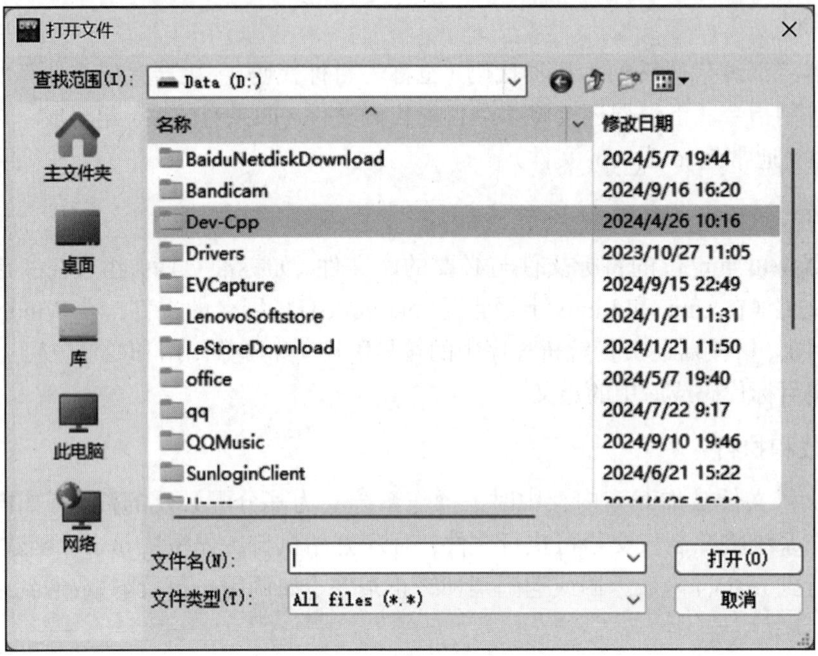

图 1－30 “打开文件”窗口

在“打开文件”窗口中，查找程序文件（根据本书资源获取指引下载配套的程序源代码文件，提前将 chapter10-code 中的项目源代码文件保存到本机），如图 1－31 所示。

图 1－31 查找程序文件

在本书提供的项目文件中，可以看到有多个文件，其中后缀为 .dev 的文件为学生成绩管理系统的项目文件，后缀为 .c 的文件为该项目的源代码文件，后缀为 .h 的文件为该项目的头文件，后缀为 .exe 的文件为该项目源代码编译运行后产生的可执行程序文件，其他文件为项目运行过程中产生的一些过程文件。选择文件夹中的“项目一 - 学生成绩信息管理系统 .dev”文件，在 Dev-C++ 中打开，如图 1 - 32 所示。

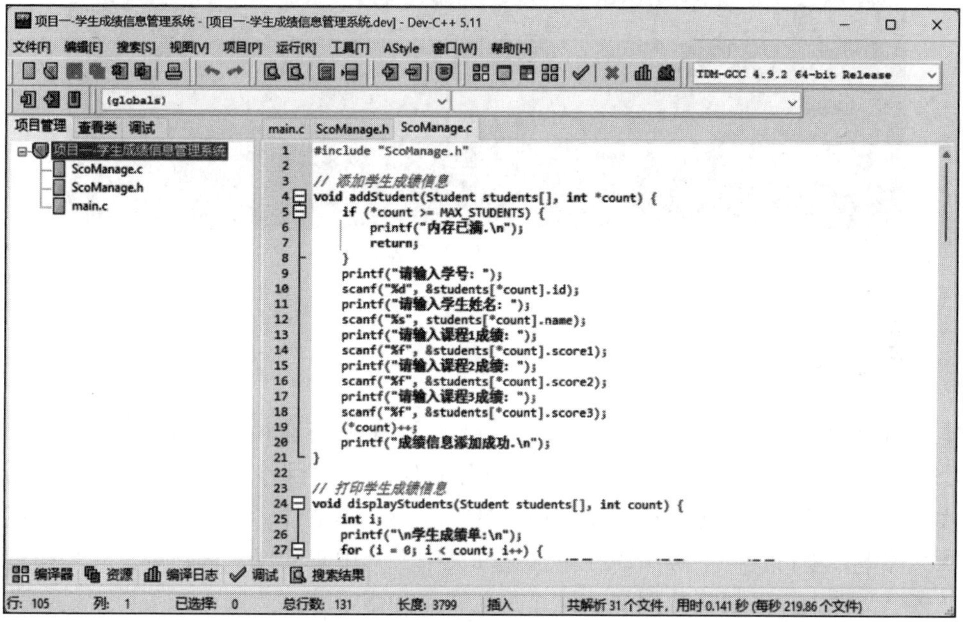

图 1 - 32　在 Dev-C++ 中打开项目

打开项目后，在 Dev-C++ 左侧的“项目管理”选项卡中，可看到该项目及项目包含的程序文件；在右侧窗口可看到程序文件的具体内容。单击 Dev-C++ 菜单栏中的“运行 [R]” -> “编译运行 [o]”，以运行程序，如图 1 - 33 所示。

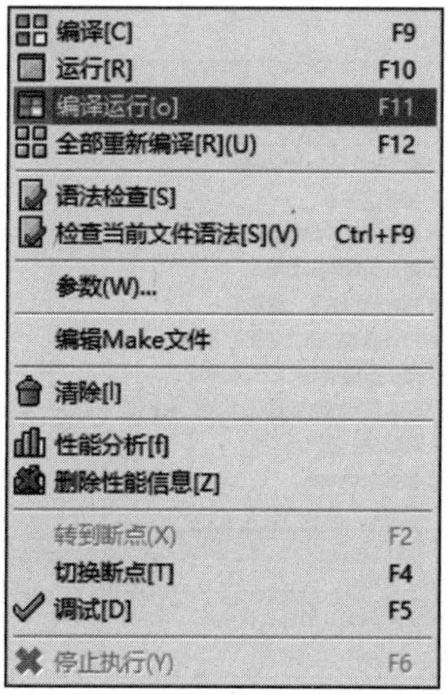

图 1 - 33　编译运行

编译并运行程序，程序运行结果如图 1－34 所示。学生成绩管理系统启动成功！

图 1－34　程序运行结果

任务拓展

本书提供了案例和项目的配套代码，可按照资源获取说明获取资源，尝试使用 Dev-C++ 运行不同的程序。注意：除任务 10 配套代码为项目外，其他任务的配套代码均为源代码文件，其中单独源文件实现的项目规模较小，头文件、函数定义、功能实现均包含在源文件中；项目代码一般组织在单独文件夹中，其中头文件、函数定义、功能实现分别放在多个文件中。下面将分别演示打开源文件和打开项目。

1. 打开源文件

单击 Dev-C++ 工作窗口中工具栏部分的“文件 [F]” -> “打开项目或文件 [O]...”，在弹出的“打开文件”窗口中，选择“chapter6-code”文件夹，如图 1－35 所示。

图 1－35　“打开文件”窗口

选择“chapter6-code”文件夹中任意后缀为 .c 的源文件（此处打开“例 6－1 访问指针变量 .c”文件），如图 1－36 所示。

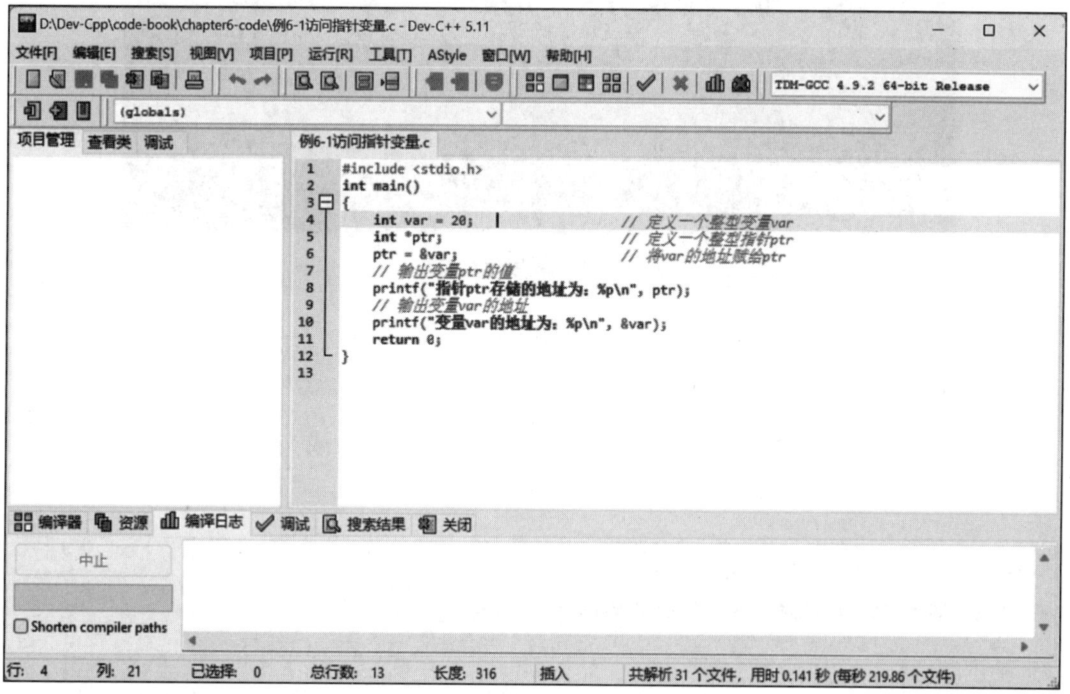

图 1－36 打开后缀为 .c 的源文件

单击 Dev-C++ 菜单栏中的“运行 [R]” -> “编译运行 [o]”，以运行程序，如图 1－37 所示。

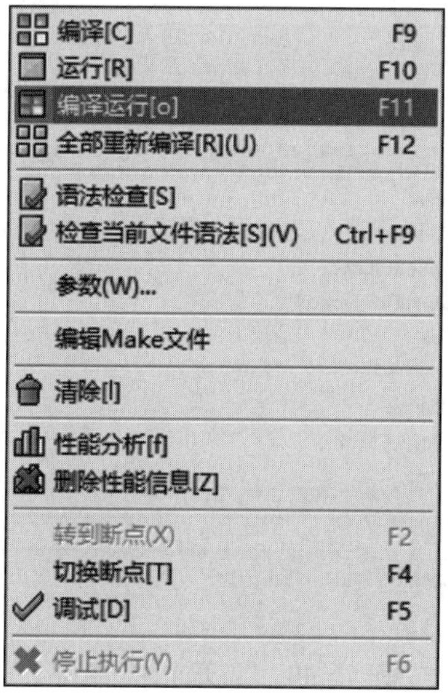

图 1－37 编译运行

编译并运行程序，程序运行结果如图 1－38 所示。

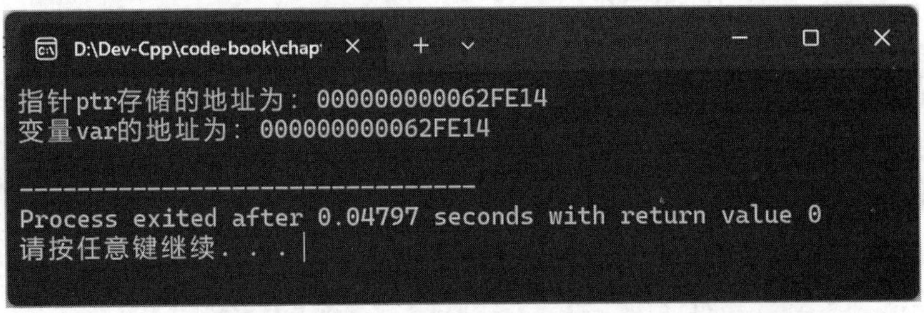

图 1－38　程序运行结果

看到以上窗口，说明成功打开并运行源代码文件。

2. 打开项目

启动 Dev-C++，选择工具栏的“文件 [F]” -> “打开项目或文件 [O]…”，如图 1－39 所示。弹出“打开文件”窗口，如图 1－40 所示。

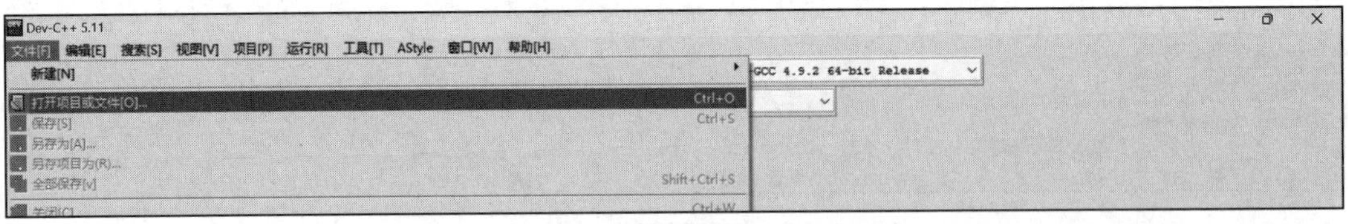

图 1－39　打开项目或文件

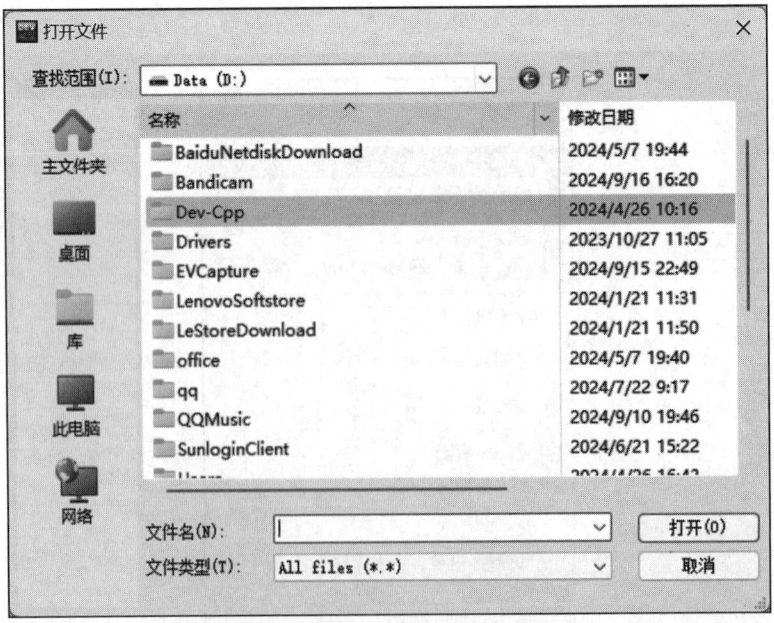

图 1－40　“打开文件”窗口

在“打开文件”窗口中，找到 chapter10-code 目录下的“项目二”文件夹，如图 1－41 所示。

图 1－41 找到“项目二”文件夹

选择“项目二”文件夹中的“项目二－图书信息管理系统 .dev”文件，在 Dev-C++ 中打开，如图 1－42 所示。

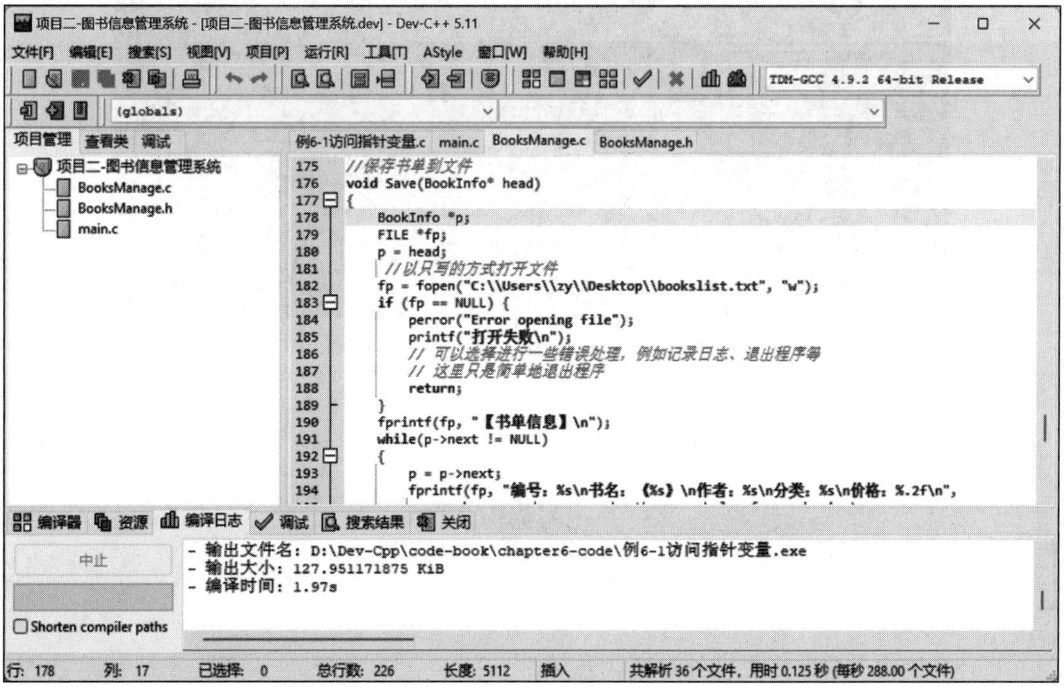

图 1－42 在 Dev-C++ 中打开“项目二－图书信息管理系统 .dev”文件

打开项目后，在 Dev-C++ 左侧的“项目管理”选项卡中，可看到该项目及项目包含的程序文件；在右侧窗口可看到程序文件的具体内容。单击 Dev-C++ 菜单栏中的“运行 [R]” -> “编译运行 [o]”，以运行程序，如图 1 – 43 所示。

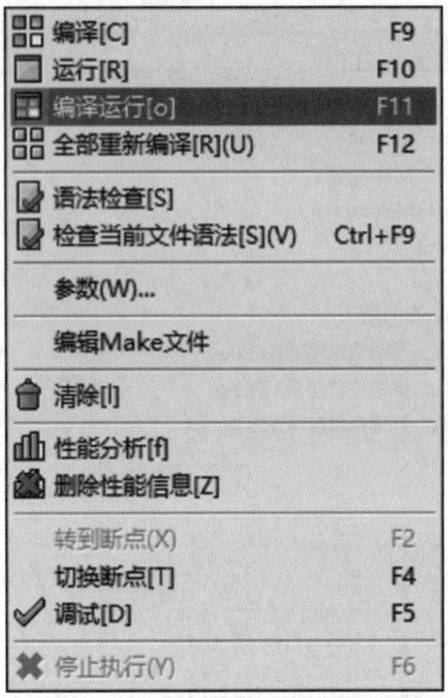

图 1 – 43　编译运行

编译并运行程序，程序运行结果如图 1 – 44 所示。

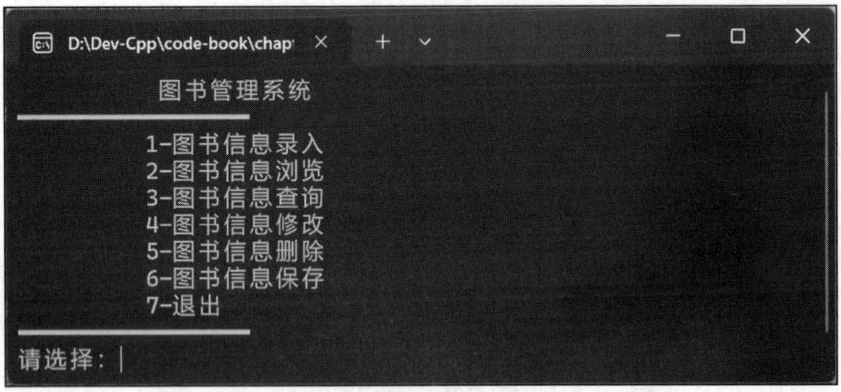

图 1 – 44　程序运行结果

至此，图书信息管理系统启动成功！

习题

一、填空题

1. 计算机语言总的来说可分为机器语言、________、________三大类。
2. C 语言中源文件的后缀名为________。

3. 在程序中，如果使用 printf() 函数，应该包含________头文件。
4. 在 main() 函数中，用于返回函数执行结果的是________语句。
5. C 语言程序在运行时，必须经过________和________两个阶段。

二、判断题

1. C 语言并不属于高级语言。 (　　)
2. 计算机语言（Computer Language）是人与计算机之间沟通的桥梁。 (　　)
3. C 语言并不能实现汇编语言的大部分功能。 (　　)
4. Eclipse 工具和 Visual Studio 工具都可以开发 C 语言。 (　　)
5. C 语言中的 main() 函数是程序的入口。 (　　)

三、选择题

1. 下列选项中，表示主函数的是（　　）。
A. main　　B. int　　C. printf　　D. return
2. C 语言属于下列计算机语言中的（　　）。
A. 汇编语言　　B. 高级语言　　C. 机器语言　　D. 以上均不属于
3.（多选）下列关于主函数的说法错误的是（　　）。
A. 一个 C 程序中只能包含一个主函数　　B. 主函数是 C 程序的入口
C. C 程序中可以包含多个主函数　　D. 主函数只能包含输出语句
4. 下列选项中，不属于 C 语言优点的是（　　）。
A. 不依赖计算机硬件　　B. 简洁、高效　　C. 可移植　　D. 面向对象
5. 下列选项中，（　　）是多行注释。
A. //　　B. /**/　　C. \\　　D. 以上均不是

四、简答题

1. 请简述 printf() 函数的作用。
2. 请简述 C 语言中注释的作用。

五、编程题

使用编程工具编辑以下程序并运行。

```
#include <stdio.h>
int main(){
    int a = 3;
    int b = 4;
    printf("a=%d, b=%d",a,b);
    return 0;
}
```

任务2 学生成绩管理系统之信息录入

任务目标

知识目标	● 理解变量的概念与作用； ● 掌握基本数据类型； ● 理解常量的概念与类型； ● 掌握变量的声明与初始化； ● 了解数据类型转换。	1
技能目标	● 能够正确声明变量； ● 能够正确初始化变量； ● 能够运用不同类型的数据进行运算； ● 能够编写包含变量和常量的简单程序； ● 能够调试与修改变量使用中的错误。	2
素养目标	● 培养严谨的科学态度； ● 提高逻辑思维和创新能力； ● 提高自主学习能力； ● 注重代码的可读性、可维护性和扩展性。	3

任务描述

学生成绩管理系统用于管理学生成绩数据，那么理应具备成绩录入的功能。学号、姓名、各个科目对应的成绩、总成绩，这些是组成学生成绩需要包含的基础信息，例如：

13120240309 张三 98 89.5 73 260.5

以上是一条学生成绩记录，这条记录中有由数字构成的学号、由汉字构成的姓名、整数成绩和带小数的各科成绩，以及由各科成绩相加得到的总成绩。本任务将带领大家学习C语言中如何定义各种类型的数据、如何实现运算，进而实现学生成绩管理系统中的信息录入功能。

知识储备

微课

任务2 学生成绩管理系统之信息录入

为规范操作，提高运算效率，C语言对数据类型进行了明确的定义，本任务将重点介绍C语言中的数据类型、常量、变量、数据类型转换、运算符和表达式，并实现学生成绩管理系统的信息录入功能。

2.1 数据类型

数据类型是编程语言的基本组成部分，它们定义了存储在变量中的数据的种类及这些数据在内存中的表示方式。C语言提供了多种数据类型，这些数据类型定义了存储在变量中的数据的种类，以及这些数据在内存中的表示方式和操作方式。理解C语言的数据类型对于编写高效、安全的代码至关重要。C语言中的数据类型如图2－1所示。

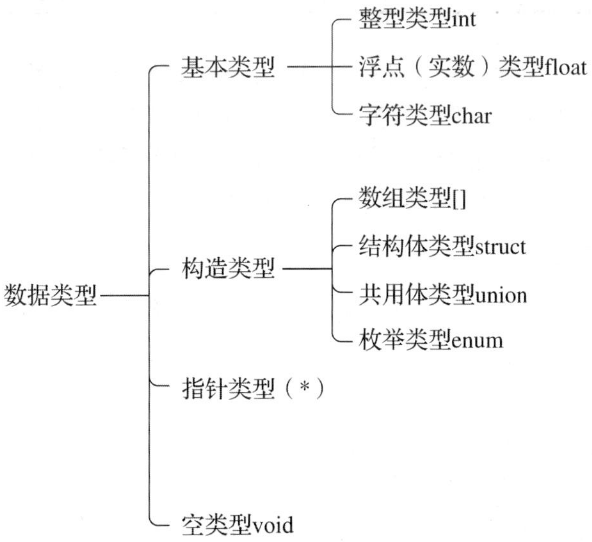

图2－1 C语言中的数据类型

2.2 常量

C 语言中的常量是指在程序运行期间不会改变的量。根据数据类型，常量可分为整型常量、实型常量、字符型常量、字符串常量和符号常量。

2.2.1 整型常量

1. 整型数据的分类

C 语言中可定义多种整型数据，根据数据长度，可将整型数据分为短整型（short int）、基本整型（int）和长整型（long int）；根据数据是否有符号，可将整型数据分为有符号整型（signed int）和无符号整型（unsigned int）。各种整型常量的数据长度及取值范围如表 2－1 所示。

表 2－1　各种整型常量的数据长度及取值范围

类别	类型说明符	数据长度	取值范围
有符号整型	[signed] short [int]	16 位（2 字节）	−32768 到 32767 ($-2^{15} \sim 2^{15}-1$)
	[signed] int	32 位（4 字节）	−2147483648 到 2147483647 ($-2^{31} \sim 2^{31}-1$)
	[signed] long [int]	32 位（4 字节）	−2147483648 到 2147483647 ($-2^{31} \sim 2^{31}-1$)
无符号整型	unsigned short [int]	16 位（2 字节）	0 到 65535 ($0 \sim 2^{16}-1$)
	unsigned int	32 位（4 字节）	0 到 4294967295 ($0 \sim 2^{32}-1$)
	unsigned long [int]	32 位（4 字节）	0 到 4294967295 ($0 \sim 2^{32}-1$)

表 2－1 中，signed 为默认修饰符；使用类型修饰符修饰整数类型时，整型标识 int 可以省略。另外需要注意的是，整型数据在内存中占的字节数与所选择的操作系统有关，C 语言标准中没有明确规定整型数据的长度；在同一个操作系统中，long 类型整数的长度不能短于 int 类型，int 类型整数的长度不能短于 short 类型。

2. 整型常量的表示形式

在 C 语言中，整型常量（Integer constants）是表示整数的字面值，这些常量可以是十进制、八进制或十六进制的形式。以下是一些整型常量的例子和它们的表示方法。

（1）十进制整型常量。由正、负号和数字 0 ～ 9 组成，例如：

```
0                    //十进制整数 0
13                   //十进制整数 13
-256                 //十进制整数 -256
```

（2）八进制整型常量。由正、负号和数字 0 ～ 7 组成，同时为避免与十进制混淆，需以“0”为前缀。例如：

```
0342                 //表示八进制数 342，相当于十进制的 226
```

```
0765                    //表示八进制的 765，相当于十进制的 501
-054                    //表示八进制的 -54，相当于十进制的 -44
```

（3）十六进制整型常量。由正、负号，数字 0 ～ 9 和英文字母 a ～ f（A ～ F）组成，同时为避免与十进制混淆，需以“0x（0X）”为前缀。例如：

```
0x45a                   //表示十六进制的 45a，相当于十进制的 1114
-0x876                  //表示十六进制的 -876，相当于十进制的 -2166
-0x5f                   //表示十六进制的 -5f，相当于十进制的 -95
```

C 语言中的整型数据在没有明确标志时，可根据数值大小确定数据类型，评估其数据长度。

2.2.2 实型常量

1. 实型数据的分类

实型又称为浮点型，分为单精度型（float）、双精度型（double float）和长双精度型（long double float），这三种实型数据的数据长度及取值范围如表 2－2 所示。

表 2－2 三种实型数据的数据长度及取值范围

类型说明符	数据长度	取值范围
float	32 位（4 字节）	$\pm(10^{-38} \sim 10^{38})$
double float	64 位（8 字节）	$\pm(10^{-308} \sim 10^{308})$
long double float	128 位（16 字节）	$\pm(10^{-4932} \sim 10^{4932})$

2. 实型常量的表示形式

在 C 语言中，实型常量默认按双精度型处理，当然，若想将一个实型常量表示为双精度，可在实数之后加上 F（f）；若想表示为长双精度，可在其后加上 L（l）。例如：

```
4.13f;                  //双精度浮点数
4.14359;                //双精度浮点数
5.3423423546636345L;    //长双精度浮点数
```

2.2.3 字符型常量

1. 字符型常量的分类

字符型常量是用于表示单个字符的常量值，分为一般字符和转义字符。

（1）一般字符：包括字母、数字、字符、符号等，如 A、b、9、,、+。在涉及各类应用的程序开发工作中，应用比较广泛的是由 ASCII 码表（详见附录 A）定义的 0 ～ 127 号字符。

（2）转义字符：包括在 C 语言中有特定功能的字符，如单引号（'）、双引号（"）、反斜线（\）等，以及一些无法直接通过键盘输入，具有特殊功能的字符，如换行符、回车符、制表符等。常用的转义字符及输出结果如表 2－3 所示。

表 2－3 常用的转义字符及输出结果

转义字符	对应字符	输出结果
\'	单引号（'）	输出此字符
\"	双引号（"）	输出此字符
\\	反斜线（\）	输出此字符
\a	警告（Alert）	产生声音或视觉信号
\b	退格（Backspace）	将当前位置后退一个字符
\f	换页（Form feed）	将当前位置移到下一页的开头
\n	换行	将当前位置移到下一行的开头
\r	回车（Carriage return）	将当前位置移到本行的开头
\t	水平制表符	将当前位置移到下一个 Tab 位置
\v	垂直制表符	将当前位置移到下一个垂直制表对齐点
\d、\dd、\ddd	1～3 位八进制数表示的 ASCII 码所代表的字符	与该八进制 ASCII 码对应的字符
\xh、\xhh	1～2 位十六进制数表示的 ASCII 码所代表的字符	与该十六进制 ASCII 码对应的字符

2. 字符型常量的表示

C 语言中通过将一般字符和转义字符使用单引号（'）引起来的方式表示字符型常量，例如：

```
'A'                      // 字符 A
'b'                      // 字符 b
'9'                      // 字符 9
','                      // 字符 ,
'+'                      // 字符 +
'\''                     // 字符 ,
'\t'                     // 水平制表符
```

3. 字符型常量的存储方式

ASCII 码（American Standard Code for Information Interchange，美国信息交换标准代码）是 C 语言中字符型数据的主要存储方式。ASCII 编码是最早的字符编码标准之一，它使用 7 位或 8 位二进制数来表示一个字符。在 C 语言中，ASCII 编码的字符使用一个字节（8 位）进行存储，每个 ASCII 字符都对应一个唯一的整数值（即 ASCII 码值）。例如，字符 'A' 的 ASCII 码值为 65。

2.2.4 字符串常量

1. 字符串常量的表示方式

在 C 语言中，字符串常量是用于表示一系列字符的常量值。字符串常量由双引号

(") 引起来，其中可以包含字母、数字、标点符号、特殊字符（通过转义序列表示）等。例如：

```
"Hello, World! "                          //字符串常量Hello, World!
"\n\t"                                    //字符串常量\n\t
```

需要注意的是，字符串常量中可以包含转义序列，如 \n（换行符）、\t（制表符）等，这些转义序列在字符串中会被解释为特殊字符。

2. 字符串常量的存储

长度为 *n* 的字符串常量在内存中占据 *n*+1 字节的空间，因为 C 语言会在字符串末尾自动添加一个空字符（\0），作为字符串的结束标志。例如，字符串 "Hello" 的长度为 5，但存储时共占用 6 字节，其实际被存储为：

H	e	l	l	o	\0

需要注意字符串与字符的区别，只要使用双引号（"）定义，即使长度为 1，也表示字符串而非字符。例如：

```
'A'                                       //字符A
"A"                                       //字符串A
```

字符和字符串的表示形式、所占内存和存储方式均不相同。

2.2.5 符号常量

符号常量，即使用一个特定符号来表示一个常量。比如，在数学中，通常使用 π 来表示圆周率，那么 π 就是一个符号常量。在 C 语言中也可以使用一个自定义标识符来表示一个特定常量，如使用 PI 代表 3.14，那么在程序中需要使用 3.14 的位置可以使用符号 PI 代替。

符号常量在使用之前必须先定义，其语法格式如下：

```
#define 自定义标识符 常量
```

使用 PI 代表 3.14，例如：

```
#define PI 3.14
```

使用符号常量时需要注意以下几点：

（1）符号常量的名字通常是大写，但这并不是强制的，只是一种约定俗成的编程风格，用于区分符号常量和其他变量。

（2）符号常量没有数据类型，它们只是简单的文本替换，在使用符号常量时，必须确保替换后的代码在语法上是正确的。

（3）符号常量被定义后，其值在编译时就已经确定，不能在程序运行过程中改变。如果需要能在程序运行过程中改变的“常量”，应该使用变量。

（4）#define 指令定义的符号常量是全局的，可以在定义它的源文件及其他包含该源文件的源文件中使用。但是，如果在一个源文件中修改了符号常量的定义，那么在其他源文件中看到的仍然是原来的值，除非它们也重新包含了新的定义。为了避免这种情况，通常将符号常量的定义放在一个头文件中，并在需要的地方包含这个头文件。

2.3 变量

在 C 语言中，变量是用于存储数据的一种基本构造。变量有名称（也称为标识符）和数据类型，并且可以被赋予一个值。变量在使用之前必须先被定义，以便程序能够准确地存取变量对应的数据。定义变量包含声明变量和初始化变量；变量的值在程序执行过程中可以被改变，这个过程要做赋值。

2.3.1 声明变量

声明变量时需要指定变量的类型和名称，语法格式如下：

```
数据类型说明符 变量名(变量名1，变量名2，变量名3，…);
```

以上格式中的数据类型说明符用于指定变量的类型，变量名为程序员自行设置的名称。数据类型决定了程序存储变量时，系统为变量分配的空间大小。参照以上格式可以声明一个或多个类型相同的变量，例如：

```
int a;                                   //声明整型变量 a
int stu_num, stu_score, stu_sum;         //声明 3 个整型变量
int x;                                   //声明一个整型变量 x
double y;                                //声明一个双精度浮点型变量 y
char z;                                  //声明一个字符型变量 c
```

声明变量意味着根据数据类型分配了一定容量的存储空间，并为这段存储空间命名。例如，以上示例中变量声明的 x、y、z，其与内存空间的关系如图 2-2 所示。

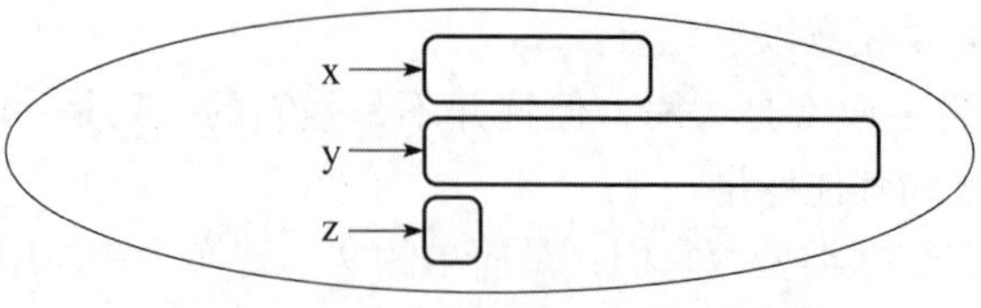

图 2-2　变量声明与内存空间的关系

2.3.2 初始化变量

通过变量名可取到内存中存储的数据，但声明变量仅意味着为内存中的某段存储空间命名，如果变量在定义时没有初始化，它将包含一个不确定的值（这取决于该内存位置之前的内容）。在大多数情况下，使用未初始化的变量会导致不可预测的结果，甚至可能会使程序崩溃。因此，初始化变量是一个良好的编程习惯。

可在声明变量之后使用赋值运算符“=”初始化变量，语法格式如下：

```
变量名 = 值或表达式；
```

以上语法中赋值运算符右侧可以是数值，也可以是表达式；其功能是将“=”右侧的值或表达式结果存入“=”左侧变量对应的存储空间。例如：

```
int a, b, c;                                    //声明整型变量 a、b、c
a = 3;                                          //为变量 a 赋初值
b = 4;                                          //为变量 b 赋初值
c = a + b;                                      //为变量 c 赋初值
```

通过声明及初始化便可完成变量的定义，此时系统在内存中开辟存储空间以保存数据，并为存储空间命名。变量定义与内存空间的关系如图 2－3 所示。

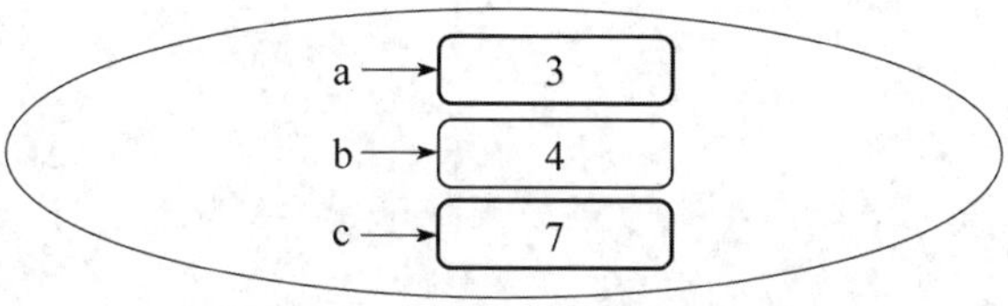

图 2－3　变量定义与内存空间的关系

C 语言允许在声明变量的同时初始化变量，其语法格式如下：

```
数据类型说明符 变量名 = 值或表达式；
```

按照以上语法定义变量，例如：

```
int a = 3;
```

可以在一条语句中同时定义多个变量，例如：

```
int a = 3, b = 4;
```

也可以在一条语句中同时声明和定义变量，例如：

```
int a = 3, b;                        //定义变量 a，声明变量 b
b = 4;                               //为变量 b 赋值
```

2.3.3 变量赋值

使用赋值运算符“=”可以为变量赋值，以根据程序需求修改变量的值。变量赋值的语法格式与初始化变量相同，下面通过一段完整程序演示变量赋值，具体如例 2－1 所示。

例 2－1　变量赋值

```
1    #include <stdio.h>
2    int main()
3    {
4        int a = 3;                          //定义变量 a
5        printf("a = %d\n", a);              //输出变量 a
6        a = 4;                              //赋值
7        printf("a = %d\n", a);              //输出变量 a
8        a = 5;                              //赋值
9        printf("a = %d\n", a);              //输出变量 a
10       return 0;
11   }
```

以上程序中的第 4 行代码定义变量 a 并初始化其值为 3，第 6 行代码重新将 a 赋值为 4，第 8 行代码重新将 a 赋值为 5；第 5、7、9 行代码使用 printf() 函数输出当前 a 的值以作验证。运行程序，结果如图 2－4 所示。

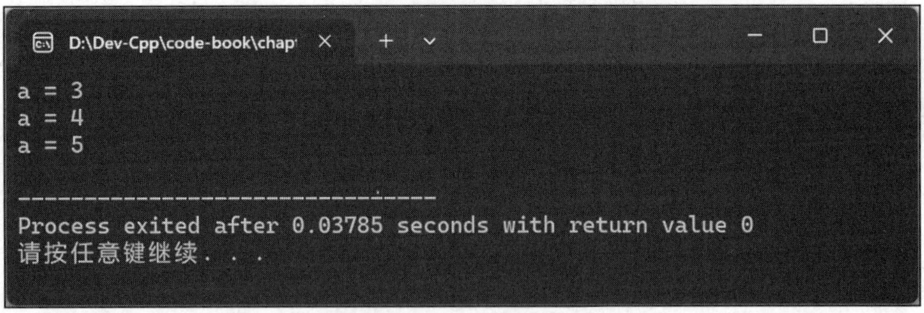

图 2－4　例 2－1 运行结果

结合图 2－4 可以看出，第 6、8 行的赋值语句均成功修改了变量 a 的值。

2.4 数据类型转换

数据类型转换是将一种数据类型的值转换为另一种数据类型的值的操作，这种转换可以是隐式的（由编译器自动执行），也可以是显式的（由程序员明确指定）。

2.4.1 隐式类型转换

隐式类型转换（也称为自动类型转换或类型提升）是编译器在编译时自动执行的一种

类型转换。这种转换通常发生在表达式计算、函数调用和赋值操作中，当操作数或变量的数据类型不同时，编译器会根据一定的规则将它们自动转换为同一类型，以便进行运算或赋值。

隐式类型转换的规则主要基于数据类型的“大小”和“符号性”。一般来说，较小的数据类型会被转换为较大的数据类型，以避免数据溢出或丢失精度。同时，无符号类型（如 unsigned int）通常会被视为大于有符号类型（如 int），即使它们在物理上占用相同的字节数。以下是一些常见的隐式类型转换情况。

1. 算术转换

当算术运算符 +、-、*、/ 等操作数的数据类型不同时，编译器会将它们转换为公共类型（通常是两个操作数中数据类型所占内存空间较大的那个），然后执行运算。例如，在表达式 int + char 中，char 类型的值会被提升为 int 类型，然后执行加法运算；在表达式 int + float 中，int 类型的值会被转换为 float 类型，然后执行加法运算。

2. 赋值运算

当赋值运算符右侧值的数据类型与左侧变量的数据类型不同时，右侧值会被转换为左侧变量的数据类型。这种转换可能会导致数据丢失或精度下降，因此程序员应该谨慎处理。

3. 函数调用

当向函数传递参数时，如果参数的类型与函数定义中的参数类型不匹配，编译器会尝试进行隐式类型转换。如果转换无效或不可行，则会导致编译错误。

4. 整型和浮点型

在涉及整型和浮点型的混合运算中，整型值通常会被转换为浮点型，以避免精度损失。

总的来说，当较小的数据类型与较大的数据类型混合使用时，较小的数据类型会被提升为较大的数据类型；在赋值操作中，如果赋值操作符右侧值的数据类型与左侧变量的数据类型不同，则右侧值会被转换为左侧变量的数据类型。

2.4.2 显式类型转换

虽然隐式类型转换在某些情况下很有用，但它也可能导致一些不易察觉的错误。因此，在编写 C 语言程序时，最好尽量避免依赖隐式类型转换，而是使用显式类型转换来明确指定数据类型的转换。这样可以提高代码的可读性和可维护性，并减少因类型转换错误而导致的程序故障。

显式类型转换（也称为强制类型转换）是程序员明确指定的。在 C 语言中，使用类型转换运算符 () 来执行显式类型转换。类型转换运算符的语法格式如下：

```
(数据类型)表达式
```

下面通过程序演示显式类型转换的用法，具体如例 2－2 所示。

例 2-2　显式类型转换

```
1    #include <stdio.h>
2      int main() {
3        int i = 100;
4        float f = 3.14;
5        double d;
6        //显式类型转换（强制类型转换）
7        //将 int 型的 i 转换为 double 型，然后与 float 型的 f 相加
8        d = (double)i + f;
9        printf("d = %f\n", d);            //输出：d = 103.140000
10       //另一个显式类型转换示例
11       char ch = 'A';
12       //将 char 型的 ch 转换为 int 型
13       int int_ch = (int)ch;
14       //输出：int_ch = 65（ASCII 码中 'A' 的整数值）
15       printf("int_ch = %d\n", int_ch);
16       return 0;
17   }
```

上述程序中，第 3～5 行代码定义了不同类型的变量，第 8 行代码通过显式类型转换，将变量 i 从整型转换为 double 型，与 float 型的 f 进行运算并赋值给 double 型的变量 d；第 11 行代码定义了 char 型的变量 ch，第 13 行代码通过显式类型转换将其转换为整型并赋值给整型变量 int_ch；第 9、15 行代码分别输出 float 型的变量 d、整型变量 int_ch。运行程序，结果如图 2-5 所示。

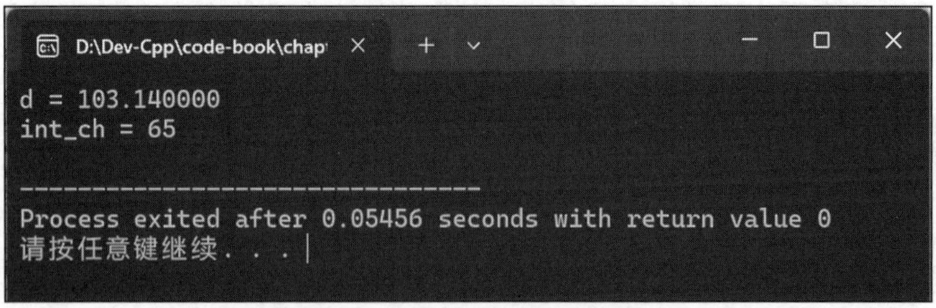

图 2-5　例 2-2 运行结果

相比隐式类型转换，显式类型转换更加明确，因此编程时最好使用显式类型转换来确保代码的清晰性和可维护性。当然，在使用显式类型转换时也有一些情况需要注意，说明如下：

（1）显式类型转换可能会导致数据丢失或精度下降，特别是当较大类型的值被转换为较小类型时，如将 double 型的值转换为 int 型时，小数部分将被丢弃。

（2）在进行类型转换时，程序员应该了解每种数据类型的表示范围和精度，以确保转换不会出现意外的结果。

2.5 运算符和表达式

运算符是用于执行特定操作的符号，其分类与数学中运算符的分类基本相同，但表示方式和用法有一定区别。C 语言中的运算符包括算术运算符、关系运算符、逻辑运算符、位运算符、赋值运算符、条件运算符和其他运算符。表达式由运算符和操作数组成，用于计算并产生一个值或结果。表达式可以很简单，只包含一个变量或常量；也可以很复杂，包含多个运算符和操作数。

2.5.1 算术运算符

算术运算符用于执行基本的数学运算，如加法、减法、乘法、除法和取模（求余数）等。根据算术运算符所需的操作数数量，可以将算术运算符分为双目算术运算符和单目算术运算符。C 语言中的算术运算符如表 2－4 所示。

表 2－4 C 语言中的算术运算符

类别	运算符	说明	示例	结果
双目算术运算符（需要 2 个操作数）	+	加	5 + 5	10
	−	减	6−4	2
	*	乘	3*4	12
	/	除	5/5	1
	%	取模（即算术中的求余数）	7%5	2
单目算术运算符（需要 1 个操作数）	+	正号	+ 3	3
	−	负号	b = 4; −b;	−4
	++	自增（前）	a = 2; b = ++ a;	a = 3; b = 3;
	++	自增（后）	a = 2; b = a ++;	a = 3; b = 2;
	−−	自减（前）	a = 2; b = −− a;	a = 1; b = 1;
	−−	自减（后）	a = 2; b = a −−;	a = 1; b = 2;

1. 双目算术运算符

如表 2－4 所示，C 语言中的双目算术运算符用于实现数学中的四则运算，算术运算符和运算对象可组成算术表达式。下面演示算术运算符在 C 语言中的用法，如例 2－3 所示。

例 2－3 算术运算符应用

```
#include <stdio.h>
int main()
{
    int a = 3, b = 5, c = 1;
    printf("a+b = %d\n", a+b);        // 输出加法运算 a+b 的结果
    printf("a-b = %d\n", a-b);        // 输出减法运算 a-b 的结果
```

```
7        printf("a*b = %d\n", a*b);        //输出乘法运算 a*b 的结果
8        printf("a/c = %d\n", a/c);        //输出除法运算 a/b 的结果
9        printf("a%b = %d\n", a%b);        //输出取模运算 a%b 的结果
10       return 0;
11   }
```

以上程序中的第 4 行代码定义了 3 个整型变量 a、b、c，第 5 ～ 9 行代码分别在 printf() 函数中进行了加法、减法、乘法、除法和取模运算，并输出了运算结果。运行程序，结果如图 2 - 6 所示。

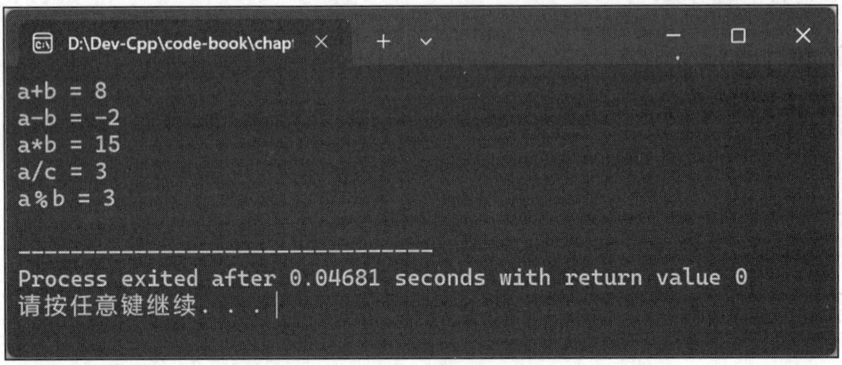

图 2 - 6　例 2 - 3 运行结果

2. 单目算术运算符

如表 2 - 4 所示，单目算术运算符包括正号 +、负号 -、自增运算符 ++、自减运算符 --。

（1）正号 +。取原值，如原值为 3、-5，使用 + 运算后其值仍为 3、-5。

（2）负号 -。取负值，如原值为 3、-5，使用 - 运算后其值为 -3、5。

（3）自增运算符 ++。表示自增 1，可使变量值加 1。

（4）自减运算符 --。表示自减 1，可使变量值减 1。

自增运算符和自减运算符可以放在变量前，也可以放在变量后，位置的前后代表不同的执行过程。以变量 a 为例说明，如下所示：

```
a++;                    //先将 a 增加 1，再使用 a 参与运算
++a;                    //先使用 a 参与运算，再将 a 增加 1
a--;                    //先将 a 减 1，再使用 a 参与运算
--a;                    //先使用 a 参与运算，再将 a 减 1
```

下面演示自增运算符 ++ 和自减运算符 -- 的用法，如例 2 - 4 所示。

例 2 - 4　自增、自减运算符应用

```
#include <stdio.h>
int main()
{
```

```
4        int a = 0, b;
5        b = a++;                          //先将 a 的值赋给 b，再使 a 自增 1
6        printf("a = %d, b = %d\n", a, b);
7        b = ++a;                          //先使 a 自增 1，将 a 的值赋给 b
8        printf("a = %d, b = %d\n", a, b);
9        b = a--;                          //先将 a 的值赋给 b，再使 a 减 1
10       printf("a = %d, b = %d\n", a, b);
11       b = --a;                          //先使 a 减 1，将 a 的值赋给 b
12       printf("a = %d, b = %d\n", a, b);
13       return 0;
14   }
```

以上程序中的第 5 行、第 7 行使用了自增运算符，第 9 行、第 11 行使用了自减运算符，第 6、8、10、12 行使用了 printf() 函数输出当前变量 a、b 的值。运行程序，结果如图 2-7 所示。

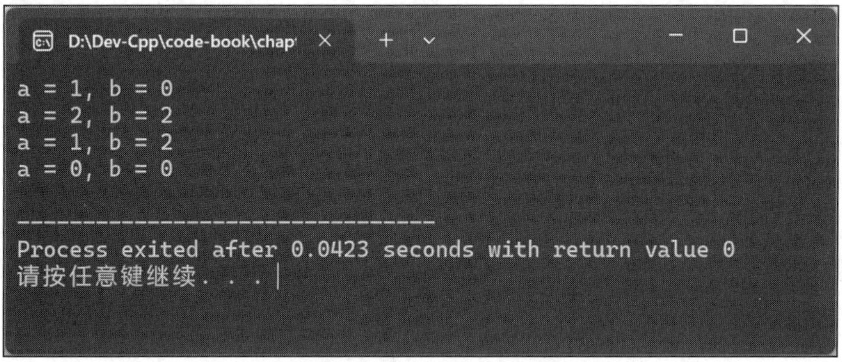

图 2-7　例 2-4 运行结果

2.5.2　关系运算符

关系运算符均为双目运算符，它们用于比较两个值之间的关系。C 语言中的关系运算符如表 2-5 所示。

表 2-5　C 语言中的关系运算符

运算符	运算	示例	结果
<	小于	4 < 3	0
>	大于	4 > 3	1
<=	小于或等于	4 <= 3	0
>=	大于或等于	4 >= 3	1
==	等于	4 == 3	0
!=	不等于	4 != 3	1

表 2-5 中关系运算符的功能如下：

（1）<（小于）：检查左侧操作数是否小于右侧操作数。

（2）>（大于）：检查左侧操作数是否大于右侧操作数。

（3）<=（小于或等于）：检查左侧操作数是否小于或等于右侧操作数。

（4）>=（大于或等于）：检查左侧操作数是否大于或等于右侧操作数。

（5）==（等于）：检查两个操作数是否相等。

（6）!=（不等于）：检查两个操作数是否不相等。

在其他高级语言中，数值比较结果返回一个布尔值 false 或 true，true 表示真，false 表示假。在 C 语言中使用整数值表示比较结果，0 对应 false，1 对应 true。如表达式 3 < 5，结果为真，表达式值为 1；3 > 5，结果是假，表达式值为 0。

关系运算符可以和操作数构成关系表达式。下面举例说明关系运算符的用法，如例 2-5 所示。

例 2-5　关系运算符应用

```
#include <stdio.h>
int main() {
    int a = 5;
    int b = 10;
    //使用关系运算符进行比较，并输出结果
    if (a < b) {
        printf("a 小于 b\n");
    }
    if (a > b) {
        //这行不会执行，因为 a>b 不成立
        printf("a 大于 b\n");
    }
    if (a <= b) {
        //这行会执行，因为 a<=b 不成立
        printf("a 小于或等于 b\n");
    }
    if (a >= b) {
        //这行不会执行，因为 a>=b 不成立
        printf("a 大于或等于 b\n");
    }
    if (a == b) {
        //这行不会执行，因为 a 不等于 b
        printf("a is equal to b\n");
    }
    if (a != b) {
        printf("a 不等于 b\n");
    }
```

```
28        return 0;
29    }
```

以上程序的 if 结构用于判断关系运算符构成的表达式是否成立，如成立，则执行 {} 内的语句；如不成立，则执行 if 结构之后的程序。程序第 3、4 行定义了整型变量 a、b，之后通过 6 个 if 结构依次判断变量 a 和 b 之间的关系，如关系成立则使用 printf() 函数输出结果。运行程序，结果如图 2－8 所示。

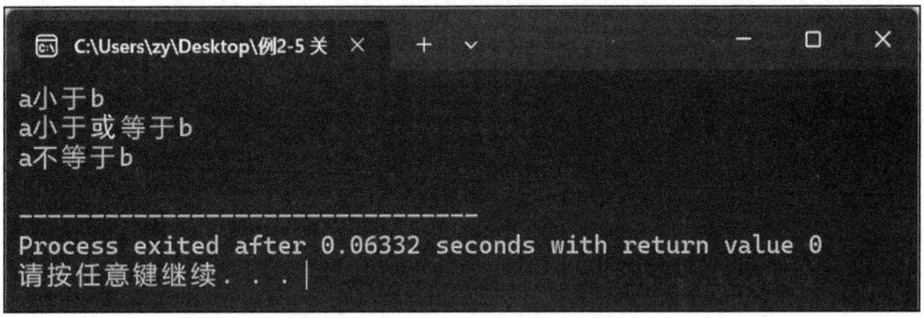

图 2－8　例 2－5 程序运行结果

2.5.3　逻辑运算符

逻辑运算符用于比较两个值或表达式之间的逻辑关系，其返回值为 0 或 1。C 语言中的逻辑运算符如表 2－6 所示。

表 2－6　C 语言中的逻辑运算符

类别	运算符	运算	示例	结果
单目运算符	!	逻辑非	!a	如果 a 为假，则 !a 为真 如果 a 为真，则 !a 为假
双目运算符	&&	逻辑与	a&&b	如果 a 和 b 都为真，则结果为真，否则为假
	||	逻辑或	a || b	如果 a 和 b 有一个或一个以上为真， 则结果为真；二者都为假，结果为假

表 2－6 中逻辑运算符的功能如下：

（1）!（逻辑非）：对其单一操作数进行逻辑取反。如果操作数为真（非零），则结果为假（0）。如果操作数为假（0），则结果为真（1）。例如，!0 返回 1，而 !1 返回 0。

（2）&&（逻辑与）：如果两个操作数都为真，则结果为真，否则结果为假。在 C 语言中，如果第一个操作数为假，则不会评估第二个操作数（称为“短路求值”或“惰性求值”）。例如，(5 > 2) && (2 < 10) 返回 1。

（3）||（逻辑或）：如果两个操作数中至少有一个为真，则结果为真，否则结果为假。在 C 语言中，如果第一个操作数为真，则不会评估第二个操作数（同样是由于短路求值）。例如，(5 > 2) || (2 > 10) 返回 1。

逻辑运算符经常与关系运算符（如 ==、!=、<、<=、> 和 >=）一起使用，以形成更复杂的条件表达式。下面举例说明逻辑运算符的用法，如例 2－6 所示。

例 2－6　逻辑运算符应用

```
1    #include <stdio.h>
2    int main() {
3        int a = 5;
4        int b = 10;
5        //使用逻辑与 (&&) 组合多个条件
6        if (a < b && a != 0) {
7            printf("a 小于 b 且 a 不等于 0\n");
8        }
9        //使用逻辑或 (||) 组合多个条件
10       if (a > b || a == 0) {
11           printf("a 小于 b 或 a 不等于 0\n");
12       }
13       return 0;
14   }
```

以上程序中的第 3、4 行定义了整型变量 a、b，然后通过逻辑运算符构成复杂表达式，如关系成立则使用 printf() 函数输出结果。运行程序，结果如图 2－9 所示。

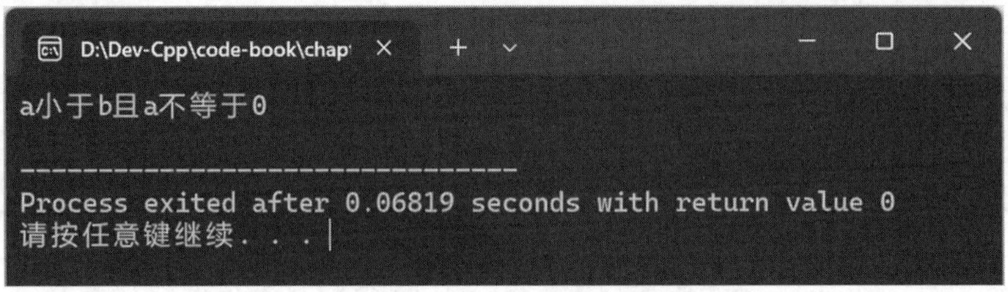

图 2－9　例 2－6 程序运行结果

2.5.4　位运算符

位运算符主要用于直接操作整数的二进制位。这些运算符对于底层编程、性能优化、硬件交互等场景非常有用。C 语言中的位运算符如表 2－7 所示。

表 2－7　C 语言中的位运算符

类别	运算符	运算	示例	结果
单目运算符	&	按位与	0 & 0	0
			0 & 1	0
			1 & 1	1
			1 & 0	0
	|	按位或	0 | 0	0
			0 | 1	1
			1 | 1	1
			1 | 0	1

续表

类别	运算符	运算	示例	结果
单目运算符	～	按位非	～0	1
			～1	0
双目运算符	^	按位异或	0 ^ 0	0
			0 ^ 1	1
			1 ^ 1	0
			1 ^ 0	1
	<<	左移	00000010 << 2	00001000
			10010011 << 2	01001100
	>>	右移	01100010 >> 2	00011000
			11100010 >> 2	11111000

表 2－7 中位运算符的功能如下：

（1）&（按位与）：对两个整数进行按位与操作，只有当两个相应的二进制位都为 1 时，结果位才为 1。

（2）|（按位或）：对两个整数进行按位或操作，只要两个相应的二进制位中有一个为 1 时，结果位就为 1。

（3）～（按位非）：对一个整数进行按位非操作，翻转整数的所有位。注意，这是一个一元运算符。

（4）^（按位异或）：对两个整数进行按位异或操作，当两个相应的二进制位相异时，结果位为 1。

（5）<<（左移）：将整数的所有位向左移动指定的位数，右侧用 0 填充。

（6）>>（右移）：将整数的所有位向右移动指定的位数。对于无符号整数，左侧用 0 填充；对于有符号整数，这取决于具体的编译器和硬件平台，可能是符号扩展（左侧用符号位填充）或零扩展（左侧用 0 填充）。

下面举例说明位运算符的用法，如例 2－7 所示。

例 2－7　位运算符应用

```
#include <stdio.h>
int main()
{
    unsigned int a = 60;        //60 = 0011 1100
    unsigned int b = 13;        //13 = 0000 1101
    int c = 0;

    c = a & b;                  //12 = 0000 1100
    printf("Line 1 - Value of c is %d\n", c );

    c = a | b;                  //61 = 0011 1101
```

```
        printf("Line 2 - Value of c is %d\n", c );

        c = a ^ b;                  //49 = 0011 0001
        printf("Line 3 - Value of c is %d\n", c );

        c = ~a;                     //-61 = 1100 0011（在二进制补码表示中）
        printf("Line 4 - Value of c is %d\n", c );

        c = a << 2;                 //240 = 1111 0000
        printf("Line 5 - Value of c is %d\n", c );

        c = a >> 2;                 //15 = 0000 1111
        printf("Line 6 - Value of c is %d\n", c );

        return 0;
    }
```

以上程序调用了表 2－7 中的位运算符。运行程序，结果如图 2－10 所示。

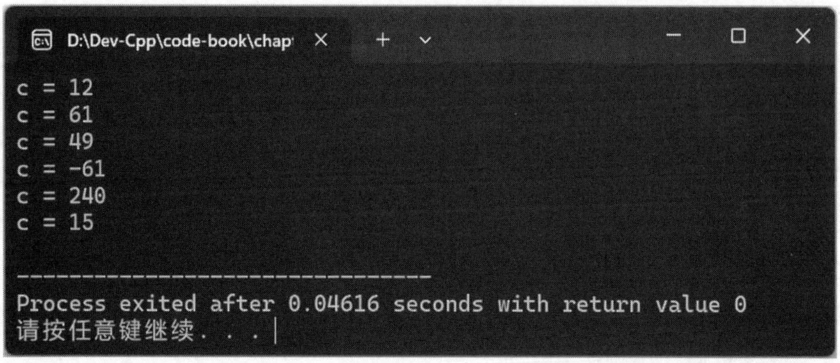

图 2－10　例 2－7 程序运行结果

2.5.5　赋值运算符

赋值运算符（=）在 C 语言中应用非常普遍，它用于将右侧的值（或表达式的结果）赋给左侧的变量。赋值运算符不仅用于简单的赋值，还可以与其他运算符结合使用，形成复合赋值运算符，如 +=、−=、*=、/=、%=、<<=、>>=、&=、^= 和 |=。赋值运算符是双目运算符，C 语言中的赋值运算符如表 2－8 所示。

表 2－8　C 语言中的赋值运算符

运算符	运算	示例	结果
=	赋值	a = 3; b = 2;	a = 3; b = 2;
+=	加等于	a = 3; b = 2; a += b;	a = 5; b = 2;
−=	减等于	a = 3; b = 2; a −= b;	a = 1; b = 2;

续表

运算符	运算	示例	结果
*=	乘等于	a = 3; b = 2; a *= b;	a = 6; b = 2;
/=	除等于	a = 3; b = 2; a /= b;	a = 1; b = 2;
%=	模等于（取余）	a = 3; b = 2; a %= b;	a = 1; b = 2;
<<=	左移等于	a = 1; a <<= 2;	a = 4;
>>=	右移等于	a = 4; a >>= 1;	a = 2;
&=	按位与等于	a = 60; a &= 13;	a = 12;
^=	按位异或等于	a = 60; a ^= 13;	a = 49;
|=	按位或等于	a = 60; a |= 2;	a = 62;

下面详细介绍复合赋值运算符。

（1）+=：加等于。将左侧变量与右侧值相加，并将结果存回左侧变量。例如：

```
int a = 5;
a += 3;                         //a 当前值为 8
```

（2）-=：减等于。从左侧变量中减去右侧值，并将结果存回左侧变量。例如：

```
int a = 8;
a -= 3;                         //a 当前值为 5
```

（3）*=：乘等于。将左侧变量与右侧值相乘，并将结果存回左侧变量。例如：

```
int a = 2;
a *= 3;                         //a 当前值为 6
```

（4）/=：除等于。将左侧变量除以右侧值，并将结果存回左侧变量（注意整数除法会丢弃小数部分）。例如：

```
int a = 6;
a /= 2;                         //a 当前值为 3
```

（5）%=：模等于（取余）。计算左侧变量除以右侧值的余数，并将结果存回左侧变量。例如：

```
int a = 7;
a %= 3;                         //a 当前值为 1
```

（6）<<=：左移等于。将左侧变量的所有位向左移动指定的位数，并将结果存回左侧变量。例如：

```
int a = 1;                      //二进制表示：0001
a <<= 2;                        //a 当前值为 4，二进制表示：0100
```

（7）>>=：右移等于。将左侧变量的所有位向右移动指定的位数，并将结果存回左侧变量（对于有符号整数，可能是符号扩展或零扩展）。例如：

```
int a = 4;                    //二进制表示：0100
a >>= 1;                      //a 当前值为 2，二进制表示：0010
```

（8）&=：按位与等于。对左侧变量和右侧值进行按位与操作，并将结果存回左侧变量。例如：

```
int a = 60;                   //二进制表示：0011 1100
a &= 13;                      //a 当前值为 12，二进制表示：0000 1100
```

（9）^=：按位异或等于。对左侧变量和右侧值进行按位异或操作，并将结果存回左侧变量。例如：

```
int a = 60;                   //二进制表示：0011 1100
a ^= 13;                      //a 当前值为 49，二进制表示：0011 0001
```

（10）|=：按位或等于。对左侧变量和右侧值进行按位或操作，并将结果存回左侧变量。例如：

```
int a = 60;                   //二进制表示：0011 1100
a |= 1;                       //a 当前值为 61，二进制表示：0011 1101
```

复合赋值运算符可以提高代码的可读性和简洁性，同时执行赋值和相应的运算操作。下面举例说明赋值运算符的用法，如例 2-8 所示。

例 2-8　赋值运算符应用

```
#include <stdio.h>
int main() {
    //声明整型变量 a,b，定义整型变量 c
    int a, b, c=60;
    //使用基本赋值运算符给变量赋值
    a = 10;
    b = 2;
    //使用复合赋值运算符 +=
    a += 5; //相当于 a = a + 5;
    //使用复合赋值运算符 *=
    b *= 3; //相当于 b = b * 3;
    //打印结果
    printf("a = %d\n", a); //输出 a = 15
    printf("b = %d\n", b); //输出 b = 6
    //使用复合赋值运算符 %= 来计算余数并赋值
    b %= 2; //相当于 b = b % 2;
    //打印结果
    printf("b %% 2 = %d\n", b); //输出 b % 2 = 0
    //使用复合赋值运算符 |=
    c |= 2; //相当于 c = c | 2;
```

```
        //打印结果
        printf("c |= 2 = %d\n", c); //输出 c |= 2
        return 0;
    }
```

以上程序使用了基本赋值运算符 =、符合赋值运算符 +=、*=、%=、|= 进行了赋值运算。运行程序，结果如图 2 - 11 所示。

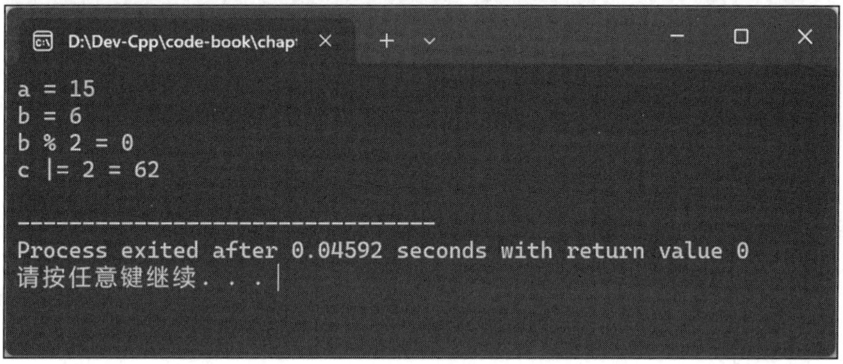

图 2 - 11　例 2 - 8 程序运行结果

2.5.6　条件运算符

条件运算符（也称为三目运算符或问号冒号运算符）由 ? 和 : 组成，用于根据某个条件判断结果来为变量赋值。条件运算符的语法格式如下：

```
表达式 1? 表达式 2: 表达式 3
```

以上语法的功能为：如果表达式 1 的结果为真，则以上表达式的结果为表达式 2；如果表达式 1 的结果为假，则以上表达式的结果为表达式 3。下面举例说明条件运算符的用法，如例 2 - 9 所示。

例 2 - 9　条件运算符应用

```
1   #include <stdio.h>
2   int main()
3   {
4       int a = -5;
5       //变量 a>0 则将 sign 赋值为 +，否则赋值为 -
6       char sign = (a > 0) ? '+' : '-';
7       //输出变量 a 的符号 sign
8       printf(" 数字 %d 的符号是“%c” \n", a, sign);
9       return 0;
10  }
```

以上程序的功能是判断数字的符号并输出。第 4 行代码定义了整型变量 a 并赋值

为 -5；第 6 行代码定义了字符型变量 sign，使用条件运算符来确定 sign 的值：如果“a > 0”的结果为真，则将“+”赋给 sign，否则将“-”赋给 sign；第 8 行代码输出了变量 a 的符号 sign。运行程序，结果如图 2 - 12 所示。

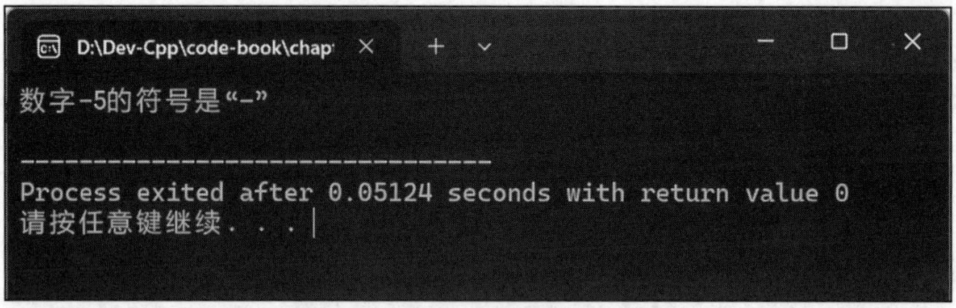

图 2 - 12　例 2 - 9 程序运行结果

2.5.7　其他运算符

在 C 语言中，除以上运算符外，还有 2 个常用的运算符：逗号运算符和 sizeof 运算符。

1. 逗号运算符

逗号运算符允许在一个表达式中组合多个表达式，从左到右依次计算各个表达式，最终将最右侧表达式的值作为整个表达式的值。其语法格式如下：

```
(表达式 1, 表达式 2, 表达式 3, ..., 表达式 n);
```

以上语法中，依次计算表达式 1 到表达式 n 的值，最终取表达式 n 的值作为整个表达式的值。下面举例说明逗号运算符的用法，如例 2 - 10 所示。

例 2 - 10　逗号运算符应用

```
1     #include <stdio.h>
2     int main()
3     {
4         int a = 5, b = 3, c = 2;
5         //使用逗号运算符组成表达式
6         int x = (a++, b--, a+b-c);
7         printf("a=%d, b=%d, c=%d\n", a, b, c);
8         printf("x=%d\n", x);
9         return 0;
10    }
```

以上程序中的第 4 行代码定义了变量 a、b、c；第 6 行定义了变量 x，并使用逗号运算符构成的表达式为其赋值，在此行代码中，程序先执行表达式 a++，a 的值变为 6，再执行 b--，b 的值变为 2，最后执行 a+b-c，并将值赋给变量 x；第 7、8 行代码输出了变量 a、b、c 及变量 x。运行程序，结果如图 2 - 13 所示。

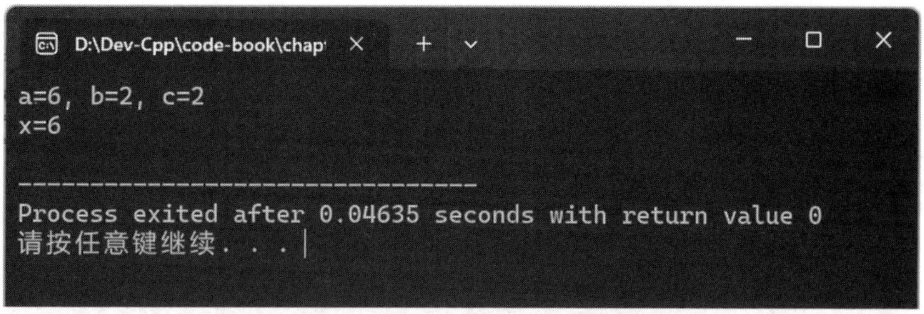

图 2-13　例 2-10 程序运行结果

2. sizeof 运算符

sizeof 运算符又称为长度运算符，它可以获取其操作数的内存大小（以字节为单位），通常用于内存管理和数组操作。其语法格式如下：

```
sizeof(操作数)
```

以上语法中的操作数可以为变量、数据类型或表达式。下面举例说明 sizeof 运算符的用法，如例 2-11 所示。

例 2-11　sizeof 运算符应用

```
1   #include <stdio.h>
2   int main()
3   {
4       int a = 5;                    //定义整型变量 a
5       char b = '!';                 //定义字符型变量 b
6       float c = 3.2;                //定义浮点型变量 c
7       double d = 3.67;              //定义双精度浮点型变量 d
8       //输出变量 a、b、c、d 所占的字节数
9       printf("a 占用 %d 字节 \n", sizeof(a));
10      printf("b 占用 %d 字节 \n", sizeof(b));
11      printf("c 占用 %d 字节 \n", sizeof(c));
12      printf("d 占用 %d 字节 \n", sizeof(d));
13      //输出数据类型 long double 占用的字节数
14      printf("long double 型数据占用 %d 字节 \n", sizeof(long double));
15      //输出表达式 c/a 占用的字节数
16      printf(" 表达式 c/a 占用 %d 字节 \n", sizeof(c/a));
17      return 0;
18  }
```

以上程序中的第 4 ～ 7 行代码分别定义了不同类型的变量 a、b、c、d；第 9 ～ 12 行代码通过 sizeof 运算符获得了变量 a、b、c、d 所占用的字节数；第 14 行代码通过 sizeof 运算符获得了数据类型 long double 所占用的字节数；第 16 行代码通过 sizeof 运算符获得了表达式 c/a（运算结果为浮点型）所占用的字节数。运行程序，结果如图 2-14 所示。

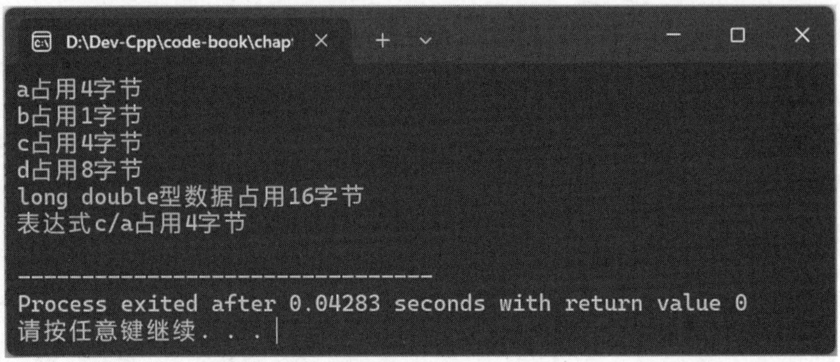

图 2-14 例 2-11 程序运行结果

2.5.8 运算符优先级

运算符优先级决定了表达式中不同部分被执行的顺序。当表达式中包含多个运算符时，优先级高的运算符会先被计算。C 语言中运算符的大致优先级（从高到低）如表 2-9 所示。

表 2-9 C 语言中运算符的大致优先级（从高到低）

优先级	运算符	说明
1	. [] ()	后缀运算符（从左到右结合）
2	++ -- ~ ! (数据类型) sizeof	部分单目运算符（从右到左结合）
3	* / %	乘法类运算符（从左到右结合）
4	+ -	加法类运算符（从左到右结合）
5	<< >>	移位运算符（从左到右结合）
6	< > <= >=	关系运算符，比大小（从左到右结合）
7	== !=	关系运算符，比相等（从左到右结合）
8	&	位与运算符（从左到右结合）
9	^	位异或运算符（从左到右结合）
10	|	位或运算符（从左到右结合）
11	&&	逻辑与运算符（从左到右结合）
12	||	逻辑或运算符（从左到右结合）
13	?:	条件运算符（从左到右结合）
14	= *= /= %= += -= <<= >>= >>>= &= ^= |=	赋值运算符（从左到右结合）
15	,	逗号运算符（从左到右结合）

表 2-9 中优先级为 1 的运算符用于访问结构体成员、访问数组成员、调用函数，这些运算符将在后续章节中陆续学习。当一个表达式中包含多个运算符时，优先进行优先级高的运算符操作；同一优先级的运算符，运算次序由结合方向确定。

任务实现

微课

学生成绩管理系统之信息录入

学生成绩管理系统的信息录入功能为获取学生成绩信息并进行存储。在 C 语言中，可以使用变量存储信息，使用 scanf() 函数从键盘录入信息，使用 prinf() 函数将变量存储的信息输出到屏幕。下面使用变量相关知识，实现学生成绩管理系统的信息录入功能。代码实现如例 2 - 12 所示。

例 2 - 12　学生成绩管理系统之信息录入

```
1   #include<stdio.h>
2   int main()
3   {
4       //定义变量，以存储学生信息
5       int num;                        //存储学号
6       char name[15];                  //存储学生姓名
7       float elec;                     //存储选修课成绩
8       float expe;                     //存储实验课成绩
9       float requ;                     //存储必修课成绩
10      float sum;                      //存储总成绩
11      //录入学生信息
12      printf("【信息录入】\n 学号 :");
13      scanf("%d",&num);               //存储学号
14      printf(" 姓名 :");
15      scanf("%s",&name);              //存储学生姓名
16      printf(" 选修课 :");
17      scanf("%f",&elec);              //存储选修课成绩
18      printf(" 实验课 :");
19      scanf("%f",&expe);              //存储实验课成绩
20      printf(" 必修课 :");
21      scanf("%f",&requ);              //存储必修课成绩
22      sum = elec+expe+requ;
23      //输出学生信息
24      printf(" 成绩录入成功! 本次录入的信息如下 :\n");
25      printf(" 学号: %d\n",num);
26      printf(" 姓名: %s\n",name);
27      printf(" 选修课: %.2f\n",elec);
28      printf(" 实验课: %.2f\n",expe);
29      printf(" 必修课: %.2f\n",requ);
30      printf(" 总成绩: %.2f\n",sum);
31      return 0;
32  }
```

以上程序中的第 5 ～ 10 行代码定义了整型、字符串、浮点型变量，用来存储学生

的学号、姓名和成绩信息；第 12 ～ 21 行代码使用 scanf() 函数从键盘获取了学生信息和学生各科成绩的值；第 22 行代码通过算术运算获得了学生总成绩；第 24 ～ 30 行代码使用 printf() 函数输出了学生信息和成绩。运行程序，根据提示信息依次输入信息，结果如图 2－15 所示。

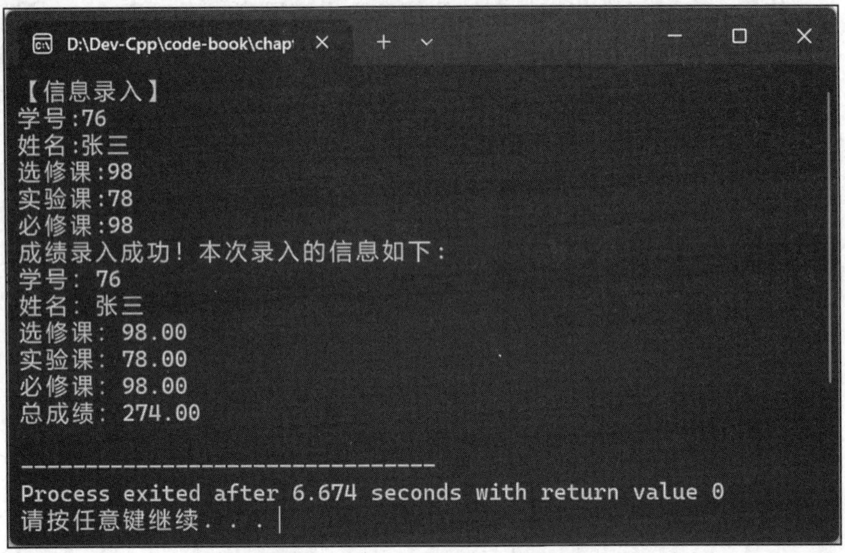

图 2－15　例 2－12 程序运行结果

至此，学生成绩管理系统的信息录入功能实现完毕。

任务拓展

设计程序，实现图书管理系统的信息录入功能。代码实现如例 2－13 所示。

例 2－13　图书管理系统之信息录入

```
#include<stdio.h>
int main()
{
    //定义变量，以存储学生信息
    int num;                              //存储图书编号
    char b_name[15];                      //存储书名
    float b_price;                        //存储图书价格
    //录入学生信息
    printf("【信息录入】\n编号:");
    scanf("%d",&num);                     //存储图书编号
    printf("书名:");
    scanf("%s",&b_name);                  //存储书名
    printf("价格:");
    scanf("%f",&b_price);                 //存储图书价格
```

```
    //输出图书信息
    printf("图书信息录入成功！本次录入的信息如下：\n");
    printf("编号：%d\n",num);
    printf("书名：%s\n",b_name);
    printf("价格：%.2f\n",b_price);
    return 0;
}
```

运行程序，结果如图 2-16 所示。

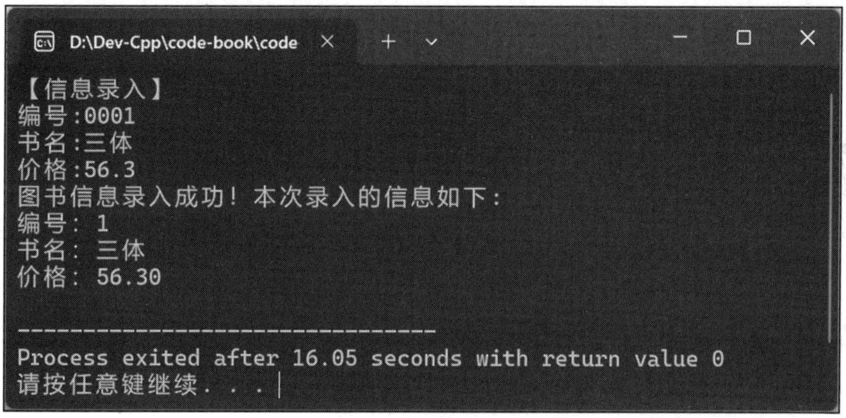

图 2-16 例 2-13 程序运行结果

习题

一、填空题

1. 八进制必须以________开头，十六进制必须以________开头。
2. 可在声明变量之后使用________初始化变量。
3. ________是编译器在编译时自动执行的一种类型转换。
4. C 语言中的数据类型可分为 4 种，分别是基本类型、________、指针类型、________。
5. C 语言提供了 sizeof 运算符，该运算符主要用于________。

二、判断题

1. 执行语句“++ i; i = 3;”后，变量 i 的值为 4。 (　　)
2. 隐式类型转换是指将取值范围大的数据类型转换为数据取值范围小的数据类型。 (　　)
3. C 语言中的逻辑值“真”是用 1 表示的，逻辑值“假”是用 0 表示的。 (　　)
4. C 语言中赋值运算符比关系运算符的优先级高。 (　　)
5. 位运算符是专门针对数字 0 和 1 进行操作的。 (　　)

三、选择题

1. 下列选项中，可以正确定义 C 语言整型常量的是（　　）。

A. 32L　　B. 51000　　C. −1.00　　D. 567

2. 算术运算符、赋值运算符和关系运算符的运算优先级按从高到低依次为（　　）。

A. 算术运算符、赋值运算符、关系运算符

B. 算术运算符、关系运算符、赋值运算符

C. 关系运算符、赋值运算符、算术运算符

D. 关系运算符、算术运算符、赋值运算符

3. 设整型变量 m, n, a, b, c, d 均为 1，执行 (m = a > b) && (n = c > d) 后，m, n 的值是（　　）。

A. 0，0　　B. 0，1　　C. 1，0　　D. 1，1

4. 若已定义 x 和 y 为 double 类型，则表达式 x=1; y=x+3/2 的值是（　　）。

A. 1　　B. 2　　C. 2.0　　D. 2.5

5. 假设 a=1, b=2, c=3, d=4，则表达式 a < b ? a : c < d ? a : d 的结果为（　　）。

A. 4　　B. 3　　C. 2　　D. 1

四、简答题

1. 请列举几个单目运算符、双目运算符、三目运算符，并说明其区别。

2. 请简述自增运算符放在变量前面和后面的区别。

五、编程题

1. 已知梯形的上底为 a，下底为 b，高为 h，请用程序实现求梯形的面积。

2. 请使用位运算符实现交换两个变量值的功能。

任务3 学生成绩管理系统之系统登录

任务目标

知识目标 1

- 理解流程控制的基本概念；
- 掌握选择结构语句；
- 了解 switch 语句；
- 掌握循环结构语句；
- 了解流程控制中的高级概念。

技能目标 2

- 能够编写包含选择结构的程序；
- 能够正确使用循环结构；
- 能够调试与修正流程控制相关的程序错误；
- 能够正确应用 break 和 continue 语句；
- 能够使用多种流程控制结构编写复杂程序。

素养目标 3

- 培养逻辑思维和问题解决能力；
- 提升代码编写和调试能力；
- 培养严谨的科学态度；
- 注重代码的可读性和可维护性。

任务描述

微课

任务3 学生成绩管理系统之系统登录

登录功能是管理系统的重要组成部分，它确保只有经过验证的用户才能访问系统数据，以保障信息的安全性。日常生活中我们使用的许多应用都具有登录功能，如 QQ、淘宝、京东等。用户登录时需要输入用户名和密码进行验证，验证通过可成功登录，使用系统；验证失败则需要回到登录页面，重新验证。在 C 语言中，这一功能的实现将用到一些流程控制语句。本任务将带领大家了解 C 语言中常用的流程控制语句，并实现学生成绩管理系统的登录功能。

知识储备

C 程序结构分为顺序结构、选择结构、循环结构，基于这三种基本程序结构，可以实现各类复杂的程序功能。在实现程序之前，程序员通常会先为程序的核心功能设计算法，并在此过程中通过流程图梳理算法的工作流程。下面首先熟悉程序组成部分，了解算法和流程图，再学习 C 语言中的三种基本结构的实现方式。

3.1 程序组成部分

C 程序通常包括以下几个部分：

（1）预处理指令：通常包含 #include 指令，用于包含标准库或其他文件的头文件。例如，#include <stdio.h> 用于包含标准输入输出库的头文件。

（2）函数定义：C 程序由一个或多个函数组成，但总有一个名为 main 的函数，这是程序的入口点。main() 函数在程序开始执行时调用。

（3）变量声明：在函数内部或外部，可以声明变量来存储数据。这些变量可以是任何有效的 C 数据类型，如整数、浮点数、字符或复合类型（如数组和结构）。

（4）语句和表达式：C 语言中的语句是用于执行某些操作的指令。它们可以是赋值、条件、循环等语句。表达式是变量、常量、函数调用和运算符的组合，它们返回一个值。

（5）注释：C 语言支持两种注释方式，即单行注释（以 // 开始）和多行注释（以 /* 开始，以 */ 结束）。注释用于解释代码的功能和目的，对编译器是透明的。

（6）程序结构：C 语言是一种结构化编程语言，它支持各种控制结构，如顺序语句、条件语句（if, if-else, switch）、循环语句（for, while, do-while）和函数。

（7）分号和花括号：在 C 语言中，每个语句的末尾都必须有分号（;）。同时，代码块（如函数体或循环体）必须用花括号（{}）括起来。

（8）返回语句：如果函数返回一个值，那么它必须使用 return 语句来指定要返回的值。对于 main() 函数，return 语句用于指定程序的退出状态。

以下是一个简单的 C 程序示例。

例 3－1　C 程序示例

```
#include <stdio.h>                          //预处理指令
//函数定义
int add(int a, int b)
```

```
4      {
5          int sum = a + b;                        //变量声明和语句
6          return sum;                             //返回语句
7      }
8      //main() 函数定义
9      int main()
10     {
11         int x = 5;                              //变量声明
12         int y = 10;
13         int result = add(x, y);                 //函数调用和赋值
14         printf("a+b=: %d\n", result);           //语句和表达式
15         return 0;                               //main() 函数的返回语句
16     }
```

以上程序的第 1 行为预处理指令，用于引用包含 printf() 函数的 stdio.h 文件，以便后面语句中的 printf() 函数能正常使用；第 3 ～ 7 行定义了 add() 函数，实现整数加法功能，功能实现的语句包含在花括号（{}）之间，每个语句以分号（;）结尾，函数使用 return 语句返回 int 型的返回值；第 9 ～ 16 行定义了 main() 函数，main() 函数声明了两个整型变量 x、y，调用函数 add() 计算 x、y 的和，并赋值给变量 result，调用 printf() 函数输出 a、b 的和，最后使用 return 语句返回一个整型值 0，程序运行结束。

运行程序，结果如图 3－1 所示。

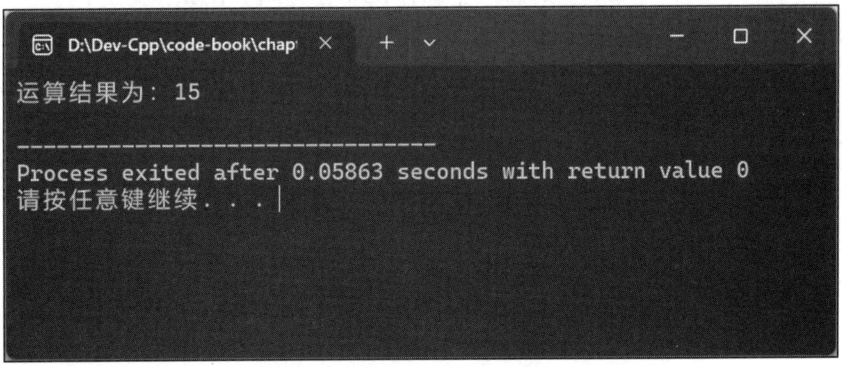

图 3－1　例 3－1 程序运行结果

3.2 算法和流程图

3.2.1　算法

算法是一系列解决问题的清晰指令，是对特定问题求解步骤的一种描述。在程序开发

中，算法是对计算机上执行计算过程的具体描述，它是指令的有限序列，其中每一条指令表示一个或多个操作。算法具有以下几个基本特征：

（1）有穷性：算法必须在执行有限个步骤之后终止。

（2）确切性：算法的每个步骤必须有确切的定义。

（3）输入：算法有 0 个或多个输入，以刻画运算对象的初始情况。

（4）输出：算法至少有 1 个或多个输出，以反映对输入数据加工后的结果。没有输出的算法是毫无意义的。

（5）可行性：算法中执行的任何计算步骤都是可以通过基本运算执行有限次来实现的。

3.2.2　流程图

在开始编程之前，我们可以使用伪代码或某种流程图来描述算法，其中流程图（也称为程序框图）是以特定的图形符号加上说明表示算法的图，它可以帮助人们清晰地理解复杂的过程，并找到其中的瓶颈或改进点。流程图中常用的图形符号如表 3－1 所示。

表 3－1　流程图中常用的图形符号

符号	符号名称	功能
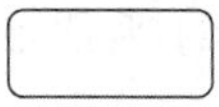	起止框	圆角框，表示算法的开始或结束
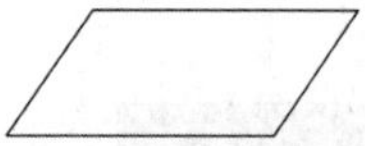	输入 / 输出框	平行四边形，表示输入输出操作
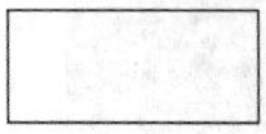	处理框	直角框，表示基本操作、处理
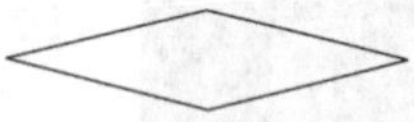	判断框	菱形框，表示条件判断，根据判断结果选择不同的后续操作
	流程线	实心单向箭头或直线，可连接不同的符号，若无箭头，则默认流程顺序为从上到下、从左到右
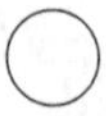	连接点	圆形，用于连接交汇的流程线

图 3－2 是一个程序流程图示例。

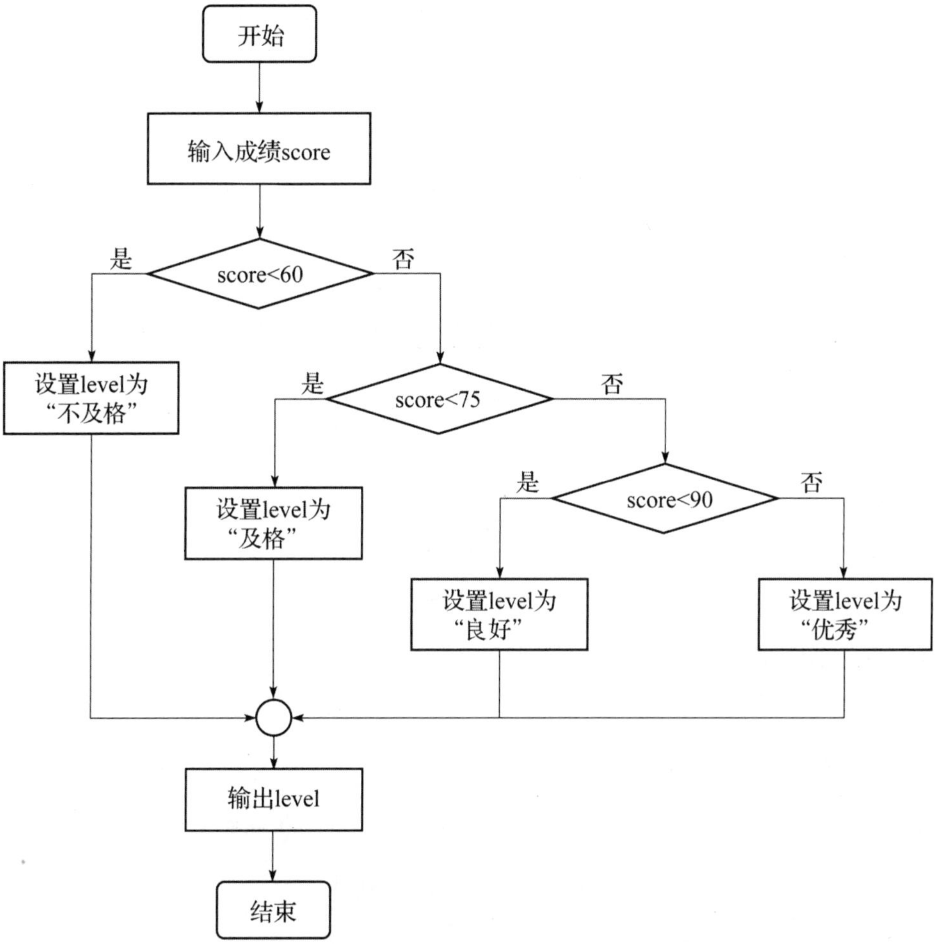

图 3－2　程序流程图示例

图 3－2 所示的流程图描述了如何根据成绩判断级别。

（1）程序开始后首先输入成绩 score，然后判断 score 是否小于 60：若是，则将级别 level 设置为“不及格”，否则进入下一个判断条件，判断 score 是否小于 75。

（2）若 score 小于 75，则将 level 设置为“及格”，否则进入下一个判断条件，判断 score 是否小于 90。

（3）若 score 小于 90，则将 level 设置为“良好”，否则将 level 设置为“优秀”。

（4）最后输出 level，程序结束。

3.3 顺序结构

顺序结构是 C 程序中最基本的结构之一。顺序结构意味着程序中的语句会按照它们在源代码中顺序（从上到下、从左到右）依次执行，没有特定的控制结构（如条件语句或循环语句）来改变这个执行顺序。顺序结构流程图，如图 3－3 所示。

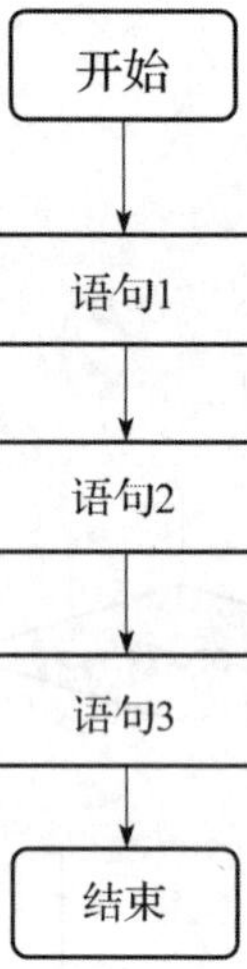

图 3－3　顺序结构流程图

下面通过举例演示顺序结构的用法。

例 3－2　求长方形面积

```
1   #include <stdio.h>
2   int main()
3   {
4       //声明变量
5       double length, width, area;
6       //获取用户输入
7       printf("请输入长方形的长：");
8       scanf("%lf", &length);
9       printf("请输入长方形的宽：");
10      scanf("%lf", &width);
11      //计算面积
12      area = length * width;
13      //输出结果
14      printf("长方形的面积为：%.2lf\n", area);
15      //程序结束
16      return 0;
17  }
```

长方形面积计算公式为：面积 = 长 × 宽，那么程序中首先需要定义 3 个变量来存储面积、长、宽 3 个值，例 3－2 的第 5 行代码实现了此功能；求面积必须知道长和宽，需要调用 scanf() 函数获取长、宽的值，例 3－2 的 7 ～ 10 行代码实现了此功能；面积计算需要使用 * 运算符构成算术表达式，并将计算结果赋值给存储面积的变量，例 3－2 的第 12 行代码实现了此功能；最后需要使用 printf() 函数输出求得的面积，例 3－2 的第

14 行代码实现了此功能；另外，为了使用 printf() 函数和 scanf() 函数，以上程序需要使用 #include 指令包含定义了这两个函数的头文件 stdio.h，例 3－2 的第 1 行代码实现了此功能。

以上程序运行后，编译器首先找到程序中的 main() 函数，然后按照 main() 函数中语句的顺序，自上至下依次执行。在运行窗口中，用户根据提示依次输入长方形的长、宽，然后程序根据用户输入的长、宽计算出长方形的面积，并输出到显示器上，最后执行到 return 语句，程序结束。

运行程序，依次输入长 3、宽 4，运行结果如图 3－4 所示。

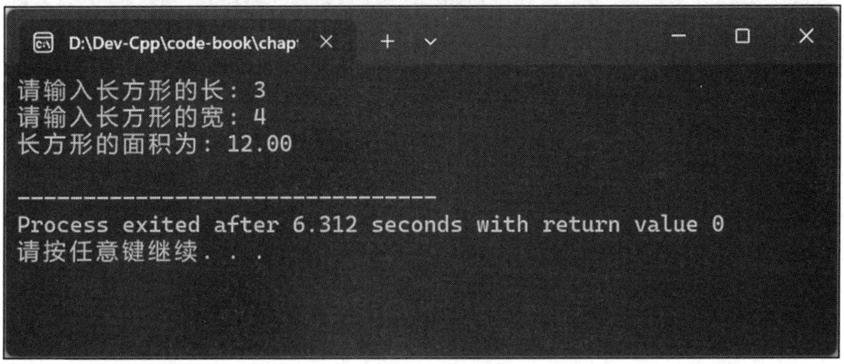

图 3－4　例 3－2 程序运行结果

例 3－3　数据交换

```
1     #include <stdio.h>
2     int main()
3     {
4         //变量声明
5         int x = 5;
6         int y = 10;
7         int tmp = 0;
8         printf("原值: x=%d, y=%d\n",x, y);
9         //交换变量 x、y 的值
10        tmp = x;
11        x = y;
12        y = tmp;
13        printf("现值: x=%d, y=%d\n",x, y);
14        return 0;
15    }
```

以上程序用于交换变量 x、y 的值。需要注意程序中数据交换与数学中数值交换的区别：程序中的数据存储在变量中，当为变量赋值时，变量原来的数据会被覆盖，所以在程序中交换数据时，需要先用一个中间变量记录变量原来存储的数据。例 3－3 第 7 行代码定义了中间变量 tmp，在交换变量 x、y 的值时，首先将 x 的原值存储在变量 tmp 中，然

后将变量 y 的值赋给变量 x，最后再将中间变量 tmp 中存储的 x 的原值赋给变量 y。运行程序，运行结果如图 3－5 所示。

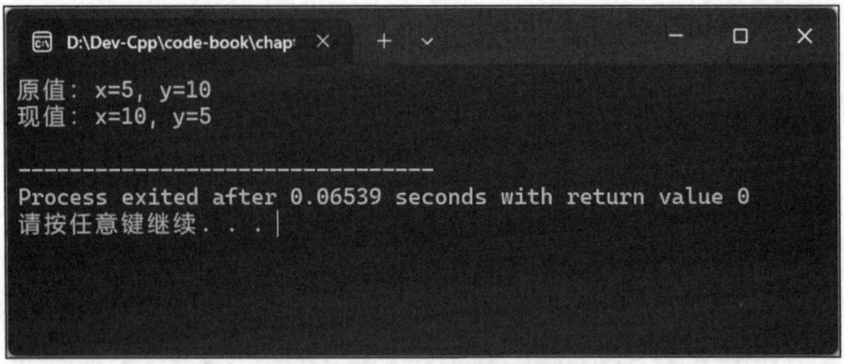

图 3－5　例 3－3 程序运行结果

3.4 选择结构

选择结构（也称为条件结构或分支结构）是一种控制流结构，它允许程序根据某些条件（或条件的组合）来决定执行哪一部分的代码。这种结构是编程中非常基础和重要的部分，因为它使得程序能够根据输入或环境的不同而采取不同的行为。C 程序中的选择结构分为 if 选择结构和 switch-case 选择结构，下面分别介绍这两种选择结构的语法和功能。

3.4.1　if 选择结构

C 语言中的 if 选择结构分为 if 结构（单分支结构）、if-else 结构（双分支结构）、if-else if-else 结构（多分支结构）。

1. if 结构

if 结构用于测试一个条件，如果条件为真，则执行 if 结构中的代码块。if 结构的语法格式如下：

```
if (条件表达式)
{
    代码块
}
```

if 结构的流程图如图 3－6 所示。

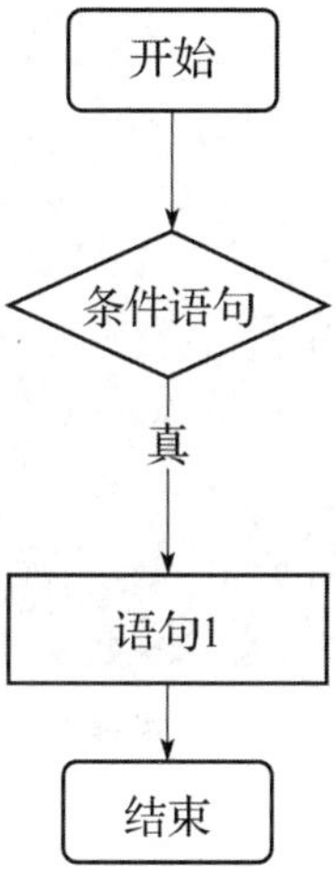

图 3－6 if 结构的流程图

下面通过举例来演示 if 结构的用法，如例 3－4 所示。

例 3－4 if 结构

```
#include <stdio.h>
int main() {
    int num = 5;
    if (num > 0)                              //if 结构 1
    {
        printf("num 是正数。\n");
    }
    if (num < 0)                              //if 结构 2
    {
        printf("num 是负数。\n");
    }
    if (num == 0)                             //if 结构 3
    {
        printf("num 是 0。\n");
    }
    return 0;
}
```

例 3－4 中定义了 3 个 if 结构，分别用来判断变量 num 是否大于 0、小于 0、等于 0，若满足条件，则执行 if 结构中的代码；否则跳过 if 结构，顺序向下执行。此处 num 值为 5，if 结构 1 中的条件满足，if 结构 1 中的代码会被执行；if 结构 2、if 结构 3 中的条件均不满足，这两个 if 结构的代码不会被执行。运行程序，结果如图 3－7 所示。

2. if-else 结构

if-else 结构用于测试某个条件，若条件为真，则执行 if 语句的代码块，否则执行 else 语句的代码块，它允许程序根据一个条件选择两个不同的执行路径。if-else 结构的语法格式如下：

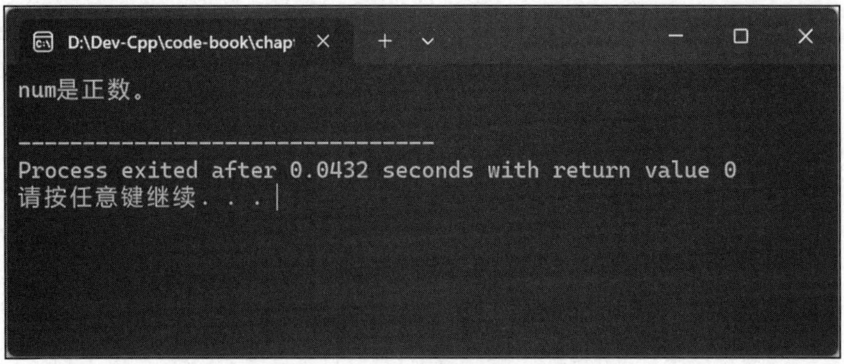

图 3-7　例 3-4 程序运行结果

```
if (条件表达式)
{
    代码块 1
}
else
{
    代码块 2
}
```

if-else 结构的流程图，如图 3-8 所示。

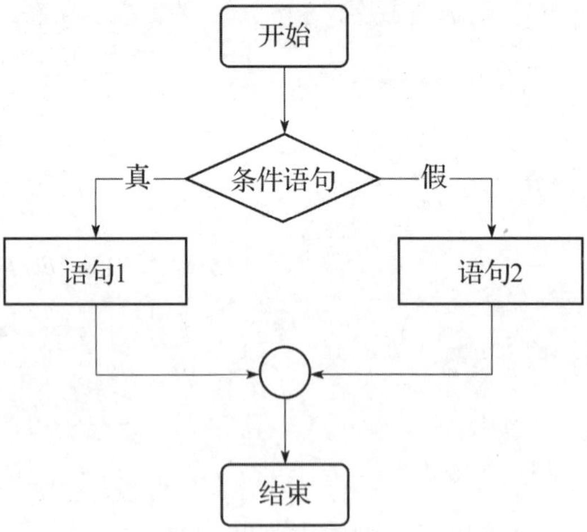

图 3-8　if-else 结构的流程图

如图 3-8 所示，相比 if 结构，if-else 具有两个分支，条件语句的不同结果对应执行不同的代码。下面举例演示 if-else 结构的用法，如例 3-5 所示。

例 3-5　if-else 结构

```
#include <stdio.h>
int main() {
```

```
    int num = 5;
    if (num > 0)
    {
        printf("num 是正数。\n");
    }
    else
    {
        printf("num 不是正数。\n");
    }
    return 0;
}
```

例 3－5 中的程序用于判断变量 num 是否为正数，程序使用 if-else 结构进行判断，并根据判断结果输出不同的提示信息。运行程序，输入不同的值，结果分别如图 3－9（a）、图 3－9（b）所示。

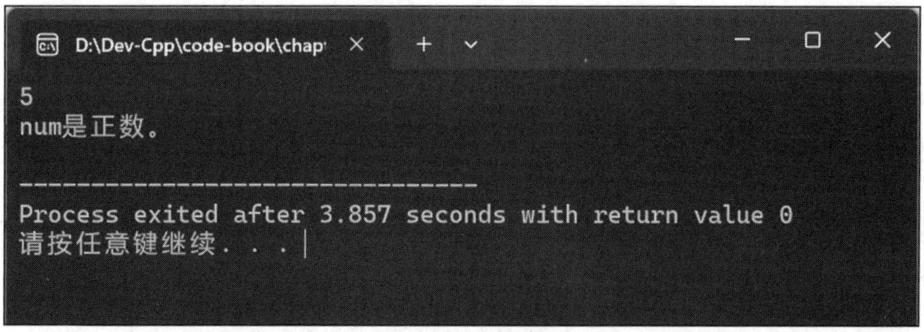

（a）输入值为 5

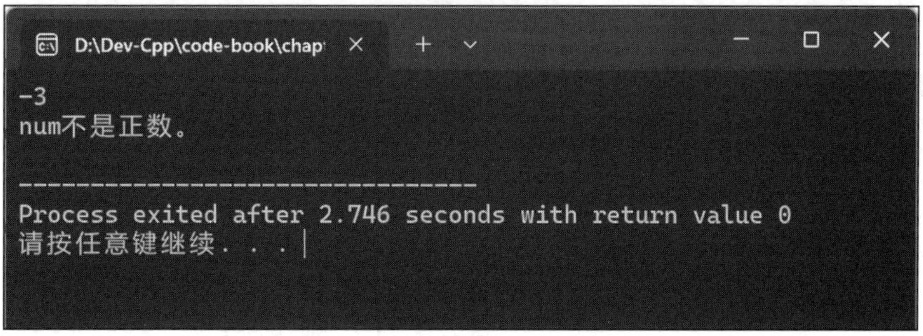

（b）输入值为 -3

图 3－9　例 3－5 程序运行结果

3. if-else if-else 结构

if-else if-else 结构用于测试多个条件，并根据第一个为真的条件来执行相应的代码块。该结构中的 if 语句、else if 语句中都设置有条件表达式作为判断条件，程序顺序执行至第一个为真的条件后，执行该语句对应的代码块，然后结束跳出整个选择结构；若 if、else if 语句的判断条件都为假，则执行最后的 else 语句。该结构中可以有多个 else if 语句。if-else if-else 结构的语法格式如下：

```
if (条件表达式1)
{
    代码块1
}
else if(条件表达式2)
{
    代码块2
}
else if(条件表达式3)
{
    代码块3
}
…
else if(条件表达式n)
{
    代码块n
}
else
{
    代码块n+1
}
```

if-else if-else 结构的流程图，如图 3－10 所示。

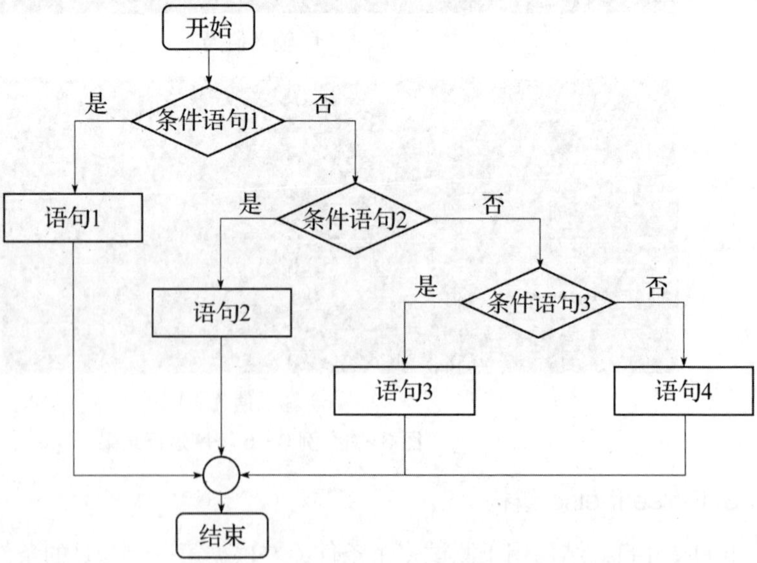

微课

if-else if-else 结构

图 3－10　if-else if-else 结构的流程图

下面举例演示 if-else if-else 结构的用法，如例 3－6 所示。

例 3-6　if-else if-else 结构

```
1    #include <stdio.h>
2    int main() {
3        int num = 0;
4        scanf("%d", &num);                    //输入变量 num 的值
5        if (num > 0)                          //如果 num 值大于 0
6        {
7            printf("num 是正数。\n");
8        }
9        else if(num < 0)                      //如果 num 值小于 0
10       {
11           printf("num 是负数。\n");
12       }
13       else                                  //如果 num 既不大于 0，也不小于 0
14       {
15           printf("num 既不是正数也不是负数。\n");
16       }
17       return 0;
18   }
```

例 3-6 的功能是判断正负数，若变量 num 值大于 0，if 语句的判断条件成立，执行第 7 行代码；若变量 num 值小于 0，if 语句不成立，跳过第 6～8 行代码，else if 语句的判断条件成立，执行第 11 行代码；若 if 语句、else if 语句的判断条件均不成立，执行 else 语句后的代码。运行程序，输入不同的值，结果分别如图 3-11（a）、图 3-11（b）、图 3-11（c）所示。

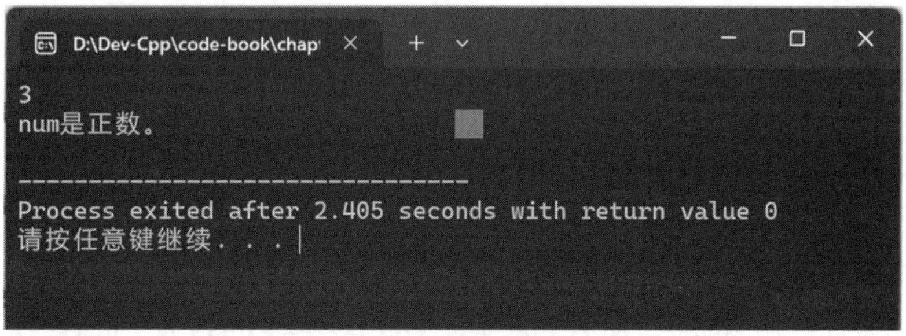

（a）输入值为 3

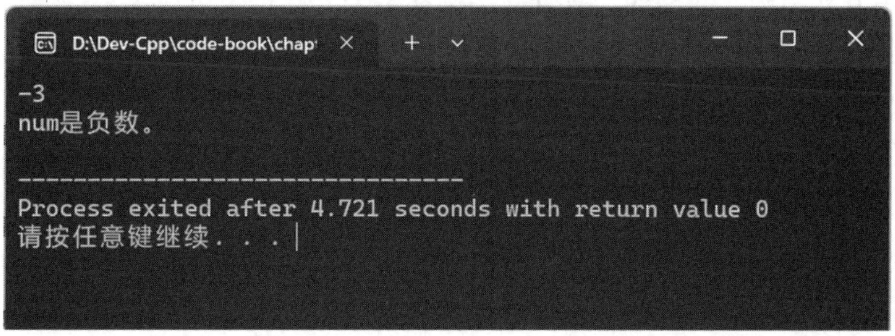

（b）输入值为 -3

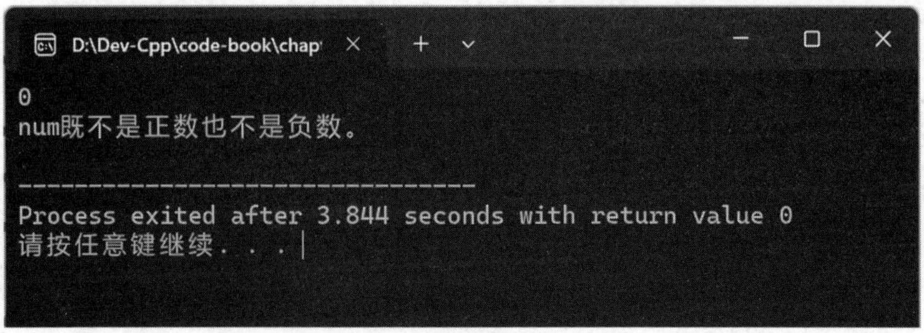

（c）输入值为 0

图 3－11　例 3－6 程序运行结果

4. if 嵌套

使用嵌套的 if 语句可以创建更复杂的条件逻辑。嵌套的 if 语句意味着一个 if 语句内部包含另一个或多个 if 语句。C 语言中常用的 if 嵌套语法格式如下：

```
if()
{
   if()
   {…}
}
```

```
if()
{
   if(){…}
   else{…}
}
```

```
if()
{
   if()
   {…}
} else{…}
```

```
if()
{
  if(){…}
}
else
{
if(){…}
}
```

```
if()
{
   if(){…}
   else{…}
}
else
{
if(){…}
}
```

```
if()
{
   if(){…}
 }
else if()
{
if(){…}
}
else{…}
```

C 语言中对 if 结构的嵌套并没有严格要求，单分支结构可以双重嵌套，也可以嵌套双分支结构、多分支结构，同样的，双分支结构和多分支结构也可以灵活嵌套这 3 种分支结构。需要注意的是，else 总是与它最近的没有 if 配对的 if 语句配对。

3.4.2　switch-case 选择结构

switch-case 结构用于基于不同的条件值来执行不同的代码块，其语法格式如下：

```
switch(表达式){
    case 常量1：代码块1
    case 常量2：代码块2
```

```
    …
    case 常量n：代码块n
    [default：代码块n+1]
}
```

以上语法格式中，每个 case 语句后面跟着一个值或值的范围，如果 switch 表达式的值与该 case 语句中的常量值匹配，则执行该 case 语句块中的代码，否则执行 default 语句；注意 default 语句是可选的，若未设置 defalut 语句，且表达式与所有 case 语句的常量值都不匹配，则跳出 switch-case 结构。

switch-case 结构的流程图，如图 3－12 所示。

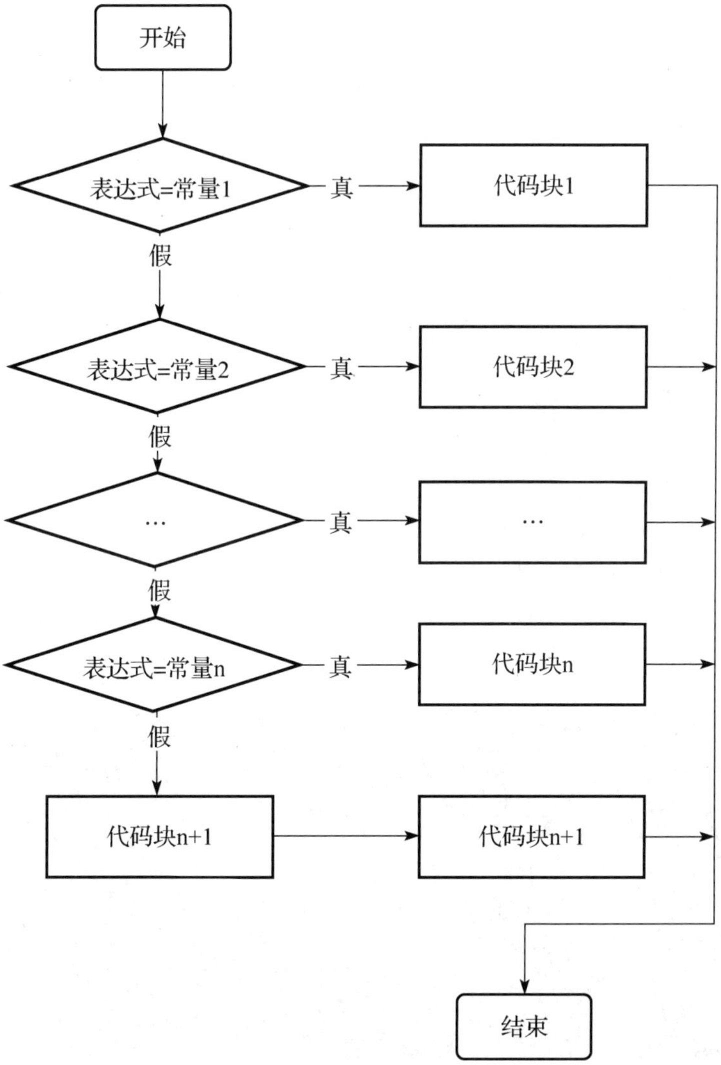

图 3－12　switch-case 结构的流程图

下面举例演示 switch-case 结构的用法，如例 3－7 所示。

例 3－7　switch-case 结构应用

```
#include<stdio.h>
int main()
{
    int month = 3;
    switch(month){
        case 1:                          //若 month 的值为 1
            printf("现在是1月。");
            break;
        case 2:                          //若 month 的值为 2
            printf("现在是2月。");
            break;
        case 3:                          //若 month 的值为 3
            printf("现在是3月。");
            break;
        case 4:                          //若 month 的值为 4
            printf("现在是4月");
            break;
        case 5:                          //若 month 的值为 5
            printf("现在是5月");
            break;
        default:                         //若 month 的值非 1 ~ 5
            printf("现在不是1~5月。");
    }
}
```

注意：在 switch-case 结构中，break 语句用于终止 switch 结构的执行，防止代码“穿透”到下一个 case。如果不使用 break，则所有后续的 case 语句块都将被执行，直到遇到 break 或 switch-case 结构结束。运行程序，结果如图 3－13 所示。

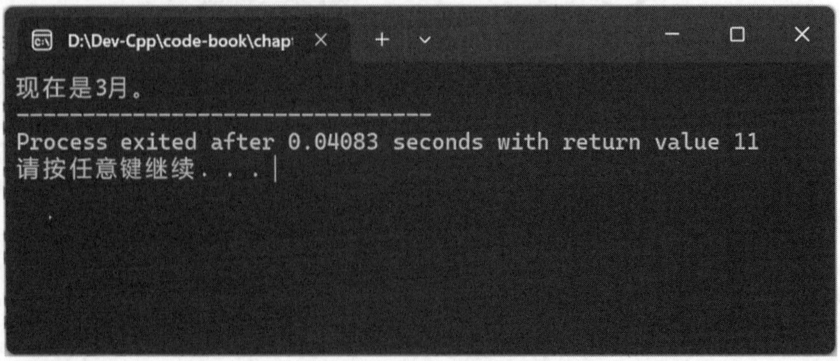

图 3－13　例 3－7 程序运行结果

3.5 循环结构

循环结构用于重复执行一段代码，直到满足某个条件为止。C 语言提供了三种主要的循环结构：while 循环、do-while 循环和 for 循环。

3.5.1 while 循环

while 循环用于在条件满足的情况下重复执行一段代码。它的语法格式如下：

```
while （表达式）
{
    代码块
}
```

以上语法中的表达式（也称为循环条件），只要表达式条件为真，就会执行 while 循环中的代码块（也称为循环体）；一旦条件为假，就会跳出循环。

while 循环的程序流程图如图 3 - 14 所示。

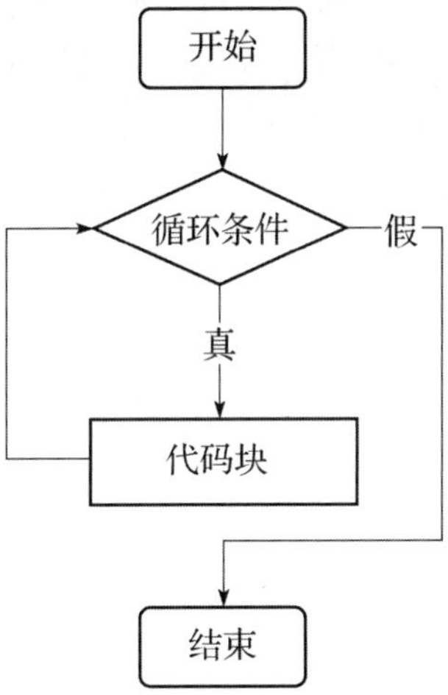

图 3 - 14 while 循环的程序流程图

下面举例演示 while 循环的用法，如例 3 - 8 所示。

例 3 - 8 while 循环应用

```
#include <stdio.h>
int main() {
    int i = 1;
    while (i <= 5) {
        printf("%d\n", i);
        i++;            //更新循环变量，以便在下次迭代时检查新的条件
```

```
    }
    return 0;
}
```

例 3－8 中，i 是循环变量，初始化为 1。while 循环的条件是 i<=5。在每次迭代中，都会打印出 i 的值，并将 i 增加 1。当 i 的值增加到 6 时，条件 i<=5 将变为假，while 循环就会停止。请注意，如果循环条件一开始就是假的，或者循环体内没有改变循环条件的语句，那么 while 循环可能根本就不会执行，或者只执行一次就退出。因此，在编写 while 循环时，需要确保循环条件能够在循环体内部得到适当的更新，以便在适当的时候退出循环。

运行程序，结果如图 3－15 所示。

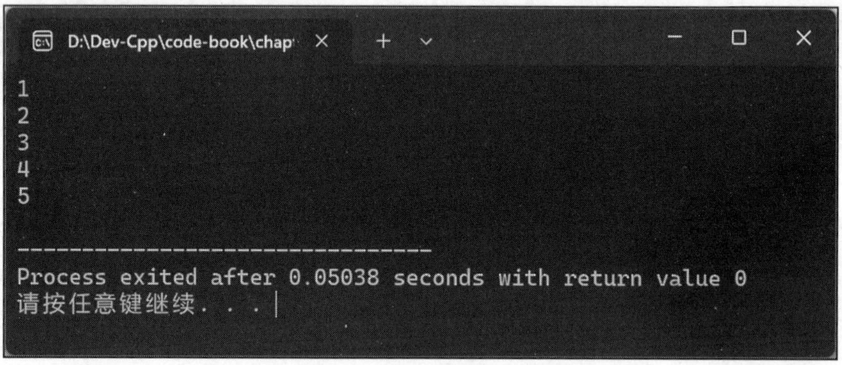

图 3－15　例 3－8 程序运行结果

3.5.2　do-while 循环

do-while 循环是一种后测试循环，它首先执行循环体中的代码，然后再检查循环条件。这意味着 do-while 循环至少会执行一次，即使条件在第一次迭代之前就是假的。do-while 循环的语法格式如下：

```
do {
    代码块
} while (表达式);
```

在每次迭代之后，都会检查表达式的值。如果表达式为真（非零），则循环继续；如果为假（零），则循环结束。

do-while 循环的程序流程图如图 3－16 所示。

下面举例演示 do-while 循环的用法，如例 3－9 所示。

例 3－9　do-while 循环应用

```
#include <stdio.h>
int main() {
    int i = 1;
```

```
    do {
        printf("%d\n", i);
        i++;                             // 更新循环变量
    } while (i <= 5);                    // 检查条件
    return 0;
}
```

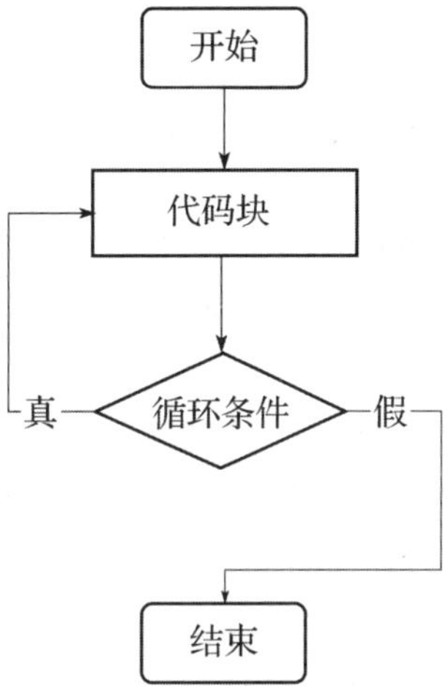

图 3－16　do-while 循环的程序流程图

例 3－9 展示了如何使用 do-while 循环打印从 1 到 5 的数字，其中 i 是循环变量，初始化为 1。do-while 循环首先执行循环体中的代码，打印出 i 的值，然后将 i 增加 1。之后，检查条件 i <= 5。因为 i 的值现在是 2（小于或等于 5），所以循环继续。这个过程会重复，直到 i 的值增加到 6，此时条件 i <= 5 为假，循环结束。

需要注意的是，do-while 循环的循环体后面有一个分号（;），这个分号表示 while 部分的结束，它在 do-while 循环中是必需的，不要遗漏。

运行程序，结果如图 3－17 所示。

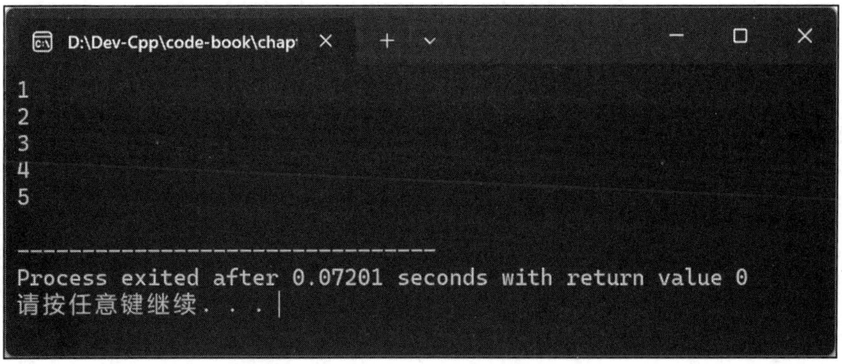

图 3－17　例 3－9 程序运行结果

3.5.3 for 循环

for 循环是一种常用的控制流结构，用于重复执行一段代码块指定的次数，对于循环次数确定的循环，可优先考虑使用 for 循环。for 循环的语法格式如下：

```
for (表达式 1; 循环条件 ; 表达式 2) {
    代码块
}
```

以上语法中的内容说明如下：

（1）表达式 1：这是循环的初始化部分，通常在循环开始前只执行一次。它用于设置循环的初始条件。

（2）循环条件：这是循环的条件部分，每次循环迭代前都会判断这个条件。如果条件为真（非零），则执行循环体中的代码块。如果条件为假（零），则跳过循环体，并结束循环。

（3）表达式 2：这是循环的更新部分，每次循环迭代后都会执行。它通常用于修改循环控制变量，以便在下一次迭代时重新评估条件。

for 循环的程序流程图如图 3－18 所示。

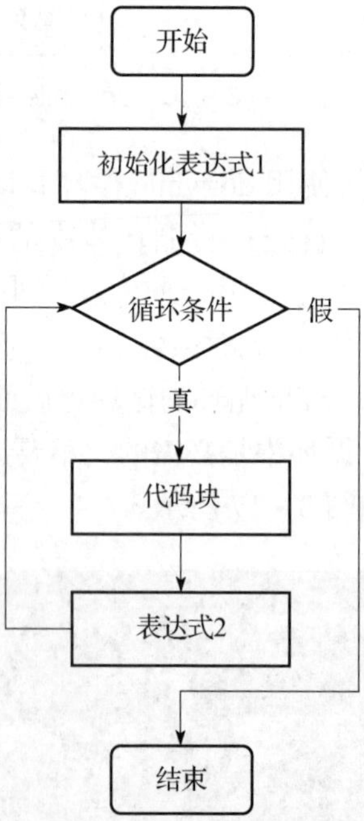

图 3－18 for 循环的程序流程图

微课

for 循环

下面举例演示 for 循环的用法，如例 3－10 所示。

例 3－10 for 循环应用

```
#include <stdio.h>
int main() {
```

```
    int i;
    for (i = 1; i <= 5; i++) {          //for 循环
        printf("%d ", i);
    }
    return 0;
}
```

例 3 - 10 中，i 是循环控制变量。循环初始化 i=1 设置起始值；循环条件 i<=5 判断 i 是否小于或等于 5，如果是，则执行循环体中的 printf 语句；然后，更新部分 i++ 将 i 的值增加 1，以便在下一次迭代中重新评估条件。这个过程会一直重复，直到 i 的值超过 5，此时循环条件为假，循环结束。

运行程序，结果如图 3 - 19 所示。

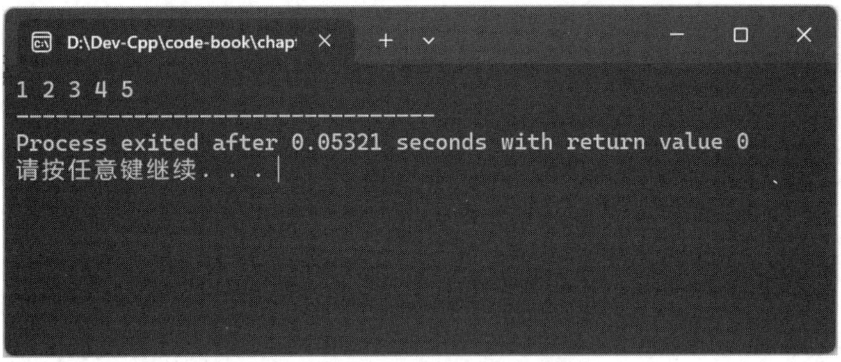

图 3 - 19　例 3 - 10 程序运行结果

3.5.4　循环嵌套

循环嵌套指的是在一个循环体内部包含另一个完整的循环结构。这种嵌套可以发生在 for 循环、while 循环或 do-while 循环中。循环嵌套允许创建更复杂的控制流，以便在多个维度上迭代数据。C 语言中常用的几种双重循环嵌套语法格式如下：

```
while()
{
   while()
   {…}
}
```

```
do
{
   do{…}
   while();
}while();
```

```
for( ; ;)
{…
   for( ; ;)
   {…}
}
```

```
while()
{
  do{…}
  while();
}
```

```
for( ; ;)
{ …
   while(){…}
   …
}
```

```
do
{…
   for( ; ;)
   {…}
  …
}
```

C语言中的几种循环可以互相嵌套，可以双重嵌套，也可以多层嵌套。注意，为保证程序的可读性，不建议嵌套层数过多。下面举例实现循环嵌套的应用，如例3-11、例3-12所示。

例3-11　for循环嵌套应用

```
1    #include <stdio.h>
2    int main() {
3        int i, j;
4        // 外层循环控制行数
5        for (i = 0; i < 5; i++) {
6            // 内层循环控制列数
7            for (j = 0; j < 5; j++) {
8                printf("* ");              // 打印星号和空格
9            }
10           printf("\n");                  // 换行
11       }
12       return 0;
13   }
```

例3-11展示了如何在C语言中使用for循环嵌套来打印一个5×5的星号（*）矩阵。在这个例子中，外层for循环控制行数（i从0到4），内层for循环控制列数（j从0到4）。每次内层循环迭代都会打印一个星号和一个空格，当内层循环结束时（即完成一行的打印），通过第10行的printf语句来换行，然后外层循环进入下一次迭代。

运行程序，结果如图3-20所示。

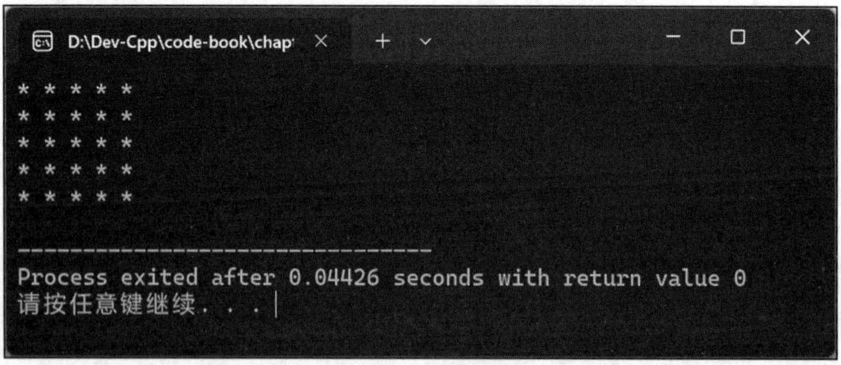

图3-20　例3-11程序运行结果

例3-12　for、while循环嵌套应用

```
#include <stdio.h>
int main() {
    int i, j;
    // 外层循环控制行数
    for (i = 0; i < 5; i++) {
```

```
        j = 0;                              //循环控制变量初始化
        //内层循环控制列数
        while(j<=i){
            printf("* ");                   //打印星号和空格
            j++;
        }
        printf("\n");                       //换行
    }
    return 0;
}
```

例 3 - 12 展示了 C 语言中 for、while 循环的嵌套使用，其功能为打印一个由星号和空格构成的三角形。在这个例子中，外层 for 循环控制行数，内层 while 循环控制列数，内循环中当 j<i 时打印星号和空格，外循环中当 i<5 不成立时结束循环。

运行程序，结果如图 3 - 21 所示。

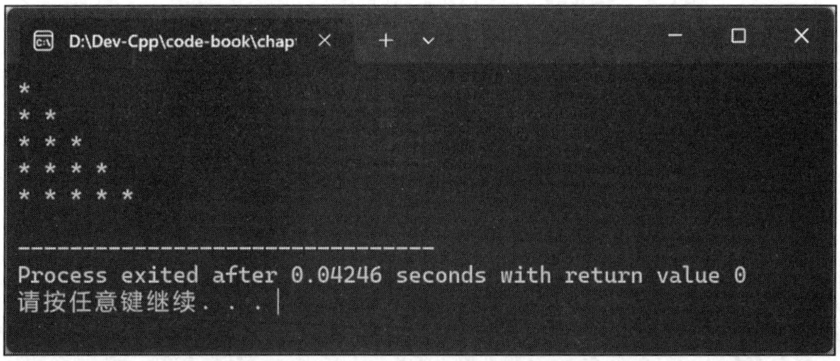

图 3 - 21 例 3 - 12 程序运行结果

嵌套循环也可以用于更复杂的任务，如二维数组的遍历、图像处理、图形绘制等。在嵌套循环中，需要确保正确初始化、更新和检查每个循环的变量，以避免无限循环或意外的行为；也要确保内层循环的变量不会干扰外层循环的变量（例 3 - 11、例 3 - 12 中使用了不同的变量名 i 和 j 来避免这种情况）。

3.6 跳转语句

跳转语句用于中断当前程序的执行流程，并从另一个点继续执行程序。C 语言中的跳转语句有 break、continue 和 goto 语句。

3.6.1 break 语句

break 语句用于立即结束循环或 switch-case 结构。当 break 语句在循环中被执行时，程序会立即跳转到当前层循环之后的代码；当 break 语句在 switch-case 结构的某个 case 分支中被执行时，程序会立即跳转到 switch-case 结构之后的代码。下面举例演示 break 语句的用法，如例 3－13 所示。

例 3－13　break 语句应用

```
1     #include <stdio.h>
2     int main()
3     {
4         int i = 0;
5         for (i; i < 5; i++)                   //for 循环打印 0 ~ 5
6         {
7             if (i == 2)                       //i 等于 2 时跳出循环
8             {
9                 break;
10            }
11            printf("%d\n", i);
12        }
13        return 0;
14    }
```

例 3－13 中第 5 ～ 12 行代码使用 for 循环打印 0 ～ 5，for 循环中的 if 结构包含了 break 语句，当 i 等于 2 时结束循环，因此最终 for 循环打印完 0、1 后便会结束。运行程序，结果如图 3－22 所示。

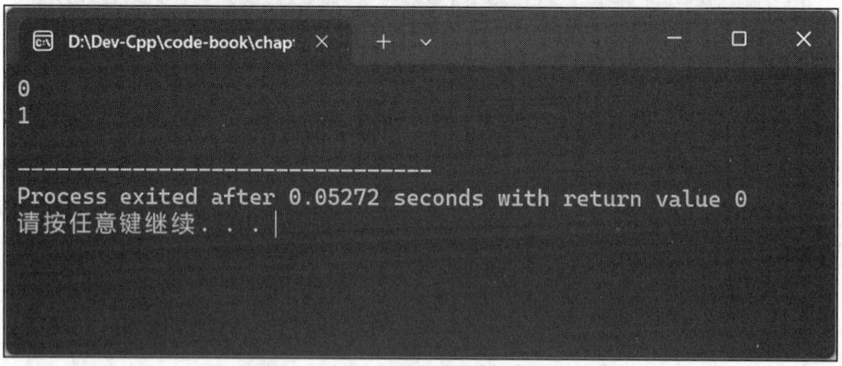

图 3－22　例 3－13 程序运行结果

注意，break 语句在双层循环中使用时，需要注意其所在位置，若用于结束内层循环，break 语句应包含在内层循环中；若需结束外循环以跳出全部循环，则 break 语句应包含在外循环中。

3.6.2　continue 语句

continue 语句用于跳过当前循环迭代的剩余部分，并立即开始下一次迭代。当 continue 语句被执行时，程序会立即跳转到循环的开头，重新评估循环条件。下面举例演示 continue 语句的用法，如例 3－14 所示。

例 3－14　continue 语句应用

```
1    #include <stdio.h>
2    int main()
3    {
4        int i = 0;
5        for (i; i < 5; i++)            //for 循环打印 0 ~ 5
6        {
7            if (i == 2)                //i 等于 2 时结束本次循环
8            {
9                continue;
10           }
11           printf("%d\n", i);
12       }
13       return 0;
14   }
```

例 3－14 中第 5～12 行代码使用 for 循环打印 0～5，for 循环中 if 结构包含了 continue 语句，当 i 等于 2 时跳出本次循环，进入下一次循环。因此当 i 等于 2 时 for 循环中的 printf 语句不执行，仅打印 0、1、3、4。运行程序，结果如图 3－23 所示。

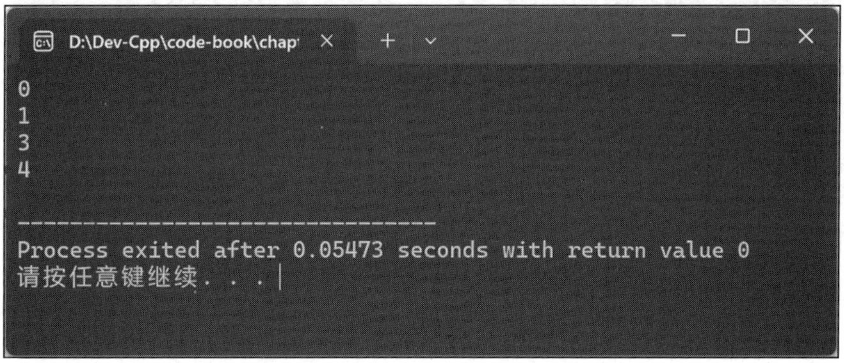

图 3－23　例 3－14 程序运行结果

3.6.3　goto 语句

goto 语句是一种无条件跳转语句，它允许程序直接跳转到程序中的另一个标签位置。然而，由于 goto 语句可能导致程序流程难以理解和维护，因此它通常不被推荐使用，除非在特定的、非常罕见的情况下，如错误处理和退出循环。goto 语句的语法格式如下：

```
goto 标签；
…
标签：
    代码块
```

以上格式中的标签用于标识 goto 语句跳转的位置，当执行 goto 语句时，程序会从 goto 语句跳转到标签所标识的位置，执行标签对应的代码。下面举例演示 goto 语句的用法，如例 3-15 所示。

例 3-15　goto 语句应用

```
#include <stdio.h>
int main()
{
    int i = 0;
    loop:                       //goto 语句的标签
    if (i < 5)
    {
        printf("i = %d\n", i);
        i++;
        goto loop;              //跳转到标签 loop
    }
    printf("loop 结束 \n");
    return 0;
}
```

例 3-15 中使用 goto 语句实现了一个简单的循环。运行程序，结果如图 3-24 所示。

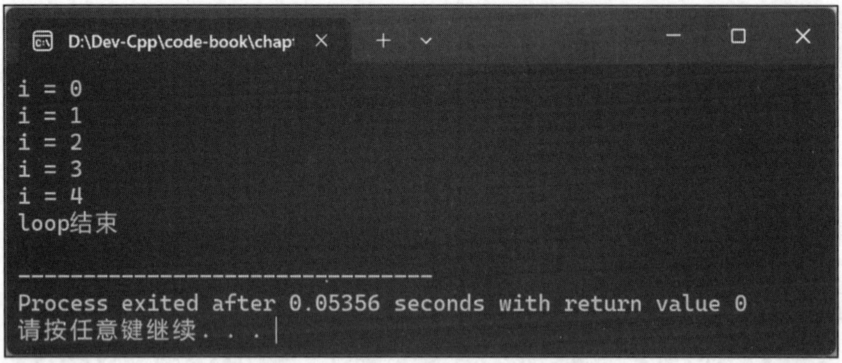

图 3-24　例 3-15 程序运行结果

请注意，虽然 goto 语句可以实现循环，但这种用法通常是不推荐的，因为 C 语言提供了更强大和更清晰的循环结构（如 for、while 和 do-while）。

再次强调，尽管 goto 语句在某些情况下可能是有用的，但在大多数程序中，它可能会导致程序结构变得复杂和难以理解。因此，在编写 C 语言程序时，最好避免使用 goto 语句，除非在特定的、非常罕见的情况下。

任务实现

用户登录功能是现代互联网应用中不可或缺的一部分，它允许用户访问和操作网站或应用程序的内容。为了确保用户登录过程既安全又便捷，设计者通常会考虑多种登录方式，包括但不限于账号密码登录、第三方账号登录、手机验证码登录等。这些登录方式各有特点，适用于不同的用户需求和安全要求。账号密码登录是其中最传统的登录方式，用户需要输入注册时设置的用户名和密码来验证身份。本任务采用传统的账号密码登录方式，实现学生成绩管理系统的系统登录功能，具体如例 3 - 16 所示。

例 3 - 16　学生成绩管理系统之系统登录

```
1   #include <stdio.h>
2   #include <string.h>
3   int main() {
4       char username[50];
5       char password[50];
6       //预定义的用户名和密码
7       const char correct_username[] = "admin";
8       const char correct_password[] = "password123";
9       int i = 1;
10      while(i)
11      {
12          printf("请输入用户名：");
13          scanf("%s", username);
14          printf("请输入密码：");
15          scanf("%s", password);
16          //检查用户名和密码
17          if (strcmp(username, correct_username) == 0 &&
18           strcmp(password, correct_password) == 0)
19          {
20              printf("登录成功！页面跳转中……\n");
21              i = 0;
22          }
23          else
24          {
25              printf("用户名或密码错误！\n");
26          }
27      }
28      return 0;
29  }
```

例 3 - 16 实现了传统的账户密码式的系统登录功能，第 4、5 行代码定义了字符串变量 username、password，用来存储用户输入的账号（用户名）、密码；第 7、8 行代码定义了字符串常量 correct_username、correct_password，用来记录正确的用户名、密码；第 10 ～ 27 行代码中的 while 结构实现了登录功能，循环体的 if 结构［string.h 头文件中的 strcmp() 函数用于比较两个字符串是否一致］用来判断用户输入的用户名、密码是否正确：

若 username 和 correct_username 相同，且 password 和 correct_password 相同，则用户名、密码均正确；正确则显示“登录成功！页面跳转中……”，并将 while 循环的循环因子 i 设置为 0，结束循环；不正确则输出“用户名或密码错误！”，并继续循环，用户重新输入用户名、密码，再次判断。运行程序，结果如图 3 - 25 所示。

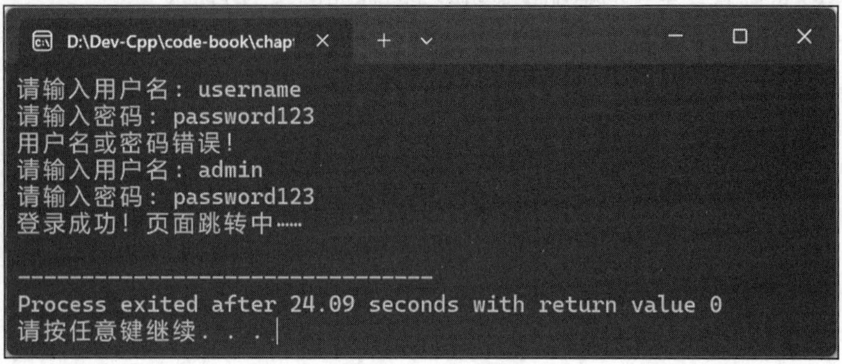

图 3 - 25　例 3 - 16 程序运行结果

任务拓展

设计程序，使用 switch-case 结构实现学生成绩管理系统的菜单选择功能，菜单包含成绩录入、删除成绩、修改成绩、查询成绩、成绩排序、退出系统 6 个功能，若正确选择功能，则启用相应功能，否则重新输入。代码实现如例 3 - 17 所示。

例 3 - 17　学生成绩管理系统之菜单选择

```
#include <stdio.h>

int main() {
    printf("【功能菜单】");
    int choice;
    while (1) {
            printf("\n1. 成绩录入\n2. 删除成绩\n3. 修改成绩\n4. 查询成绩\n5. 成绩排序\n6. 退出系统\n请选择功能: ");
        scanf("%d", &choice);
        switch (choice) {
            case 1:
                printf("启用成绩录入功能") ;
                break;
            case 2:
                printf("启用删除成绩功能") ;
                break;
            case 3:
```

```
                    printf(" 启用修改成绩功能 ") ;
                    break;
                case 4:
                    printf(" 启用查询成绩功能 ") ;
                    break;
                case 5:
                    printf(" 启用成绩排序功能 ") ;
                    break;
                case 6:
                    printf(" 启用退出系统功能 ") ;
                    exit(0);
                default:
                    printf(" 无效选择，请重新输入。\n");
            }
        }
    return 0;
}
```

运行程序，结果如图 3 - 26 所示。

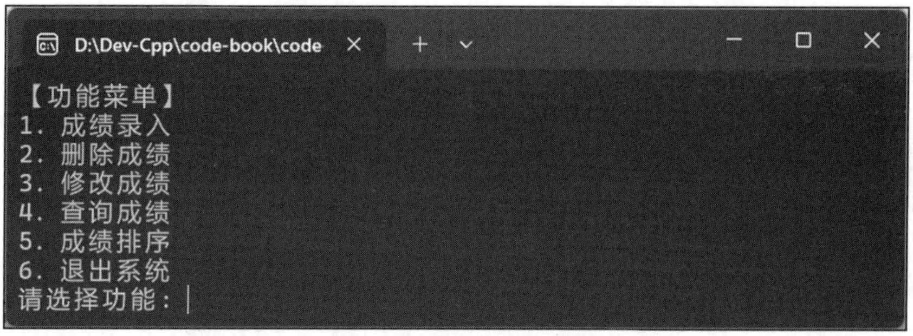

图 3 - 26　例 3 - 17 程序运行结果

习题

一、填空题

1. 通常情况下使用________语句来跳出当前循环。

2. 程序中的语句由上往下依次执行的是________结构语句。

3. for 关键字后面 () 中包括了三部分内容，分别是初始化表达式、________和操作表达式。

4. if 条件语句分为三种语法格式，分别是________、________和________。

5. 假设 int x = 2，三元表达式 x > 0 ? x + 1 : 5 的运算结果是________。

二、判断题

1. 程序的运行流程图中，处理框用平行四边形来表示。（　　）
2. break 语句只能用于循环语句中。（　　）
3. do-while 循环语句中的循环体至少会执行一次。（　　）
4. while 循环中不能再定义另一个循环。（　　）
5. switch 条件语句中，default 语句可用于处理和前面的 case 都不匹配的值。（　　）

三、选择题

1. 以下选项中，（　　）不属于 switch 语句的关键字。

A. break　　B. case　　C. for　　D. default

2.（多选）下列语句中，（　　）属于循环语句。

A. for 语句　　B. if 语句

C. while 语句　　D. switch 语句

3.（多选）以下选项中，表述正确的是（　　）。

A. 循环语句必须要有终止条件，否则不能编译

B. break 关键字用于跳出当前循环

C. continue 用于终止本次循环，执行下一次循环

D. switch 条件语句中可以使用 break

4. 以下程序片段运行结束后，输出结果是（　　）。

```
for (int i = 1; i<7; i++)
{
        if (i % 3 == 0)
        {
            break;
        }
        printf("%d", i);
}
```

A. 123456　　B. 1245　　C. 123　　D. 12

5. 下面一段程序运行结束时，变量 y 的值为（　　）。

```
int x = 1;
int y = 2;
if (x % 2 == 0)
 {
    y++;
}
else
{
    y--;
```

```
    }
    printf("y=%d",y);
```

A. 1　　B. 2　　C. 3　　D. 4

四、简答题

1. 请说出你知道的跳转语句，并说明它们之间的区别。
2. 请说明 while 循环与 for 循环的异同。

五、编程题

1. 请编写程序，实现对奇数和偶数的判断。
2. 请编写程序，实现对“1 + 3 + 5 + 7 + ⋯ + 99”的求和功能。

任务4 学生成绩管理系统之信息存储

任务目标

知识目标 1

- 理解数组的基本概念；
- 掌握一维数组的定义、初始化和引用；
- 了解二维数组及多维数组；
- 掌握字符数组与字符串；
- 理解数组在程序设计中的应用。

技能目标 2

- 能够正确声明和初始化数组；
- 能够正确引用数组；
- 能够处理二维数组及多维数组；
- 能够正确处理字符串；
- 能够利用数组进行模块化程序设计。

素养目标 3

- 培养严谨的科学态度，遵循编程规范；
- 提高逻辑思维和创新能力；
- 提高自主学习能力；
- 注重代码的可读性和可维护性。

任务描述

学生成绩管理系统往往需要批量管理学生成绩信息，如一个班级有50名学生，相应地系统中应存储有50条信息。例如，下面是一个班级的学生成绩信息：

```
13120240309 张三 98 89.5 73 260.5
13120240310 李四 97 84.5 72 253.5
```

```
13120240311 王五 88 79.5 83 250.5
13120240312 赵六 92 81.5 70 243.5
……
```

以上信息中，有 n 个学号、n 个姓名、n 个单科成绩 1、n 个单科成绩 2、n 个单科成绩 3、n 个总成绩需要存储。本任务将带领大家学习如何通过数组存储批量数据，并实现数据的增删改查，进而实现学生成绩管理系统的信息存储功能。

知识储备

为了便于处理批量数据，C 语言定义了构造数据类型，数组是其中最基础的构造类型，存储相同类型的多个元素。这些元素在内存中连续排列，每个元素都可以通过其索引（通常是一个整数）来访问。若数据简单，可以使用一维数组存储；若数据比较复杂，可以通过二维数组或多维数组存储。二维数组、多维数组在内存中也是连续存储的，但它们的索引方式更为复杂。

微课

任务 4 学生成绩管理系统之信息存储

4.1 一维数组

一维数组是 C 语言中最基本的数组形式，用于存储一组类型相同的数据，如一组学生姓名、一组单科成绩、一组总成绩。

4.1.1 一维数组的定义

与 C 语言中的其他变量相同，一维数组的定义可分为声明和初始化两个步骤。

1. 一维数组的声明

C 语言中声明一维数组的语法格式如下：

```
类型说明符 数组名 [ 常量表达式 ];
```

以上语法格式中，类型说明符标识数组的类型；数组名标识数组的名称，常量表达式用于指定数组的长度，即数组中可存放元素的数量。声明一个 int 型一维数组，示例如下：

```
int a[10];
```

以上代码声明了一个名为 a 的一维数组，该数组可存储 10 个 int 型元素。

声明其他类型的一维数组，示例如下：

```
float f[10];            //定义长度为 10 的 float 型数组 f
```

```
char ch[20];                //定义长度为 20 的 char 型数组 ch
double d[5];                //定义长度为 5 的 double 型数组 d
```

需要注意的是，数组中所有元素的数据类型相同，元素数据类型取决于数组的类型；数组为 C 语言的一种变量，其命名应符合 C 语言变量的命名规则。

2. 一维数组的初始化

一维数组可以在声明时直接进行初始化。初始化时，需要指定数组的元素，并用花括号（{}）括起来。如果初始化时指定了元素个数，那么数组的大小会自动根据元素个数来确定。如果没有指定数组大小，编译器会根据初始化时提供的元素个数来确定数组的大小。示例如下：

```
int array1[5] = {1, 2, 3, 4, 5};          //数组大小为 5，初始化为 1 到 5
int array2[] = {10, 20, 30, 40, 50};      //数组大小为 5，初始化为 10 到 50
int array3[10] = {1, 2, 3};               //数组大小为 10，前三个元素为 1，2，
                                            3，其余元素为 0
char str[] = "Hello";                     //数组大小自动为 6（包括结尾的空字
                                            符 '\0'）
```

数组 array1 初始化时指定了数组大小；数组 array2 初始化时未指定数组大小，编译器根据元素个数自动确定数组大小为 5；数组 array3 初始化时只提供了部分元素的值，剩余元素会被初始化为 0（对于整型数组）；字符串数组 str（字符数组）初始化时未指定数组大小，编译器根据元素个数自动确定数组大小为 6。

注意，在 C 语言中，数组大小是固定的，一旦创建就不能改变，如果需要动态改变数组大小，应该使用动态内存分配［如 malloc() 和 free() 函数］或考虑使用 stdlib.h 中的 realloc() 函数；一维数组可以先声明，再进行初始化，但数组初始化代码应与其声明代码处于同一代码块（如函数内部）。

4.1.2 一维数组的引用

可以使用索引来引用一维数组中的元素，语法格式如下：

```
数组名［索引］
```

数组的索引从 0 开始，所以第一个元素的索引是 0，使用 a[0] 引用第一个元素；第二个元素的索引是 1，使用 a[1] 引用第二个元素，以此类推。

数组变量占据的内存大小与其数据类型、长度有关，如数组 a，其类型为 int，长度为 10，则其占据的内存空间为：5*sizeof (int)。数组占据的内存空间是连续的，定义数组时，编译器根据数组存储的元素类型和数组长度给数组分配整段内存空间，数组中的元素依次存储在这段空间中。例如，以上定义的数组 a，其包含的 10 个元素为：a[0]、a[1]、a[2]、a[3]、a[4]、a[5]、a[6]、a[7]、a[8]、a[9]，它在内存中的存储如图 4－1 所示。

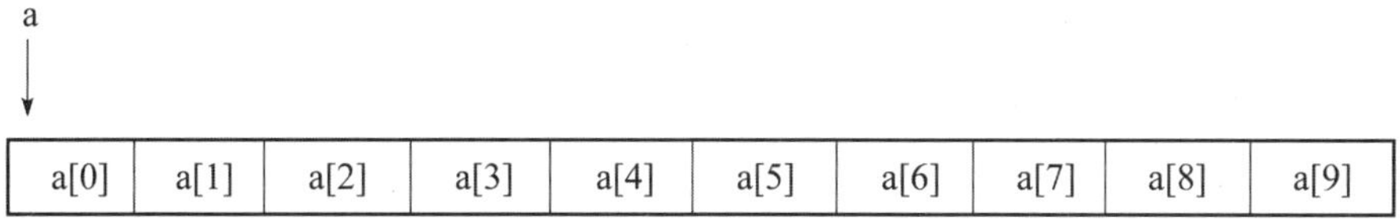

图 4－1　数组 a 在内存中的存储

4.1.3　一维数组的常用操作

在 C 语言中，除声明、初始化外，一维数组的常用操作还有访问、遍历、修改、排序等。下面结合一些程序实例演示讲解。

微课

访问一维数组元素

1. 访问一维数组元素

在 C 语言中，可以使用索引来访问数组元素，索引从 0 开始，访问数组中的各个元素并输出，如例 4－1 所示。

例 4－1　访问一维数组元素

```
1    #include <stdio.h>
2    int main()
3    {
4        int arr[5] = {1, 2, 3, 4, 5};            //定义数组并初始化
5        printf("arr[0]=%d\n", arr[0]);           //访问第 1 个元素
6        printf("arr[1]=%d\n", arr[1]);           //访问第 2 个元素
7        printf("arr[2]=%d\n", arr[2]);           //访问第 3 个元素
8        printf("arr[3]=%d\n", arr[3]);           //访问第 4 个元素
9        printf("arr[4]=%d\n", arr[4]);           //访问第 5 个元素
10       return 0;
11   }
```

例 4－1 的第 4 行代码定义了长度为 5 的 int 型数组 arr 并初始化，第 5 ～ 9 行代码通过索引依次访问其中的 5 个元素并输出。运行程序，结果如图 4－2 所示。

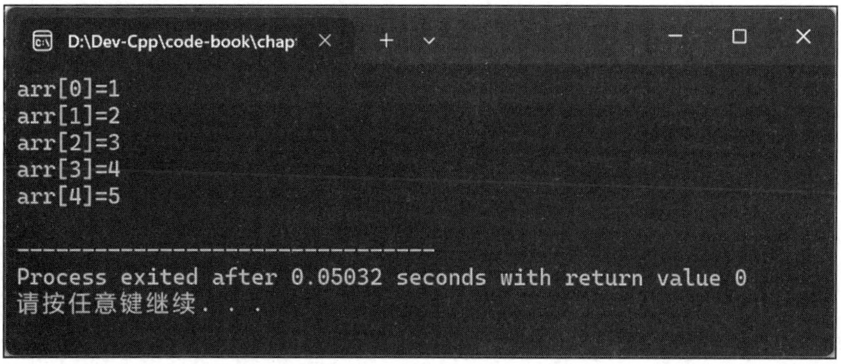

图 4－2　例 4－1 程序运行结果

2. 遍历一维数组

可以使用 while、do-while 循环遍历一维数组，但 C 程序中 for 循环的循环因子的自加特性与数组遍历的实现有着更优雅的结合性，程序员更常使用 for 循环实现数组遍历，如例 4 - 2 所示。

例 4 - 2　遍历一维数组

```
1   #include <stdio.h>
2   int main()
3   {
4       int arr[5] = {1, 2, 3, 4, 5};                //定义数组并初始化
5       int len = sizeof(arr)/sizeof(arr[0]);   //求取数组长度
6       int i = 0;
7       for(i; i < len; i++)                         //遍历一维数组
8       {
9           printf("%d  ", arr[i]);
10      }
11  }
```

例 4 - 2 的第 4 行代码定义了长度为 5 的 int 型数组 arr 并初始化，第 5 行代码调用 sizeof 运算符计算数组 arr 的长度，第 6 行代码定义了 for 循环的循环因子 i，第 7 ～ 10 行代码通过 for 循环遍历数组 arr 并依次输出其中的元素。运行程序，结果如图 4 - 3 所示。

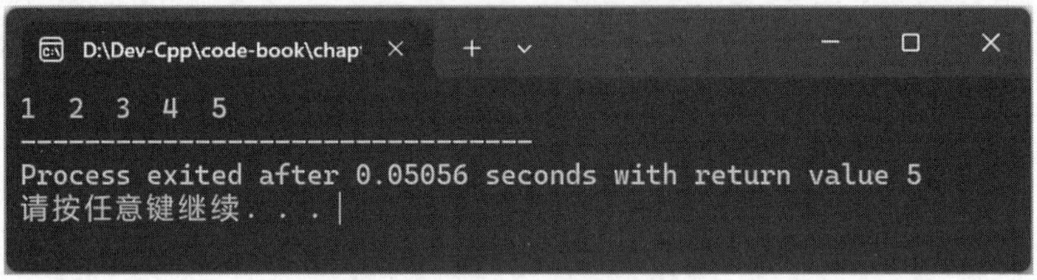

图 4 - 3　例 4 - 2 程序运行结果

3. 修改一维数组元素

通过索引引用数组中的元素时，可以将每个元素视为一个变量，并通过赋值修改元素，如例 4 - 3 所示。

例 4 - 3　修改一维数组元素

```
#include <stdio.h>
int main()
{
    int arr[5] = {1, 2, 3, 4, 5};                //定义数组并初始化
    int len = sizeof(arr)/sizeof(arr[0]);   //求取数组长度
    int i = 0;
```

```
7          for(i; i < len; i++)                   //遍历一维数组
8          {
9              arr[i] = i-1;
10             printf("%d  ", arr[i]);
11         }
12     }
```

例 4－3 的第 4 行代码定义了长度为 5 的 int 型数组 arr 并初始化，第 5 行代码调用 sizeof 运算符计算数组 arr 的长度，第 6 行代码定义了 for 循环的循环因子 i，第 7 ～ 11 行代码通过 for 循环遍历数组 arr，并在每次遍历时修改数组的各个元素。运行程序，结果如图 4－4 所示。

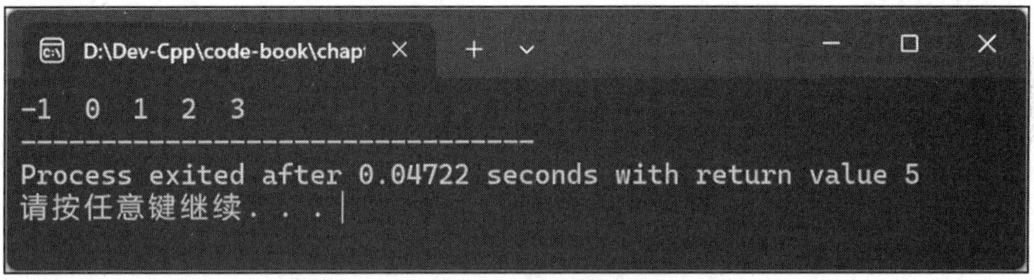

图 4－4　例 4－3 程序运行结果

观察图 4－4 输出的数组值，与程序第 4 行初始化的数组原值进行对比，可确认数组元素被成功修改。

4. 一维数组元素排序

排序算法是编程中常用的算法，常见的排序算法有冒泡排序、选择排序、插入排序、归并排序等，其中以冒泡排序算法最为基础。冒泡排序就是重复遍历要排序的数列，一次比较两个元素，如果顺序错误就把两者交换过来，多轮遍历至不再需要交换，则数列排序完成。这个过程犹如水泡上浮，较大的水泡逐步上升，较小的水泡沉在底部，故形象地称为冒泡排序。例如，数组 arr = {8, 4, 9, 6, 5}，通过冒泡排序将其由小到大排序，其第 1 轮遍历如图 4－5 所示。

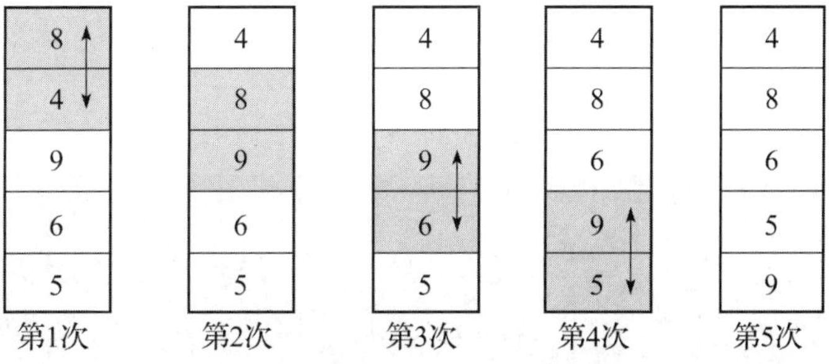

图 4－5　冒泡排序第 1 轮遍历图示

如图 4－5 所示，第 1 轮遍历中每次比较相邻的两个元素，若要将数组从小到大排序，则判断 arr[i] < arr[i + 1]，结果为真则保持不变，结果为假则交换 arr[i] 和 arr[i + 1]；对于长度为 n 的数组，第一轮排序比较 n－1 次，直至 i < n 不成立；第 1 轮遍历结束后进行第 2 轮遍历，因第 1 轮遍历会确定好最后一个元素的位置，故下一轮遍历比较的次数为 n－2（比上一轮比较次数少 1）。重复遍历，经历 n－1 次遍历后，排序结束。

采用冒泡排序算法对数组中的元素进行排序，如例 4－4 所示。

例 4－4　一维数组元素排序

```
#include <stdio.h>
int main()
{
    int arr[5] = {8,4,9,6,5};                    //定义数组并初始化
    int n = sizeof(arr)/sizeof(arr[0]);          //求取数组长度
    int i, j, tmp;
    printf("排序前的数组为：");
    for(i = 0; i < n; i++)
        printf("%d ",arr[i]);
    for(i = 0; i < n-1; i++)                     //遍历一维数组
    {
        for(j = 0; j<n-i-1; j++)
        {
            if(arr[j]>arr[j+1])                  //若小值在后则交换
            {
                tmp = arr[j];
                arr[j] = arr[j+1];
                arr[j+1] = tmp;
            }
        }
    }
    printf("\n排序后的数组为：");
    for(i = 0; i < n; i++)
        printf("%d ",arr[i]);
    return 0;
}
```

运行程序，结果如图 4－6 所示。

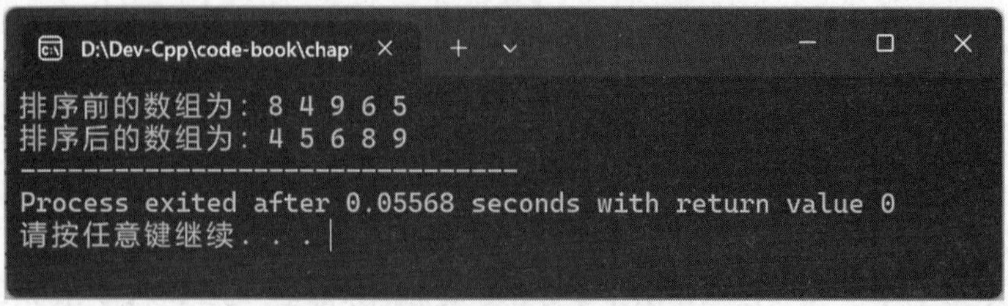

图 4－6　例 4－4 程序运行结果

4.2 二维数组

二维数组（也称为矩阵）可以用于表示表格、图像、网格、棋盘等具有行列结构的数据。例如，一个 3×4 的二维数组可以用来表示一个 3 行 4 列的棋盘，其中每个元素可以表示棋盘上的一个位置。

4.2.1 二维数组的声明

在 C 语言中，二维数组的声明通常使用两个方括号来指定行数和列数，其语法格式如下：

```
类型说明符 数组名[常量表达式1][常量表达式2];
```

以上语法格式中的常量表达式 1 表示第一维数组的长度，也称为行下标；常量表达式 2 表示第二维数组的长度，也称为列下标。声明一个二维数组，例如：

```
int a[3][4];
```

以上代码声明了一个 3 行 4 列的二维数组 a，第一维数组长度为 3，第二维数组长度为 4。其中 a[0] 表示第一行，a[1] 表示第二行，a[2] 表示第三行；而 a[0][0] 表示第一行第一列的元素，a[0][1] 表示第一行第二列的元素，依此类推。二维数组 a[3][4] 的图形表示如图 4－7 所示。

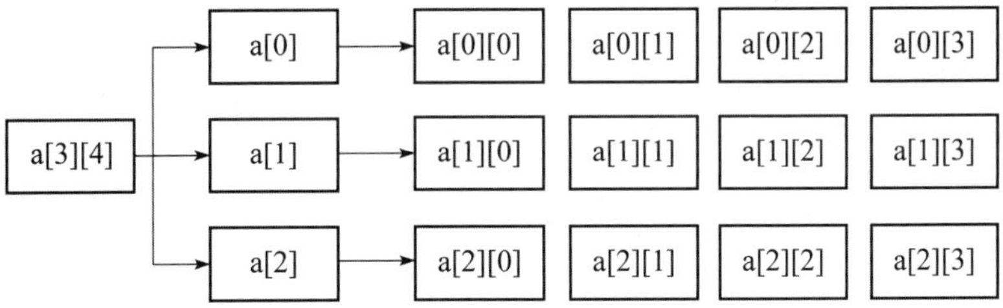

图 4－7　二维数组 a[3][4] 的图形表示

如图 4－7 所示，二维数组是一个可以存储多个一维数组的数组，每个一维数组都被视为二维数组的一行。需注意，二维数组在内存中是按行存储的，即先存储第一行的所有元素，然后存储第二行，依此类推；与一维数组一样，二维数组在内存中的存储也是连续的。以二维数组 a[3][4] 为例，其在内存中的存储如图 4－8 所示。

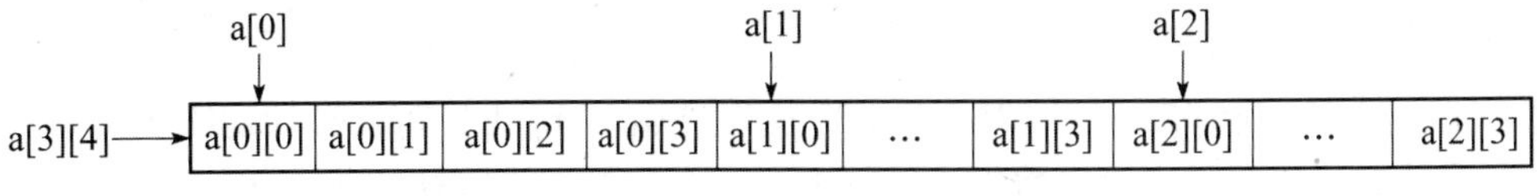

图 4－8　二维数组 a[3][4] 在内存中的存储

4.2.2 二维数组的初始化

在C语言中，二维数组可以通过多种方式进行初始化。

1. 完整初始化

当知道二维数组的所有元素时，可以在声明的同时直接为二维数组赋值，明确每个元素的值，示例如下：

```
int a[3][4] = {
    {1, 2, 3, 4},
    {5, 6, 7, 8},
    {9, 10, 11, 12}
};
```

以上代码初始化数组时明确了每个元素的值，所有元素使用花括号（{}）括起来，且嵌套使用花括号（{}）区分每行元素，实现了完整初始化。完整初始化时，二维数组的第一个下标可省略，示例如下：

```
int a[][4] = {
    {1, 2, 3, 4},
    {5, 6, 7, 8},
    {9, 10, 11, 12}
};
```

此时编译器会根据列数划分元素，自动将行数定为3。

二维数组初始化时元素可以分行表示，也可以写在一行代码中，示例如下：

```
int a[3][4] = {{1, 2, 3, 4}, {5, 6, 7, 8}, {9, 10, 11, 12}};
```

完整初始化时内层花括号可以省略，示例如下：

```
int a[3][4] = {1, 2, 3, 4, 5, 6, 7, 8, 9, 10, 11, 12};
```

2. 部分初始化

C程序支持初始化二维数组时只给部分元素赋初值，整型、浮点型数组的元素若未被初始化会自动初始化为0，字符串数组则被初始化为空格。例如：

```
int b[3][4] = {
    {1, 2, 3}, //第一行只初始化了前三个元素
    {5, 6}     //第二行只初始化了前两个元素
    //第三行没有初始化，将被设置为0
};
```

以上示例中，b[0][3]、b[1][2]、b[1][3]及b[2][0]～b[2][3]将被自动初始化为0。

二维数组可以存储字符串数组，每行表示一个字符串，其初始化示例如下：

```
char strings[3][6] = {
    "Hello",
    "World",
    "C++"
};
```

在实际应用中，需要确保为字符串数组分配足够的空间来存储字符串和结束符 \0。

4.2.3 二维数组的引用

二维数组在使用时可以通过双索引引用要使用的元素，第一个索引表示行索引，第二个索引表示列索引，语法格式如下：

```
数组名 [ 行索引 ][ 列索引 ]
```

例如，a[i][j] 表示引用数组第 i + 1 行、第 j + 1 列的元素，a[2][3] 表示引用数组第 3 行第 4 列的元素。下面通过遍历二维数组元素的程序演示二维数组的引用，如例 4 - 5 所示。

例 4 - 5 遍历二维数组元素

```
1    #include <stdio.h>
2    int main() {
3        //定义并初始化二维数组
4        int a[3][4] = {{1, 2, 3, 4}, {5, 6, 7, 8}, {9, 10, 11, 12}};
5        int i, j;
6        //遍历并打印二维数组中的元素
7        for(i = 0; i < 3; i++) { //遍历行
8            for (j = 0; j < 4; j++) { //遍历列
9                printf("%5d ", a[i][j]); //打印当前元素
10           }
11           printf("\n"); //每行打印完后换行
12       }
13       return 0;
14   }
```

以上程序第 4 行代码定义了一个 3 行 4 列的二维数组 a 并初始化，第 7 ～ 12 行代码使用两个嵌套的 for 循环来遍历并打印数组中的所有元素。运行程序，结果如图 4 - 9 所示。

4.2.4 二维数组应用举例

除了基本的遍历和打印二维数组之外，C 语言中的二维数组还可以用于许多其他应用，如矩阵运算、图像处理、棋盘游戏、表格数据、迷宫求解、动态规划问题等。

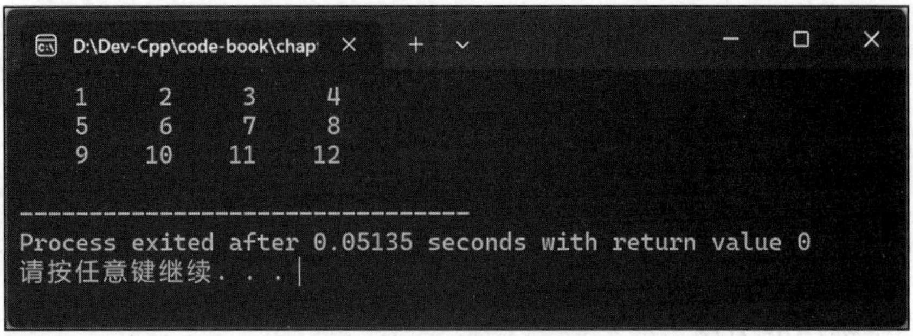

图 4-9　例 4-5 程序运行结果

1. 矩阵运算

二维数组可以很方便地表示矩阵，因此可以用于矩阵的加法、减法、乘法等运算。下面通过编写程序实现矩阵的加法运算，如例 4-6 所示。

例 4-6　矩阵运算（加法）

```
1    #include <stdio.h>
2    int main() {
3        //定义两个 3×3 矩阵
4        int a[3][3] = {{1, 2, 3}, {4, 5, 6}, {7, 8, 9}};
5        int b[3][3] = {{9, 8, 7}, {6, 5, 4}, {3, 2, 1}};
6        int c[3][3];                                   //用于存储加法结果
7        int i, j;
8        //两个矩阵的维度相同
9        for (int i = 0; i < 3; i++) {                  //遍历矩阵的行
10           for (int j = 0; j < 3; j++) {              //遍历矩阵的列
11               c[i][j] = a[i][j] + b[i][j];           //对应元素相加
12           }
13       }
14       //打印结果矩阵
15       printf("Matrix A + Matrix B:\n");
16       for (int i = 0; i < 3; i++) {
17           for (int j = 0; j < 3; j++) {
18               printf("%d ", c[i][j]);
19           }
20           printf("\n");
21       }
22       return 0;
23   }
```

例 4-6 中的第 4、5 行代码分别定义了 3 行 3 列的矩阵 a、b，作为运算操作数；第 6 行代码声明了 3 行 3 列的矩阵 c，以存储运算结果。第 9 ～ 13 行代码通过双层 for 循环遍历矩阵，逐个元素相加后给矩阵 c 赋值；第 16 ～ 21 行代码通过双层 for 循环遍历矩阵 c，并输出运算结果。运行程序，结果如图 4-10 所示。

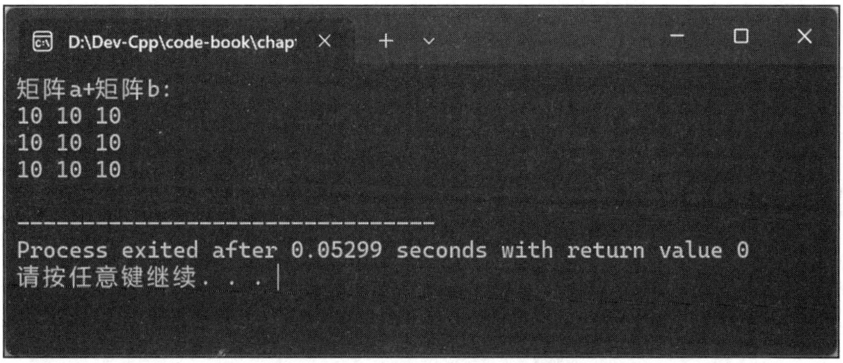

图 4－10　例 4－6 程序运行结果

2. 学生成绩存储及排序

设计 C 程序，使用二维数组存储 5 名学生的 4 门课程的成绩，并根据总成绩对学生成绩从高到低依次排序，如例 4－7 所示。

例 4－7　学生成绩存储及排序

```c
#include <stdio.h>
int main() {
    //定义存储学生成绩的二维数组
    int scores[5][4] = {
        {85, 90, 78, 92}, //学生 1 的成绩
        {76, 88, 91, 67}, //学生 2 的成绩
        {90, 82, 74, 89}, //学生 3 的成绩
        {68, 79, 86, 72}, //学生 4 的成绩
        {88, 77, 85, 81}  //学生 5 的成绩
    };
    //存储每个学生的总成绩
    int total_scores[5];
    int i, j, temp_total, temp, k;
    //计算每个学生的总成绩
    for (i = 0; i < 5; i++) {
        total_scores[i] = 0;
        for (j = 0; j < 4; j++) {
            total_scores[i] += scores[i][j];
        }
    }
    //冒泡排序，根据总成绩从高到低排序
    for (i = 0; i < 5 - 1; i++) {
        for (j = 0; j < 5 - i - 1; j++) {
            if (total_scores[j] < total_scores[j + 1]) {
                //交换总成绩和对应的成绩行
                temp_total = total_scores[j];
```

```
27                  total_scores[j] = total_scores[j + 1];
28                  total_scores[j + 1] = temp_total;
29                  //交换学生成绩行
30                  for (k = 0; k < 4; k++) {
31                      temp = scores[j][k];
32                      scores[j][k] = scores[j + 1][k];
33                      scores[j + 1][k] = temp;
34                  }
35              }
36          }
37      }
38      //打印排序后的学生成绩
39      printf("排序后的学生成绩(按总成绩从高到低):\n");
40      for (i = 0; i < 5; i++) {
41          printf("学生%d的总成绩: %d\n", i + 1, total_scores[i]);
42          printf("课程成绩: ");
43          for (j = 0; j < 4; j++) {
44              printf("%d ", scores[i][j]);
45          }
46          printf("\n");
47      }
48      return 0;
49  }
```

例 4－7 中的第 4～10 行代码定义了一个二维数组 scores 来存储 5 名学生的 4 门课程的成绩，第 12 行代码定义了一个一维数组 total_scores 来存储每个学生的总成绩，第 15～20 行代码计算每个学生的总成绩，第 22～37 行代码使用冒泡排序算法根据总成绩对学生成绩进行排序，并在排序过程中交换了总成绩和对应的成绩行，以保持数据和排序的一致性，第 40～47 行代码打印了排序后的学生成绩。运行程序，结果如图 4－11 所示。

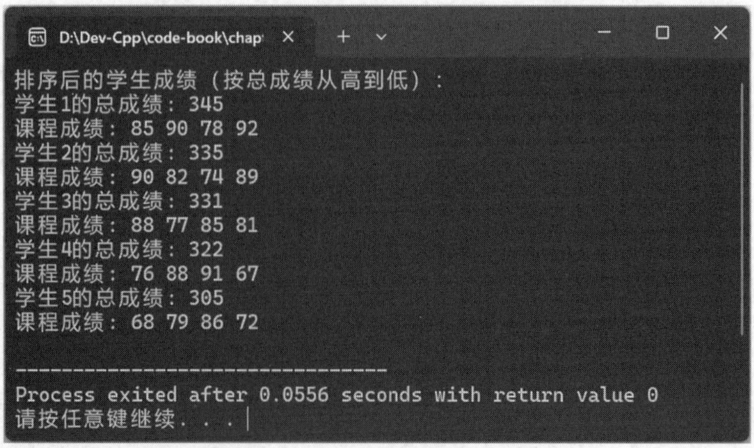

图 4－11　例 4－7 程序运行结果

4.3 字符数组与字符串

在 C 语言中，字符数组和字符串是两个密切相关但又有区别的概念。字符数组是一个可以存储任意字符的数组；字符串是字符数组的一个特例，它总以结束符 '\0' 结尾。所有字符串都是字符数组，但不是所有字符数组都是字符串（除非它们以 '\0' 结尾）。

4.3.1 字符数组与字符串简介

字符数组是 C 语言中一种基本的数据结构，用于存储一系列字符的集合。字符数组可以存储任意字符，包括字母、数字、标点符号和特殊字符等。字符数组的定义方式如下：

```
char 数组名 [ 常量表达式 ]; //定义一个可以存储 10 个字符的数组
```

定义字符数组存储字符串 Hello，示例如下：

```
char str[5] = {'H', 'e', 'l', 'l', 'o' };
```

字符数组也可以是二维或者多维数组，例如：

```
char c[3][5];
char ch[7][9];
```

C 语言中的字符串实际上是一个以 '\0' 结尾的字符数组，当定义一个字符串并给它赋值时，编译器会自动在字符串的末尾添加一个 '\0' 字符来表示字符串的结束。字符串的定义和初始化通常如下：

```
char str[6] = {'H', 'e', 'l', 'l', 'o', '\0'};
```

也可以利用字符串初始化字符数组，如初始化一维数组，示例如下：

```
char str[] = "Hello";
```

定义字符串时使用有双引号（""）包围的字符串赋值，字符串未显式注明结束符，但编译器会自动在数组中存储一个结束符。利用字符串初始化字符数组时通常不指定数组长度，当存储包含 n 个字符的字符串时，编译器自动为数组分配 n+1 个字节的存储空间。

4.3.2 字符串的输出 / 输入

在 C 语言中，字符串的输出输入主要依赖于标准库中的几个函数，如 printf() 用于输出字符串，而 scanf()、fgets()、gets() [gets() 已被弃用，因为它不安全] 等函数用于输入字符串。不过，对于输入字符串，最常用且推荐的方法是 scanf() 和 fgets()。

1. 输出字符串

使用 printf() 函数可以输出字符串。printf() 的原型在 stdio.h 头文件中定义，通过格式符“%s”标明输出的数据为字符串。示例如下：

```
char str[]="hello world";
printf("%s", str);
```

2. 使用 scanf() 函数输入字符串

在 C 语言中，scanf() 函数是一个很常用的输入函数，它根据指定的格式字符串来解析输入，并将读取的值存储到对应的变量中。由于 scanf() 函数读取字符串时会在遇到空格、制表符（\t）或换行符时停止，因此它只用于不需要处理空格、制表符或换行符的简单输入。示例如下：

```
char str[50];
scanf("%49s", str);                    //读取最多 49 个字符，为 '\0' 留出空间
```

注意，这里使用了“%49s”而不是“%s”，是为了防止缓冲区溢出。如果输入超过 49 个字符，scanf() 函数将只读取前 49 个字符，并自动在末尾添加 \0 作为字符串结束符。

3. 使用 fgets() 函数输入字符串

fgets() 函数能够读取一整行输入，包括空格，直到遇到换行符或达到指定的字符数限制（不包括最后的结束符 \0）。示例如下：

```
char str[100];
fgets(str, sizeof(str), stdin);       //读取一行，最多 99 个字符加上 '\0'
```

在上述示例中，fgets() 函数读取一行输入（直到换行符或达到数组大小限制），并将其存储在 str 中。然后，使用 strcspn() 函数找到换行符的位置，并将其替换为结束符 \0，以去除字符串末尾的换行符。

总的来说，对于简单的输入，如果不需要处理空格，可以使用 scanf() 函数；对于需要处理空格或整行输入的情况，fgets() 函数是更好的选择。

4.3.3 字符串处理函数及应用

C 语言提供了一系列用于字符串处理的函数，这些函数定义在头文件 string.h 中。以下是一些常用的字符串处理函数及其简要说明。

1. 字符串拷贝函数 strcpy()

strcpy() 函数的语法格式如下：

```
strcpy(字符串 1, 字符串 2)
```

strcpy() 函数的功能是将字符串 2 复制到字符串 1 中，包括终止的空字符。需注意，应确保字符串 1 有足够的空间来接收字符串 2，否则会发生缓冲区溢出。

2. 字符串连接函数 strcat()

strcat() 函数的语法格式如下：

```
strcat(字符串 1, 字符串 2)
```

strcat() 函数的功能是将字符串 2 连接到字符串 1 的末尾，并包括字符串 2 的终止空字符。需注意，应确保字符串 1 有足够的空间来接收字符串 2，否则会发生缓冲区溢出。

3. 字符串比较函数 strcmp()

strcmp() 函数的语法格式如下：

```
strcmp(字符串 1, 字符串 2)
```

strcmp() 函数的功能是按照 ASCII 码表中字符的顺序逐个比较字符串 1 和字符串 2 中的字符，如果字符串 1 和字符串 2 相等，则返回 0；如果字符串 1 小于字符串 2，则返回负数；如果字符串 1 大于字符串 2，则返回正数。

4. 字符串长度计算函数 strlen()

strlen() 函数的语法格式如下：

```
strlen(字符串)
```

strlen() 函数的功能是计算字符串的长度，不包括终止的空字符。

以上函数是 C 语言字符串处理的基础，它们在处理字符串时非常有用。除以上函数外，string.h 库中还有一些其他字符串处理函数，如 strncpy()、strncat()、strncmp()、strchr() 等。随着程序开发进度的深入，将会逐渐使用到这些函数，大家可以在编译器中查询库文件中定义的函数，掌握更多函数的用法。

任务实现

学生成绩管理系统往往批量存储着学校中各个年级、各个班级所有学生的各科成绩，相比使用单个变量分别存储每个学生的姓名、成绩等信息，使用数组存储类似的数组能使数据更有条理。

```
张三 92.5
李四 88
王五 76.5
赵六 85
```

以上面 4 条信息为例，通过数组实现批量学生成绩信息的存储，如例 4－8 所示。

例 4－8　学生成绩管理系统之信息存储 1

```
#include <stdio.h>
#include <string.h>                    //引入字符串处理库
```

```
3    int main() {
4        //存储学生姓名的字符串数组
5        char names[4][50];                  //假设学生姓名不超过 49 个字符
6        //存储学生成绩的浮点型数组
7        float scores[4];
8        //假设这里通过某种方式（如用户输入）获取了学生信息
9        //这里直接初始化作为示例
10       strcpy(names[0], "张三");
11       scores[0] = 92.5;
12       strcpy(names[1], "李四");
13       scores[1] = 88.0;
14       strcpy(names[2], "王五");
15       scores[2] = 76.5;
16       strcpy(names[3], "赵六");
17       scores[3] = 85.0;
18       //打印学生信息
19       int i;
20       for (i = 0; i < 4; i++) {
21           printf("学生姓名：%s，成绩：%.2f\n", names[i], scores[i]);
22       }
23       return 0;
24   }
```

例 4－8 中的第 2 行代码引入函数库 string.h，以便于在程序中调用字符串处理函数；第 5 行代码定义二维字符串数组 names，以存储所有学生的姓名；第 7 行代码定义一维浮点型数组 scores，以存储学生成绩；第 10 ～ 17 行代码调用 strcpy() 函数，为学生姓名数组 names 的每个元素赋值，通过赋值运算符为成绩数组 scores 的每个元素赋值；第 20 ～ 22 行代码通过 for 循环遍历学生姓名、成绩数组，逐条打印学生成绩。运行程序，结果如图 4－12 所示。

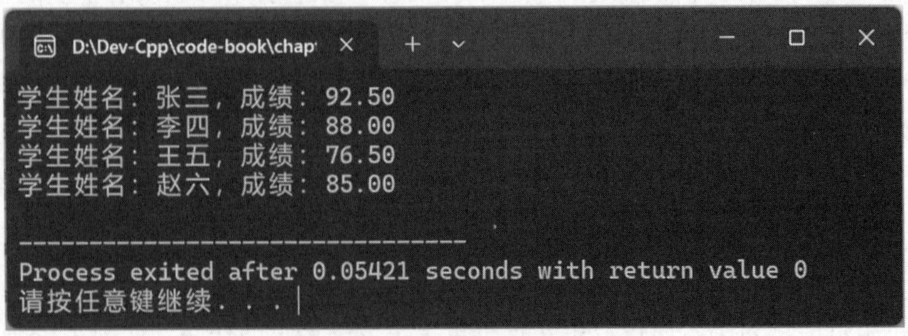

图 4－12　例 4－8 程序运行结果

任务拓展

每名学生往往有多科成绩需要存储，如张三有选修课、实验课、必修课、总成绩四个成绩数据需要存储；每个班级有多名学生，那么若要存储一个班级的所有学生成绩，需要使用二维数组。假设现有学生成绩数据如下：

```
131309 张三 98 89.5 73 260.5
131310 李四 97 84.5 72 253.5
131311 王五 88 79.5 83 250.5
```

要求拓展例 4－8，实现以上学生成绩信息的存储，代码如例 4－9 所示。

例 4－9　学生成绩管理系统之信息存储 2

```
#include <stdio.h>
#include <string.h>                          //引入字符串处理库
int main() {
    //存储学生学号的整型数组
    int sno[3];
    //存储学生姓名的字符串数组
    char names[3][50];                       //假设学生姓名不超过 49 个字符
    //存储多科学生成绩的浮点型二维数组
    float scores[3][4];
    //假设这里通过某种方式(如用户输入)获取了学生信息
    //这里直接初始化作为示例
    //学生成绩数据 131309 张三 98 89.5 73 260.5
    sno[0]= 131309;
    strcpy(names[0], "张三");
    scores[0][0] = 98;
    scores[0][1] = 89.5;
    scores[0][2] = 73;
    scores[0][3] = 260.5;
    //学生成绩数据 131310 李四 97 84.5 72 253.5
    sno[1]= 131310;
    strcpy(names[1], "李四");
    scores[1][0] = 97;
    scores[1][1] = 84.5;
    scores[1][2] = 72;
    scores[1][3] = 260.5;
    //学生成绩数据 131311 王五 88 79.5 83 250.5
    sno[2]= 131311;
    strcpy(names[2], "王五");
    scores[2][0] = 88;
    scores[2][1] = 79.5;
```

```
        scores[2][2] = 83;
        scores[2][3] = 250.5;
        //打印学生信息
        int i, j;
        for (i = 0; i < 3; i++) {
            printf("学号: %d\n姓名: %s\n", sno[i], names[i]);
            for(j = 0;j < 4;j++)
                printf("成绩%d: %.2f\n", j, scores[i][j]);
        }
        return 0;
    }
```

运行程序，结果如图 4－13 所示。

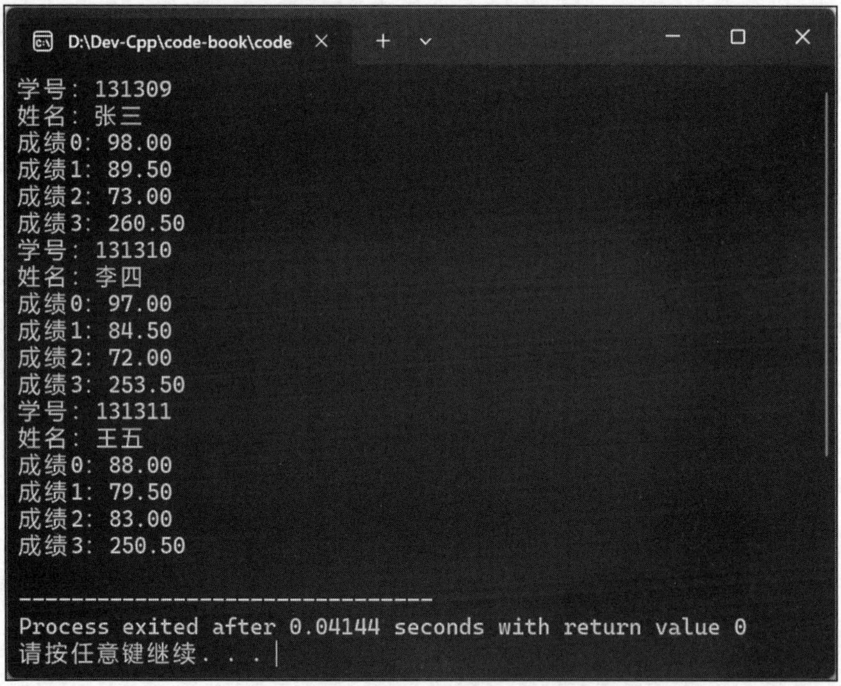

图 4－13　例 4－9 程序运行结果

习题

一、填空题

1. 数组是一组具有相同数据类型的变量________。
2. C 语言中数组名代表数组的________地址。
3. ________用于存储一组相同类型的数据。

4. C 语言中，访问数组中的某个元素可以通过________来完成。

5. 若数组 int a[] = {1, 4, 9, 4, 23}；则 a[2] =________。

二、判断题

1. int a[2][3] = {1, 2, 3, 4, 5, 6}；这是二维数组，并且对 a 进行了初始化。（　　）

2. 在 C 语言中，只有一维数组和二维数组。（　　）

3. 数组的下标都是从 1 开始的。（　　）

4. int i[] = {1, 2, 3, 4}；这种赋值方式是错误的。（　　）

5. 多维数组的使用方法与二维数组相似。（　　）

三、选择题

1. 若 int a[2][3] = {{1, 2, 3}, {4, 5, 6}}；则 a[1][1] 的值为（　　）。

A. 2　　B. 3　　C. 4　　D. 5

2. 下面（　　）可以实现访问数组 arr 的第 1 个元素。

A. arr[0]　　B. arr(0)　　C. arr[1]　　D. arr(1)

3. 若 int i[5] = {1, 2, 3}；则 i[2] 的值为（　　）。

A. 1　　B. 2　　C. 3　　D. null

4.（多选）下面对数组的描述中，正确的是（　　）。

A. 数组的长度是不可变的　　B. 数组不能先声明长度再赋值

C. 数组只能存储相同数据类型的元素　　D. 数组没有初始值

5.（多选）下面关于二维数组的定义中，正确的是（　　）。

A. int a[2][3] = {{1, 2, 3}, {4, 5, 6}}；　　B. int a[2][3] = {1, 2, 3, 4, 5, 6}；

C. int b[3][4] = {{1}, {4,3}, {2, 1, 2}}；　　D. int a[][3] = {1, 2, 3, 4, 5, 6}；

四、简答题

1. 请简要说明如何定义一个一维数组并为数组赋值。

2. 请简要说明一维数组和二维数组的区别。

五、编程题

1. 请编写一个程序，获取数组 int a[] = {3, 4, 6, 9, 13} 中元素的最大值。

2. 请编写一个程序，通过冒泡排序算法对数组 int b[] = {25, 24, 12, 76, 101, 96, 28} 进行排序。

任务5 学生成绩管理系统之系统功能设计

任务目标

知识目标	● 理解函数的基本概念与作用； ● 掌握基本数据类型； ● 了解函数的调用与参数传递； ● 掌握函数的嵌套调用与递归调用； ● 了解变量的作用域与存储类别。	1
技能目标	● 能够正确定义和声明函数； ● 能够正确调用函数和传递参数； ● 能够编写包含嵌套调用和递归调用的程序； ● 能够处理函数中的错误和异常情况； ● 能够优化函数的性能。	2
素养目标	● 培养模块化编程思维； ● 提高逻辑思维和问题解决能力； ● 提高自主学习能力； ● 注重代码的可读性和可维护性。	3

任务描述

学生成绩管理系统是一款高效、便捷的教育管理工具，其核心功能在于全面管理学生的成绩信息。该系统允许教育工作者录入、存储每名学生的多科成绩，并支持成绩的增、删、改、查、打印、排序功能，能够帮助教师及时了解班级学生的学习状况，便于学校管理层进行教学质量评估和学生评优评先工作，促进了教育管理的现代化与科学化。相比于顺序实现程序的全部功能，利用函数实现模块化的程序设计更有利于程序的规范化。本任务将带领大家学习如何在 C 语言中使用函数实现模块化编程，进而实现学生成绩管理系统的基础系统功能设计。

微课

任务 5 学生成绩管理系统之系统功能设计

知识储备

在编程的世界里，当面对复杂的问题时，往往需要将大问题分解成若干个更小、更易管理的部分来解决。这时，函数的概念就显得尤为重要。函数就像是一个个精心设计的工具箱，里面装满了解决特定任务所需的代码片段。当需要执行某个任务时，只需调用相应的函数，就像从工具箱中取出所需的工具一样，无须关心函数内部是如何实现的，只需关注它能为我们完成什么。函数可以提高代码的复用性，使得程序更加模块化、易于理解和维护。简而言之，函数是编程中一种强大的抽象机制，它让代码更加高效、清晰和可重用。本任务将学习 C 语言中函数的相关知识。

5.1 初识函数

C 语言中的函数是完成特定任务或计算的一组独立、可重用的代码块，每个 C 程序往往都包含一个 main() 函数和若干个函数。一段程序从 main() 函数开始执行，main() 函数可以调用其他函数，其他函数之前可以相互调用。使用函数来组织程序代码确实带来了许多优势，包括代码重用、提高可读性、易于维护及降低复杂度等。

假设我们需要编写 C 程序，从键盘获取 3 组学生成绩，并求取每个学生的平均成绩，分别不使用函数和使用函数来实现，以便对比，如例 5－1、例 5－2 所示。

例 5－1　不使用函数

```
#include <stdio.h>
int main() {
    int scores[3][3]; // 3 组学生，每组 3 门成绩
    int i, j;
    float average;
    // 从键盘获取成绩
    printf("请输入 3 组学生的成绩（每组 3 门）：\n");
    for(i = 0; i < 3; i++) {
        for(j = 0; j < 3; j++) {
            printf("学生 %d 的第 %d 门成绩：", i + 1, j + 1);
            scanf("%d", &scores[i][j]);
        }
```

```
    }
    //计算并输出每个学生的平均成绩
    for(i = 0; i < 3; i++) {
        average = 0;
        for(j = 0; j < 3; j++) {
            average += scores[i][j];
        }
        average /= 3;
        printf("学生 %d 的平均成绩是 : %.2f\n", i + 1, average);
    }
    return 0;
}
```

例 5－1 的程序将所有逻辑都放在 main() 函数中，没有使用额外的函数来封装特定的功能。

例 5－2　使用函数

```
#include <stdio.h>
//函数声明
void readScores(int scores[][3], int students, int subjects);
void cal_Print_Average(int scores[][3], int students);
int main()
{
    int scores[3][3]; //3 组学生，每组 3 门成绩
    //从键盘获取成绩
    readScores(scores, 3, 3);
    //计算并输出每个学生的平均成绩
    cal_Print_Average(scores, 3);
    return 0;
}
//函数定义：读取学生的成绩
void readScores(int scores[][3], int students, int subjects)
{
    int i, j;
    printf("请输入 %d 组学生的成绩(每组 %d 门): \n", students, subjects);
    for(i = 0; i < students; i++) {
        for(j = 0; j < subjects; j++) {
            printf("学生 %d 的第 %d 门成绩 : ", i + 1, j + 1);
            scanf("%d", &scores[i][j]);
        }
    }
}
//函数定义：计算并打印学生的平均成绩
```

```c
void cal_Print_Average(int scores[][3], int students)
{
    int i, j;
    float average;
    for(i = 0; i < students; i++) {
        average = 0;
        for(j = 0; j < 3; j++) { //假设每组学生都有 3 门成绩
            average += scores[i][j];
        }
        average /= 3;
        printf(" 学生 %d 的平均成绩是 : %.2f\n", i + 1, average);
    }
}
```

例 5 - 2 的程序中定义了两个函数：一个用于读取学生的成绩，另一个用于计算并打印学生的平均成绩。对比以上两个程序可以发现，使用函数的优越性主要体现在以下几个方面：

1. 代码重用性

使用函数可以将重复的代码块封装起来，在需要时通过函数调用重复使用。在例 5 - 2 中，读取成绩和计算并打印平均成绩的逻辑都被封装成了独立的函数，这意味着如果将来需要在其他程序中执行相同的操作，我们可以直接复用这些函数，而无需重新编写相同的代码。

2. 模块化

函数的使用促进了代码的模块化。每个函数都负责完成一个特定的任务，这使得代码结构更加清晰，易于理解和维护。在例 5 - 1 中，所有的逻辑都混杂在 main() 函数中，使得代码难以阅读和维护。而在例 5 - 2 中，通过函数将代码划分为不同的模块，每个模块都有其明确的职责。

3. 可读性

由于函数具有明确的命名和职责，因此使用函数可以显著提高代码的可读性。在例 5 - 2 中，当看到 readScores 和 cal_Print_Average 这两个函数名时，我们可以立即知道它们分别负责读取成绩和计算并打印平均成绩，而无须深入函数内部查看其实现细节。

4. 可维护性

当需要修改或扩展程序时，使用函数的程序更容易维护。如果需要修改读取成绩的逻辑，我们只需要修改 readScores() 函数即可，而无需担心这会影响其他部分的代码。同样，如果需要添加新的功能（如计算总分、排名等），我们可以轻松地添加新的函数来实现这些功能，而无需对现有代码进行大量修改。

5. 易于测试

函数使得代码更容易进行单元测试。我们可以单独测试每个函数，以确保它们按预期工作，这有助于在开发过程中及早发现并修复错误。

6. 支持团队协作

在大型项目中，函数的使用有助于团队协作。不同的开发人员可以负责不同的函数，从而实现并行开发。这不仅可以提高开发效率，还可以减少代码冲突和合并问题。

综上所述，使用函数可以显著提高代码的重用性、模块化、可读性、可维护性、可测试性和支持团队协作的能力。这些优越性使得函数成为编程中不可或缺的一部分。

5.2 函数定义

C 语言中的函数定义是指定函数如何执行其任务的一种方式。函数是完成特定任务的独立代码块，它可以被程序中的其他部分调用多次。函数定义包括返回类型、函数名、参数列表（如果有的话）及函数体。

函数定义的一般形式如下：

```
返回类型 函数名(参数类型1 参数名1, 参数类型2 参数名2, ..., 参数类型N 参数名N) {
    //函数体
    //声明局部变量
    //执行操作
    //可以使用return语句返回结果(如果函数返回非void类型)
}
```

以上语法中各部分内容说明如下：

- 返回类型：指定函数执行完毕后返回给调用者的值的类型。如果函数不返回任何值，则使用 void 关键字。
- 函数名：是函数的唯一标识符，用于在程序中调用该函数。函数名的命名规则与其他变量名的命名规则相同。
- 参数列表：包含函数调用时传递给函数的变量或值的列表。每个参数由类型（如 int、float 等）和名称组成。参数列表是可选的，如果函数不接收任何参数，则参数列表为空。
- 函数体：包含执行函数功能的语句块。函数体由花括号（{}）包围。

根据函数参数的有无，C 语言中的函数可分为无参函数和有参函数。

5.2.1 无参函数

顾名思义，无参函数即参数列表为空的函数，它不接收任何参数。无参函数的定义和调用相对简单，因为它们不涉及参数传递的复杂性。无参函数的定义与调用如例 5－3 所示。

例 5－3　无参函数的定义与调用

```
1   #include <stdio.h>
2   //无参函数的定义
3   void printMessage() {
4       printf("Hello, World!\n");
5   }
6   int main() {
7       //函数调用
8       printMessage();
9       return 0;
10  }
```

在这个例子中，printMessage() 函数是一个无参函数，它不接收任何参数。printMessage() 函数体内部使用 printf() 函数打印了一条消息到控制台。运行程序，结果如图 5－1 所示。

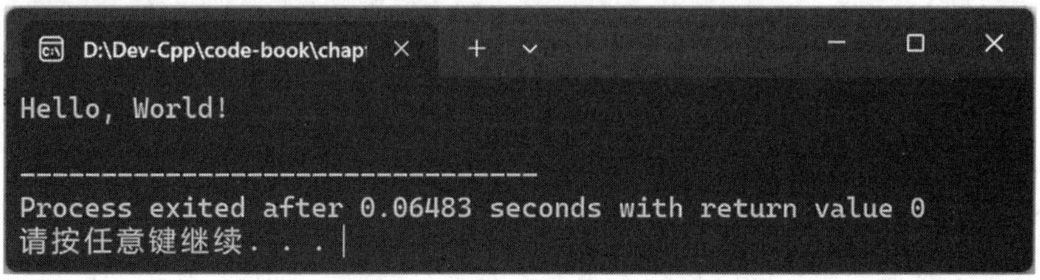

图 5－1　例 5－3 程序运行结果

无参函数的调用非常直接，只需要在函数名后加上一对圆括号（即使圆括号内没有参数）。在例 5－3 的 main() 函数中，第 8 行代码调用了 printMessage() 函数。

使用无参函数时需要注意：

- 无参函数在定义时，参数列表必须为空，即使用一对空的圆括号 ()。
- 调用无参函数时，也需要在函数名后加上一对圆括号，即使圆括号内没有参数。
- 无参函数可以有返回值，也可以没有返回值（即返回类型为 void）。如果无参函数有返回值，那么在函数体内部需要使用 return 语句返回相应的值；若没有返回值，return 语句可以省略。

例 5－3 中定义的无参函数没有返回值同时该函数的返回值类型为空（void），因此该函数的函数体中省略了 return 语句。C 语言中也可以定义有返回值的无参函数，如例 5－4 所示。

例 5－4　有返回值的无参函数

```
#include <stdio.h>
//有返回值的无参函数
int getCount() {
    //假设这里有一个复杂的计算过程，但为了示例简单，直接返回一个固定值
    return 42;
```

```
}
int main() {
    int result = getCount(); //调用函数并接收返回值
    printf("计算结果：%d\n", result);
    return 0;
}
```

例 5-4 中，getCount() 函数是一个无参但有返回值的函数。它返回了一个整数 42，然后在 main() 函数中调用了这个函数，并将返回值存储在变量 result 中，最后打印出来。运行程序，结果如图 5-2 所示。

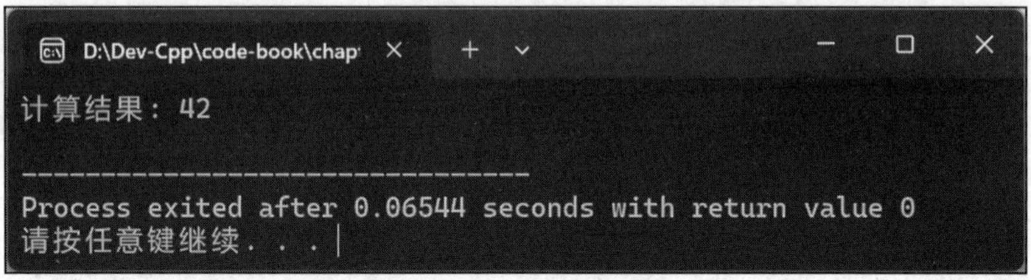

图 5-2　例 5-4 程序运行结果

5.2.2　有参函数

C 语言中的有参函数是指接收一个或多个参数的函数。这些参数在函数被调用时由调用者提供，并在函数体内被使用。有参函数的定义和调用涉及参数的类型、顺序及如何接收和使用参数。

下面是一个简单的有参函数定义示例。

```
int add(int a, int b)
{
    return a + b;
}
```

以上示例代码定义了 add() 函数，用于计算两个整数的和并返回结果。add() 函数接收两个 int 类型的参数 a 和 b，计算它们的和，并通过 return 语句返回它们的和。

有参函数的调用需要在函数名后加上一对圆括号，并在圆括号内按照函数定义时指定的顺序和类型提供参数。在程序中调用该函数，示例如下：

```
int main()
{
    int result = add(5, 3);            //调用 add() 函数，并传入参数 5 和 3
    printf("计算结果：%d\n", add);   //输出结果
    return 0;
}
```

以上示例在 main() 函数中调用了 add() 函数，并传入了两个整数 5 和 3 作为参数。add() 函数计算这两个数的和，并将结果返回给 main() 函数中的 result 变量。最后，main() 函数使用 printf() 函数将结果打印到控制台。

微课

有参函数的定义与调用

下面通过一段完整程序演示有参函数的定义与调用，如例 5－5 所示。

例 5－5　有参函数的定义与调用

```
#include <stdio.h>
//函数定义
int add(int a, int b)
{
    return a + b;                    //返回两个整数的和
}
int main()
{
    int result;
    result = add(5, 3); //调用 add() 函数，并将返回值赋给变量 result
    printf("计算结果：%d\n", result); //输出结果
    return 0;
}
```

在例 5－5 中，add() 函数接收两个 int 类型的参数 a 和 b，计算它们的和，并通过 return 语句返回这个和。main() 函数中调用了 add() 函数，并将返回值存储在变量 result 中，然后打印出来。运行程序，结果如图 5－3 所示。

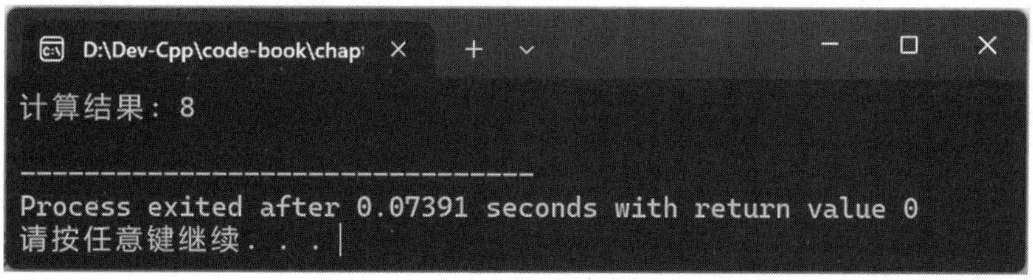

图 5－3　例 5－5 程序运行结果

需要注意：

- 在调用有参函数时，必须按照函数定义中指定的顺序和类型提供参数。
- 如果函数有多个参数，它们之间用逗号分隔。
- 调用函数时，实际提供的参数（也称为实参）的类型和数量必须与函数定义中的形式参数（也称为形参）相匹配。
- 函数可以返回一个值给调用者，也可以不返回任何值（即返回类型为 void）。如果函数有返回值，那么它应该使用 return 语句来返回该值。

注意，在 C 语言中，函数必须先定义（或至少先声明）才能被调用。在例 5－5 中，

add() 函数在 main() 函数之前定义，所以可以直接在 main() 函数中调用它。如果函数定义在调用它的代码之后，则需要在调用之前进行函数声明，如例 5－6 所示。

例 5－6　函数声明

```c
#include <stdio.h>
//函数声明
int add(int a, int b);
int main()
{
    int result;
    result = add(5, 3);        //调用 add() 函数，并将返回值赋给变量 result
    printf("计算结果：%d\n", result);        //输出结果
    return 0;
}
//函数定义
int add(int a, int b)
{
    return a + b;                            //返回两个整数的和
}
```

例 5－6 在 main() 函数之前声明了 add() 函数，这样即使 add() 函数的定义在 main() 函数之后，也可以在 main() 函数中调用它。

在实际编程中，通常会将函数的声明（或原型）放在头文件中，并在需要调用该函数的源文件中包含该头文件。这样可以提高代码的可读性和可维护性，并允许在不同的源文件中重用函数。当然，对于简单的程序或示例，可以直接在源文件中定义和调用函数，而不使用头文件。

5.3 函数的参数和返回值

在 C 语言中，函数通过参数接收外部数据，并在完成特定任务后通过返回值向调用者传递结果。参数为函数提供了执行所需的信息或数据，而返回值则是函数执行完毕后对调用者的一种反馈或结果输出。这种机制使得 C 语言程序能够灵活地处理各种复杂的数据处理逻辑，并高效地实现功能模块的划分与组合。

5.3.1 函数的参数

C 语言中函数的参数分为两类：形式参数（简称形参）和实际参数（简称实参）。

1. 形式参数（形参）

形式参数是函数定义中声明的参数，它们用于接收函数调用时传递的数据。形参只在

函数被调用时存在，当函数执行完毕后，形参的存储单元会被释放。形参的作用域仅限于函数内部，即只能在函数体内部访问形参。

形参的声明在函数定义中进行，包括参数的类型和名称。例如，在以下函数定义中，a 和 b 就是形式参数：

```
int add(int a, int b)
{
    return a + b;
}
```

2. 实际参数（实参）

实际参数是调用函数时传递给函数的参数。实参可以是常量、变量、表达式或函数调用的结果。在函数调用时，实参的值会被传递给相应的形参，以便在函数体内使用。

实参的类型和数量必须与函数定义中的形参相匹配。如果实参是变量，那么传递给形参的是变量的值（对于非指针和引用类型的参数），而不是变量的地址。这意味着在函数内部对形参的任何修改都不会影响实参本身。

例如，在以下函数调用中，5 和 3 就是实际参数：

```
int result = add(5, 3);
```

这里，5 和 3 作为实参传递给 add() 函数，add() 函数内部的形参 a 和 b 分别被初始化为 5 和 3。

注意：

- 形参和实参在函数调用时发生数据传递，但它们是独立的变量。对形参的修改不会影响实参（除非通过指针或引用传递）。
- 在 C 语言中，函数参数的传递默认是按值传递的。这意味着如果实参是变量，那么传递的是变量的值的一个副本给形参，而不是变量的地址。
- 如果需要函数能够修改实参的值，那么可以使用指针作为参数。这样，函数就可以通过指针来访问和修改实参所指向的内存位置。本书将在后续内容介绍如何通过指针访问和修改参数。

5.3.2 函数的返回值

在 C 语言中，函数的返回值是指函数执行后返回给调用者的结果。这个返回值可以是任意数据类型，包括但不限于整数（int）、字符（char）、浮点数（float 或 double）、指针等。函数的返回值是函数调用结束后返回给调用者的一个特殊值，类似于一个输出参数。

1. 定义和使用函数的返回值

在函数定义时，需要使用返回值类型来指定函数返回值的类型；如果函数不返回任何值，则使用 void 类型。在函数体内，使用 return 语句来返回值。return 语句后面可以跟一个表达式，该表达式的计算结果将作为函数的返回值。示例代码如下：

```
void func1()
{
    ...
    [return ;]                          //返回值为空，此行代码可省略
}
int func2()
{
    ...
    return int 型值或表达式 ;           //返回值为 int 型
}
float func3()
{
    ...
    return float 型值或表达式 ;         //返回值为 float 型
}
char func4()
{
    ...
    return char 型值或表达式 ;          //返回值为 char 型
}
```

2. 返回值的具体使用

在函数调用时，可以将函数的返回值赋值给变量。这时，变量的类型必须与函数返回值的类型相匹配。例如，以上定义的函数 func2() ～ func4()，使用其返回值，示例代码如下：

```
int a = func2();
float b = func3();
char c = func4();
```

函数的返回值也可以作为表达式的一部分，进行进一步的计算或操作。

```
int sum1 = func2() + 5;
float sum2 = func3() + 8.2;
```

使用返回值时需要注意：

- 返回值的类型匹配：函数的返回值类型必须与函数声明的返回值类型一致。
- 局部变量的地址：函数不应该返回指向局部变量的指针或地址，因为局部变量在函数执行完毕后会被销毁，返回的地址将指向无效的内存区域。
- 多个返回值：C 语言标准不支持函数直接返回多个值。如果需要返回多个值，可以通过结构体、指针参数或全局变量等方式实现。
- void 函数：如果函数不需要返回值，可以将其声明为 void 类型。此时，return 语句后面不需要跟任何表达式，或者可以省略 return 语句（但出于良好的编程习惯，建议在 void 函数的末尾显式地写出 return 语句）。

5.4 函数的调用

函数的调用方式相对直接且简单。当定义了一个函数后，就可以通过函数名加上括号（可能包含参数）来调用它，语法格式如下：

```
函数名([参数列表]);
```

以上语法中，函数名是定义函数时指定的名称；参数列表是传递给函数的实际参数，它们的数量、顺序和类型必须与函数定义中的形式参数（形参）相匹配。如果函数不接收任何参数，则调用时括号内可以为空，但括号本身必须存在。

配合相对复杂的程序结构，在 C 程序中可以形成具有编程技巧、复杂逻辑的函数调用：嵌套调用和递归调用。这两类函数调用的方法同样简单，只是其函数调用逻辑与过程蕴含巧思，可以通过简短精致的代码，解决复杂问题、实现高效算法。

5.4.1 函数的嵌套调用

函数的嵌套调用如同“俄罗斯套娃”，一个函数在执行过程中可以调用另一个函数，而被调用的函数又可以继续调用其他函数，如此层层嵌套，直至完成所有任务。这种调用方式使得代码结构清晰，易于模块化管理，同时也促进了代码的重用与共享。例如，在编写一个复杂的图形用户界面程序时，你可能会在一个处理用户点击事件的函数中，调用另一个负责绘制窗口的函数，而这个负责绘制窗口的函数又可能进一步调用多个用于绘制不同控件的函数，这就是函数嵌套调用的典型应用。

在 C 语言中，函数嵌套调用通常指的是在一个函数内部调用另一个函数，而不是在一个函数内部定义另一个函数（后者在 C 语言中是不允许的，除非通过函数指针或结构体等方式间接实现）。C 语言中常见的函数嵌套调用有在 main() 函数中嵌套调用一般函数［即非 main() 函数］和在一般函数中嵌套调用其他一般函数。

1. main() 函数嵌套调用一般函数

假设我们正在编写一个程序，该程序需要计算并输出一个整数数组中所有元素的总和及平均值。这个任务可以自然地被分解成两个子任务：

（1）任务 1：计算总和。

（2）任务 2：根据总和计算数组长度并计算平均值。

这两个子任务可以分别由两个函数来实现，然后在 main() 函数中通过嵌套调用来完成整个任务，如例 5－7 所示。

例 5－7　main() 函数的嵌套调用

```
#include <stdio.h>
//函数声明
int sumArray(int arr[], int size);
```

```
double average(int sum, int size);
int main() {
    int numbers[] = {1, 2, 3, 4, 5};
    int size = sizeof(numbers) / sizeof(numbers[0]);
    //嵌套调用函数
    int totalSum = sumArray(numbers, size);
    double avg = average(totalSum, size);
    //输出结果
    printf("总和：%d\n", totalSum);
    printf("平均值：%.2f\n", avg);
    return 0;
}
//计算数组总和的函数
int sumArray(int arr[], int size) {
    int sum = 0, i;
    for (i = 0; i < size; i++) {
        sum += arr[i];
    }
    return sum;
}
//计算平均值的函数
double average(int sum, int size) {
    if (size == 0) {
        //避免除以零的错误
        return 0.0;
    }
    return (double)sum / size;
}
```

例 5-7 中的程序代码定义了 3 个函数：main() 函数、sumArray() 函数、average() 函数，main() 函数中嵌套调用了 sumArray() 函数和 average() 函数。程序嵌套调用流程如图 5-4 所示。

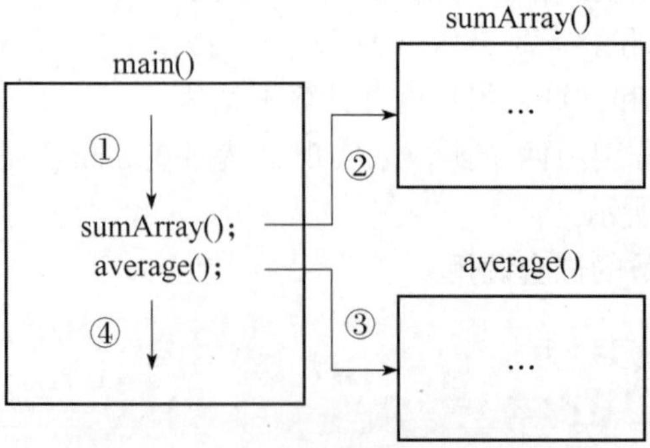

图 5-4　例 5-7 程序嵌套调用流程

运行程序，结果如图 5－5 所示。

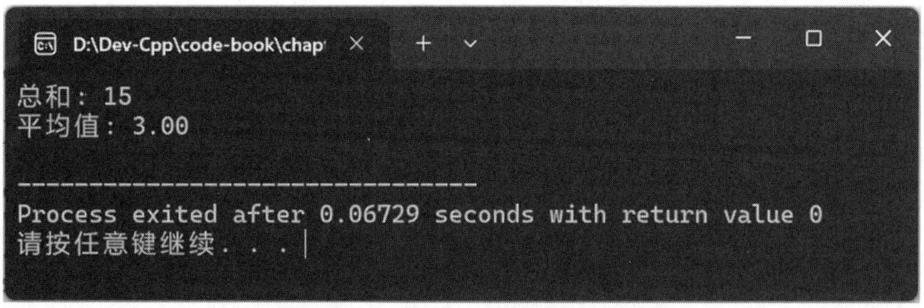

图 5－5 例 5－7 程序运行结果

这就是 main() 函数嵌套调用的一个典型场景。在这个场景中，并没有一个函数内部直接调用另一个函数内部定义的函数（那将是更复杂的嵌套，通常不是指这种简单的顺序调用）。

2. 一般函数嵌套调用其他一般函数

假设需要编写程序，计算某班级学生平均分，此任务可以被分解为两个子任务：

（1）任务 1：计算全班学生总成绩。

（2）任务 2：计算班级学生平均分。

这两个子任务可以分别通过函数实现，并且在求平均分的函数中调用求总成绩的函数，如例 5－8 所示。

例 5－8 一般函数嵌套调用其他一般函数

```
#include <stdio.h>
//函数声明
int calcTSco(int scores[], int numStudents);
double calcASco(int totalScore, int numStudents);
int main()
{
    //假设这是某个班级学生的成绩数组
    int scores[] = {85, 92, 78, 88, 95};
    int numStudents = sizeof(scores) / sizeof(scores[0]);
    //嵌套调用函数来计算总分和平均分
    double averageScore = calcASco(
        calcTSco(scores, numStudents), numStudents);
    //输出结果
    printf(" 平均分 : %.2f\n", averageScore);
    return 0;
}
//计算总分的函数
int calcTSco(int scores[], int numStudents)
{
    int total = 0, i;
```

```
    for (i = 0; i < numStudents; i++) {
        total += scores[i];
    }
    return total;
}
//计算平均分的函数
double calcASco(int totalScore, int numStudents)
{
    if (numStudents == 0) {
        //避免除以零的错误
        return 0.0;
    }
    return (double)totalScore / numStudents;
}
```

例 5－8 定义了两个一般函数 calcTSco()、calcASco()，分别计算班级总成绩和平均分，main() 函数中调用计算平均分的函数 calcASco()，该函数嵌套调用了计算总成绩的函数 calcTSco()［将 calcTSco() 函数的返回值作为参数传入了 calcASco() 函数中］。程序嵌套调用流程如图 5－6 所示。

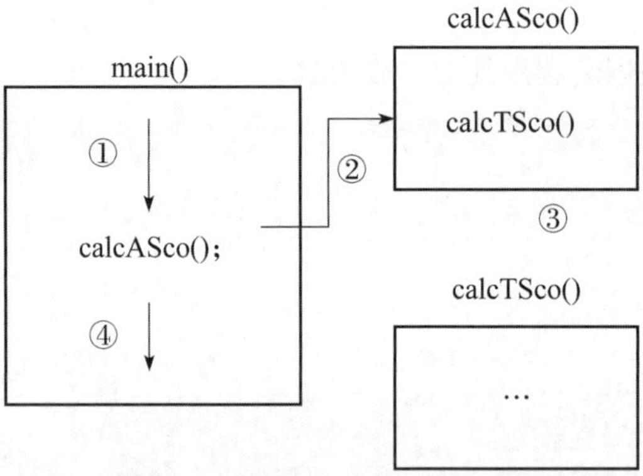

图 5－6　例 5－8 程序嵌套调用流程

运行程序，结果如图 5－7 所示。

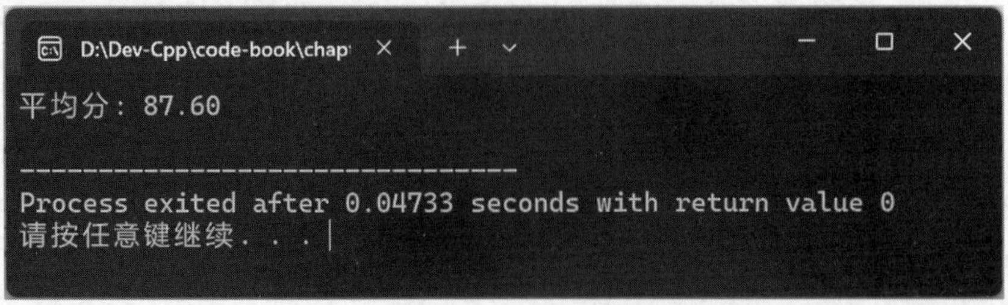

图 5－7　例 5－8 程序运行结果

5.4.2 函数的递归调用

递归调用是一种更为精妙且强大的函数调用方式。它允许一个函数在其执行过程中直接或间接地调用自身。通过递归调用，程序员可以以一种简洁明了的方式表达那些原本需要复杂迭代逻辑才能解决的问题。递归调用在处理如阶乘计算、汉诺塔、树的遍历、字符串的逆序打印等问题时，展现出其独特的优势。下面分别通过程序实现阶乘、汉诺塔问题求解。

1. 阶乘求解

阶乘（Factorial）是所有小于及等于该数的正整数的积，并且 0 的阶乘为 1。通常，我们用符号 n! 来表示正整数 n 的阶乘。阶乘的定义可以递归地给出，也可以通过公式直接给出。对于非负整数 n，阶乘 n! 递归地定义为：

（1）如果 n = 0，则 n! = 1。

（2）如果 n > 0，则 n! = n * (n − 1)!。

这个定义意味着 n 的阶乘是 n 乘以 n − 1 的阶乘，直到 0 的阶乘为止，而 0! 被定义为 1。根据其定义，编写程序利用递归求解 n 的阶乘，如例 5 − 9 所示。

微课

递归求解 n 的阶乘

例 5 − 9 递归求解 n 的阶乘

```
#include <stdio.h>
//递归函数声明
long factorial(int n);
int main()
{
    int number;
    printf("输入一个整数：");
    scanf("%d", &number);
    if (number < 0) {
        printf("负数的阶乘不存在.\n");
    } else {
        printf("%d！=%ld\n", number, factorial(number));
    }
    return 0;
}
//递归函数定义
long factorial(int n)
{
    if (n == 0) {
        //递归结束条件
        return 1;
    } else {
        //递归调用自身
```

```
            return n * factorial(n - 1);
        }
    }
```

例 5-9 中定义的 factorial() 函数是一个递归函数，它接收一个整数 n 作为参数，并返回 n 的阶乘。在 factorial() 函数内部，首先检查基本情况（即递归结束条件），即 n 是否等于 0。如果是，函数返回 1，因为 0!=1。如果 n 不等于 0，函数则通过调用自身 factorial (n - 1) 来计算 (n - 1)!，然后将结果与 n 相乘，得到 n! 的值。

运行程序，结果如图 5-8 所示。

图 5-8　例 5-9 程序运行结果

注意，递归调用虽然可以简化某些问题的解决方案，但它也可能导致栈溢出错误，特别是当递归深度非常大时。因此，在使用递归调用时，需要确保递归调用的深度不会超出系统为函数调用栈分配的空间。

2. 汉诺塔问题求解

汉诺塔问题最早由法国数学家爱德华·卢卡斯（Edouard Lucas）于 19 世纪提出，但据传其灵感来源于印度的一个古老传说。在印度的贾尔迈瓦王宫中，有一座金刚塔，塔内共有 64 个由大到小依次套在一起的金盘。根据古老传说，僧侣们需要将这些金盘从一根针上搬运到另一根针上，并按照原来的顺序叠放，这就是著名的汉诺塔问题。

汉诺塔问题是一个典型的递归问题，其解决方法通常涉及递归算法。递归算法的基本思想是将大问题分解为小问题，直到达到一个可以直接解决的情况。对于汉诺塔问题，具体步骤如下：

（1）将 A 柱上的 n - 1 个圆盘通过 C 柱移到 B 柱。

（2）将 A 柱上剩下的最大圆盘直接移到 C 柱。

（3）将 B 柱上的 n - 1 个圆盘通过 A 柱移到 C 柱。

这个过程可以看作一个递归的过程，即不断地将大问题分解为更小的子问题，直到问题简化为只需直接移动一个圆盘的情况。根据其定义，编写程序利用递归求解汉诺塔问题，如例 5-10 所示。

例 5 - 10　递归求解汉诺塔问题

```
#include <stdio.h>
void hanoi(int n, char from, char to, char temp);
int main()
{
    int n; //假设有 n 个圆盘
    printf("请输入圆盘数量: ");
    scanf("%d", &n);
    hanoi(n, 'A', 'C', 'B'); //A 为起始柱，C 为目标柱，B 为辅助柱
    return 0;
}
void hanoi(int n, char from, char to, char temp)
{
    if (n == 1) {
        printf("从%c柱移动圆盘1到%c柱\n", from, to);
        return;
    }
    hanoi(n-1, from, temp, to); //将n-1个圆盘从from移到temp
    //将第n个圆盘从from移到to
    printf("从%c柱移动圆盘%d到%c柱\n", from, n, to);
    hanoi(n-1, temp, to, from); //将n-1个圆盘从temp移到to
}
```

例 5 - 10 程序从 main() 函数开始执行，首先提示用户输入圆盘的数量 n，并读取这个值；然后调用 hanoi() 函数，指定起始柱为 A，目标柱为 C，辅助柱为 B。hanoi() 函数通过递归求解汉诺塔问题，它接收四个参数：圆盘数量 n，起始柱 from，目标柱 to，以及辅助柱 temp。当输入的圆盘数量 n 为 1 时，直接将这个圆盘从起始柱 from 移到目标柱 to，函数结束；否则进入递归：

（1）将 n - 1 个圆盘从起始柱 from 通过目标柱 to 移动到辅助柱 temp。注意这里的递归调用，它利用了目标柱 to 作为中间步骤的一部分，因为 n - 1 个圆盘不能直接从 from 移动到 temp 而不违反规则。

（2）将剩下的第 n 个（也就是最大的）圆盘从起始柱 from 直接移动到目标柱 to。

（3）将先前移动到辅助柱 temp 的 n - 1 个圆盘通过起始柱 from 移动到目标柱 to。这里的第二个递归调用再次利用了起始柱 from 作为中间步骤的一部分。

通过这种方式，hanoi() 函数能够递归地将圆盘从起始柱移动到目标柱，同时遵守汉诺塔问题的所有规则。

运行程序，输入圆盘数量 3，结果如图 5 - 9 所示。

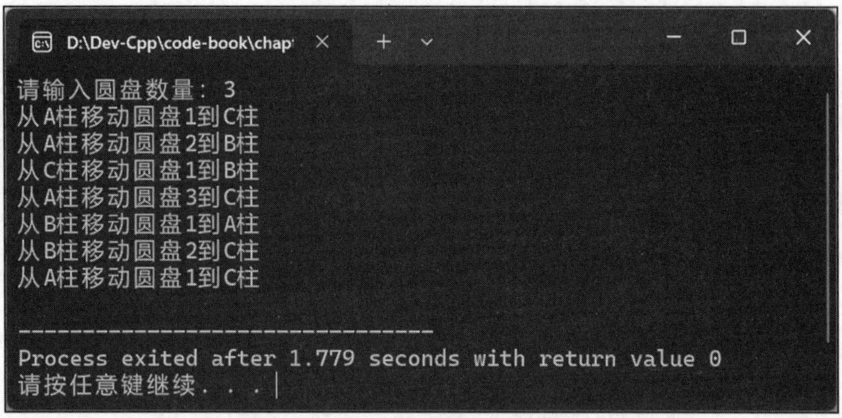

图 5-9　例 5-10 程序运行结果

5.5 变量的作用域

变量的作用域指的是变量在程序中可以被访问和使用的区域。在编程时，理解变量的作用域是非常重要的，因为它可以避免命名冲突，控制程序的逻辑流程，以及优化程序的性能。不同编程语言对作用域的处理方式可能有所不同，根据变量生效的作用域，C 语言中的变量可以简单分为局部变量和全局变量。

5.5.1 局部变量

在 C 语言中，局部变量是在函数内部或代码块（由花括号 {} 包围的区域）内部定义的变量。这些变量的作用域仅限于它们被定义的函数或代码块内部，一旦离开这个作用域，这些变量就不再可用（或者说它们会“消失”，因为它们的内存可能会被释放以供其他用途）。局部变量在每次函数调用时都会重新创建，并在函数返回时销毁。如果函数被多次调用，那么每次调用时局部变量都是独立的，互不影响。

下面通过一个简单的 C 语言程序来演示局部变量的定义和使用，如例 5-11 所示。

例 5-11　局部变量

```
#include <stdio.h>
//声明函数，该函数使用局部变量
void printSquare(int number);
int main()
{
    //main() 函数中的变量是另一个作用域
    int a = 5;
```

```
8        //调用函数，并传递变量 a 作为参数
9        printSquare(a);
10       //尝试访问 square 变量会导致编译错误，因为它在 printSquare() 函数的作用域内
11       //printf("%d\n", square); //这行代码是错误的，因为 square 在这里不可见
12       return 0;
13   }
14   //定义一个函数，该函数使用局部变量
15   void printSquare(int number)
16   {
17       //定义一个局部变量来存储平方结果
18       int square = number * number;
19       //使用 printf() 函数打印结果
20       printf("%d 的平方是 %d\n", number, square);
21       //square 变量的作用域在这里结束，当函数返回时，它会被销毁
22   }
```

例 5－11 中，printSquare() 函数接收一个整型参数 number，并计算它的平方。printSquare() 定义了一个局部变量 square 来存储平方结果［该变量只在 printSquare() 函数内部生效，且只在函数内完成其定义之后（即程序第 18 行代码之后）生效］，并使用 printf() 函数打印出来。注意，尽管 number 是作为参数传递给函数的，但在函数内部，它也可以被看作一个局部变量；因为它在函数外部是不可见的。

main() 函数中定义的变量 a 只能在 main() 函数内部被访问。当 main() 函数调用 printSquare() 函数时，它传递了 a 的值作为参数，但 printSquare() 函数内部的局部变量（如 square）与 main() 函数中的变量是完全独立的。

运行程序，结果如图 5－10 所示。

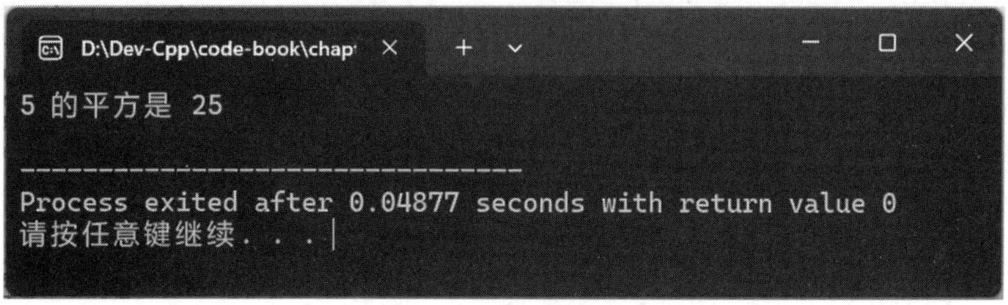

图 5－10　例 5－11 程序运行结果

注意例 5－11 中注释的第 11 行代码，此行代码调用 printf() 函数输出变量 square，若取消此行注释，程序将运行出错，因为它是 printSquare() 函数内定义的变量，属于局部变量。该局部变量只在 printSquare() 函数内部生效，main() 函数访问不到，对于 main() 函数而言，它并未被定义。

5.5.2　全局变量

在 C 语言中，全局变量是在函数外部定义的变量，这意味着它们可以在整个程序中

被访问和修改，无论在哪个函数内部。全局变量通常用于存储需要在多个函数之间共享的数据。下面通过一个简单的 C 语言程序来演示局部变量的定义和使用，如例 5－12 所示。

例 5－12　全局变量

```
1   #include <stdio.h>
2   //全局变量定义
3   int globalVar = 100;
4   //函数声明
5   void modifyGlobal();
6   void printGlobal();
7   int main()
8   {
9       //调用函数，该函数将修改全局变量的值
10      modifyGlobal();
11      //调用函数，该函数将打印全局变量的当前值
12      printGlobal();
13      return 0;
14  }
15  //函数定义，用于修改全局变量的值
16  void modifyGlobal()
17  {
18      //直接访问并修改全局变量
19      globalVar = 200;
20      printf(" 在 modifyGlobal 函数中，全局变量 globalVar 被修改为 : %d\n",
21       globalVar);
22  }
23  //函数定义，用于打印全局变量的值
24  void printGlobal()
25  {
26      //直接访问全局变量并打印其值
27      printf(" 在 printGlobal 函数中，全局变量 globalVar 的值是 : %d\n",
28       globalVar);
29  }
```

在例 5－12 中，globalVar 是一个全局变量，它在 main() 函数、modifyGlobal() 函数和 printGlobal() 函数中都是可见的。通过第 10 行代码，main() 函数调用了 modifyGlobal() 函数，该函数将 globalVar 的值修改为 200 并打印出来；通过第 12 行代码，main() 函数调用了 printGlobal() 函数，该函数打印了 globalVar 的当前值（即 200）。

运行程序，结果如图 5－11 所示。

需要注意的是，虽然全局变量提供了在多个函数之间共享数据的便利，但它们也带来了潜在的问题，如命名冲突（如果两个或多个全局变量具有相同的名称，但属于不同的源文件）和难以跟踪的副作用（因为全局变量的值可以在程序的任何地方被修改）。因此，

图 5－11　例 5－12 程序运行结果

在可能的情况下，最好使用局部变量和函数参数来传递数据，以减少对全局变量的依赖。如果确实需要使用全局变量，需确保它们被妥善地管理和保护。

任务实现

学生成绩管理系统允许教育工作者录入、存储每位学生的多科成绩，并支持成绩的增、删、改、查、打印功能，结合此前与本任务所学知识，设计学生成绩管理系统的系统功能，如例 5－13 所示。

例 5－13　学生成绩管理系统之系统功能设计 1

```
#include <stdio.h>
#include <string.h>
//假设存储学生姓名、三门成绩和总分
char names[10][50];
int scores1[10];
int scores2[10];
int scores3[10];
int totals[10];
int count = 0;
//函数声明
void addStudent(char name[], int score1, int score2, int score3);
                                                                  //增
void deleteStudent(int index);                                    //删
void updateStudent (int index, int score, int subject);           //改
void findStudent(char name[]);                                    //查
void displayStudents();                              //打印
int main() {
    //示例：添加学生
    addStudent("张三", 85, 90, 88);
    addStudent("李四", 78, 82, 85);
    //显示所有学生
    displayStudents();
```

```
22        //修改学生成绩
23        updateStudentScore(0, 95, 2);
24        printf("更新后的成绩列表:\n");
25        displayStudents();
26        //查找学生
27        findStudent("张三");
28        //删除学生
29        deleteStudent(0);
30        printf("删除第1位学生后的成绩列表:\n");
31        displayStudents();    */
32        return 0;
33    }
34    //添加学生成绩信息
35    void addStudent(char name[], int score1, int score2, int score3) {
36        if (count < 10) {
37            strcpy(names[count], name);
38            scores1[count] = score1;
39            scores2[count] = score2;
40            scores3[count] = score3;
41            totals[count] = score1 + score2 + score3;
42            count++;
43        } else {
44            printf("学生列表已满!\n");
45        }
46    }
47    void displayStudents()
48    {
49        int i;
50        for (i = 0; i < count; i++) {
51            printf("%d  姓名: %s, 成绩: %d, %d, %d, 总分: %d\n",
52             i, names[i], scores1[i], scores2[i], scores3[i], totals[i]);
53        }
54    //其他函数实现略
55    //注意:更新、删除和查找函数将需要更多的代码来实现
56    //需要仔细处理索引和边界条件
```

例5-13定义了全局数据变量names、scores1、scores2、scores3、totals存储学生姓名、三门成绩和总分，定义了全局变量count记录学生成绩信息数量，并在添加学生信息函数addStudent()中限制学生成绩信息列表不能超过10；为学生成绩管理系统设计了成绩信息增加、删除、修改、查询、打印功能，并定义函数addStudent()实现了其中的添加学生信息功能，定义函数displayStudents()实现了打印成绩信息功能。运行程序，编译器将执行第18、19行代码，完成学生成绩的增加；执行第24行代码，打印学生成绩信息。运行程序，结果如图5-12所示。

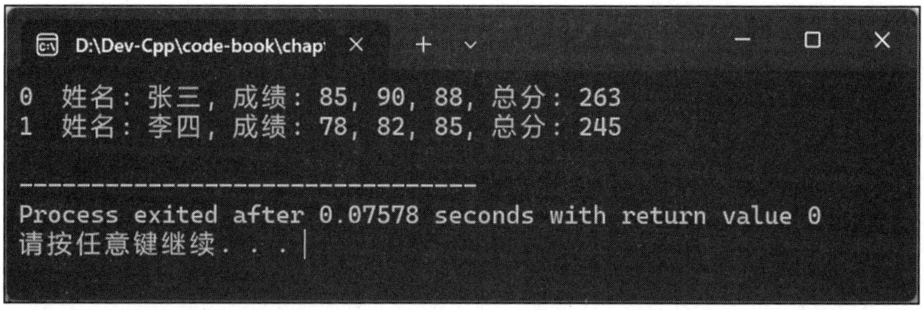

图 5-12 例 5-13 程序运行结果

任务拓展

要求拓展例 5-13 的程序，实现该程序中声明的成绩修改、查找、删除功能，如例 5-14 所示。

例 5-14 学生成绩管理系统之系统功能设计 2

```
#include <stdio.h>
#include <string.h>
//假设存储学生姓名、三门成绩和总分
char names[10][50];
int scores1[10];
int scores2[10];
int scores3[10];
int totals[10];
int count = 0;
//函数声明
void addStudent(char name[], int score1, int score2, int score3);
                                                        //增
void deleteStudent(int index);                          //删
void updateStudent(int index, int score1, int score2, int score3);
                                                        //改
void findStudent(char name[]);                          //查
void displayStudents();                                 //打印
int main() {
    //示例：添加学生
    addStudent(" 张三 ", 85, 90, 88);
    addStudent(" 李四 ", 78, 82, 85);
    //打印学生成绩
    displayStudents();
    //修改学生成绩
    updateStudent(0, 74, 83, 86);
    printf(" 更新后的成绩列表 :\n");
```

```
    displayStudents();
    //查找学生
    findStudent("张三");
    //删除学生
    deleteStudent(1);
    printf("删除第1位学生后的成绩列表:\n");
    displayStudents();
    return 0;
}
//查找学生
void findStudent(char name[])
{
    int i = 0;
    for(i; i < count; i++)
    {
        if(strcmp(names[i],name) == 0)
            printf("查找结果如下\n");
            printf("姓名:%s, 成绩:%d, %d, %d, 总分:%d\n",
               names[i], scores1[i], scores2[i], scores3[i], totals[i]);
            break;
    }
}
//删除学生成绩信息，num为信息序号
void deleteStudent(num)
{
    printf("开始删除第%d条信息", num);
    while (num-1 < count) {
        strcpy(names[num-1], names[num]);
        scores1[num-1] = scores1[num];
        scores2[num-1] = scores2[num];
        scores3[num-1] = scores3[num];
        totals[num-1] = scores1[num-1] + scores2[num-1] + scores3[num-1];
        num++;
    }
    count--;
}
//修改学生成绩信息
void updateStudent(int num, int score1, int score2, int score3)
{
    if (num-1 < count) {
        scores1[num] = score1;
        scores2[num] = score2;
        scores3[num] = score3;
```

```c
        totals[num] = score1 + score2 + score3;
    } else {
        printf(" 信息不存在 !\n");
    }
}
//添加学生成绩信息
void addStudent(char name[], int score1, int score2, int score3)
{
    if (count < 10) {
        strcpy(names[count], name);
        scores1[count] = score1;
        scores2[count] = score2;
        scores3[count] = score3;
        totals[count] = score1 + score2 + score3;
        count++;
    } else {
        printf(" 学生列表已满 !\n");
    }
}
//打印学生成绩
void displayStudents()
{
    int i;
    for (i = 0; i < count; i++) {
        printf("%d  姓名 : %s, 成绩 : %d, %d, %d, 总分 : %d\n",
         i+1, names[i], scores1[i], scores2[i], scores3[i], totals[i]);
    }
}
```

运行程序，结果如图 5 - 13 所示。

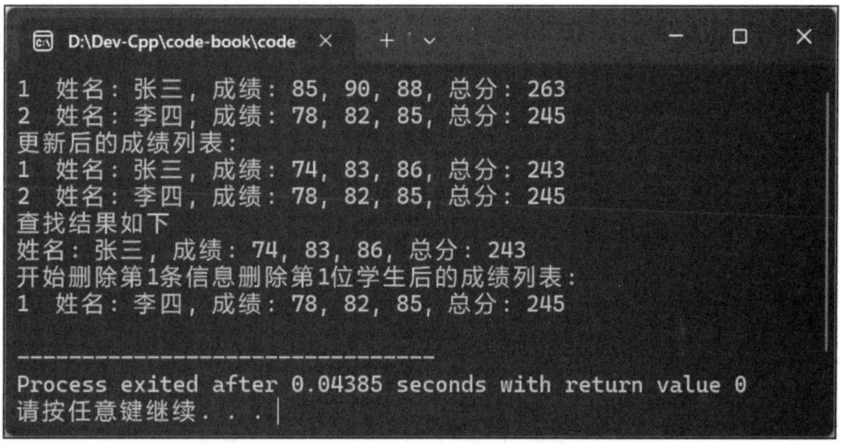

图 5 - 13　例 5 - 14 程序运行结果

习题

一、填空题

1. 在C语言中，用于结束函数并返回函数值的是________关键字。
2. 根据函数的参数列表是否为空，可以将函数分为________函数和________函数。
3. C语言中负责从控制台上接收用户输入信息的函数是________。
4. 函数内部调用自身的过程称为函数的________调用。
5. C语言中的变量，按作用域范围不同可分为________变量和________变量。

二、判断题

1. 递归调用时必须有结束条件，不然就会陷入无限递归的状态。 (　　)
2. C语言中不允许嵌套调用函数。 (　　)
3. 在定义函数时，必须要指定函数中的参数列表。 (　　)
4. 当函数没有返回值时，其返回值类型必须声明为void。 (　　)
5. 局部变量就是在函数内部声明的变量。 (　　)

三、选择题

1. 下列函数中，用于向控制台输出信息的是（　　）。

A. scanf()　　B. printf()　　C. sum()　　D. max()

2. 定义内部函数时，必须使用关键字（　　）。

A. extern　　B. void　　C. return　　D. static

3. 下列选项属于函数的组成部分的是（　　）。

A. 返回值类型　　B. 函数名　　C. 参数列表　　D. 局部变量

4. 下列关于函数的说法正确的是（　　）。

A. 函数必须有返回值类型
B. 定义函数时必须确定参数的个数
C. 函数是C语言的基本组成元素
D. 函数不能进行嵌套调用

5.（多选）下列关于函数的调用方式，说法正确的是（　　）。

A. 可以将函数作为表达式调用
B. 可以将函数作为语句调用
C. 可以将函数作为实参调用
D. 以上选项都错误

四、简答题

1. 请简要说明局部变量和全局变量的区别。
2. 请简要说明外部函数和内部函数的区别。

五、编程题

1. 请编写一个程序，获取数组 int a[] = {3, 4, 6, 9, 13} 中元素的最大值，要求使用函数。

2. 请编写一个程序，通过冒泡排序算法对数组 int b[] = {25, 24, 12, 76, 101, 96, 28} 进行排序，要求使用函数。

任务6 学生成绩管理系统之信息存储进阶

任务目标

知识目标	● 理解指针的基本概念； ● 掌握指针变量的定义与初始化； ● 理解指针的运算规则； ● 了解指针与字符串的关系； ● 掌握指针与数组的关系； ● 了解指针与函数的关系； ● 理解动态内存分配； ● 了解指针的高级应用。	1
技能目标	● 能够正确声明和初始化指针变量； ● 能够使用指针进行简单运算； ● 能够利用指针访问和操作数组； ● 能够编写包含指针参数的函数； ● 能够处理指针与字符串的相关操作； ● 能够使用动态内存分配； ● 能够理解和应用指针的高级特性； ● 能够调试和解决指针相关的错误。	2
素养目标	● 培养严谨的科学态度，遵循编程规范； ● 提高逻辑思维能力； ● 提高自主学习能力； ● 注重代码的可读性和可维护性； ● 培养创新思维。	3

任务描述

微课

任务 6 学生成绩管理系统之信息存储进阶

实现学生成绩信息管理系统，该系统能实时开辟内存空间，实现信息的动态存储。

知识储备

在 C 语言的编程世界里，指针是一个核心概念，它代表着变量的内存地址。通过指针，程序员能够直接访问和操作存储在内存中的数据，实现数据的高效读取与修改。指针不仅简化了数组和字符串的处理，还为动态内存分配、函数参数传递及复杂数据结构（如链表、树等）的实现提供了基础。掌握指针，就掌握了 C 语言编程的精髓，能够编写出更加高效、灵活的代码。本任务将学习 C 语言中指针的相关知识。

6.1 认识指针

C 语言中的指针是一种特殊的数据类型，它用于存储变量的内存地址而非变量的值本身。通过指针，可以直接访问和操作存储在内存中的数据，这为 C 语言提供了强大的内存管理能力。

6.1.1 指针的相关概念及关系

1. 指针的相关概念

在 C 语言中，指针、地址、内存是紧密相关的概念，它们共同构成了 C 语言内存访问和操作的基础。在正式学习指针应用之前，我们先了解一些与指针相关的知识。

（1）地址。

地址是内存中的一个位置标识符，用于指定数据在内存中的存储位置。在 C 语言中，每个变量（包括基本数据类型、数组、结构体等）、数组元素、结构体成员等在内存中都有一个唯一的地址。地址是一个无符号整数，通常表示为十六进制数，表示从内存起始位置（通常是 0 地址）到该变量存储位置的偏移量（以字节为单位）。

（2）指针。

指针是一种特殊的变量，它存储的不是数据本身，而是数据的地址。换句话说，指针变量中保存的是另一个变量的内存地址。通过指针，我们可以间接地访问和操作该地址处的数据。指针变量也是变量，因此它本身也占用内存空间。

（3）内存。

内存是计算机中用于存储数据和程序的物理部件。在 C 语言中，当我们声明一个变量时，编译器会在内存中为该变量分配一定的存储空间。这些存储空间以字节为单位进行编址，每个字节都有一个唯一的地址。程序通过地址来访问和修改内存中的数据。

2. 指针、地址与内存的关系

指针、地址与内存相互关联，但又是不同的概念，它们两两之间有着一定的关系。

（1）指针与地址。

指针变量中存储的是地址，即它指向的是数据的内存地址。我们可以通过指针来读取或修改该地址内存中的数据。

（2）指针与内存。

指针是访问和操作内存数据的工具。通过指针，我们可以遍历内存中的数据、动态地分配和释放内存、实现复杂的数据结构（如链表、树等）。

（3）地址与内存。

地址是内存中的一个位置标识符，用于定位数据在内存中的存储位置。程序通过地址来访问和修改内存中的数据。

6.1.2　定义指针变量

在 C 语言中，指针变量是一种特殊的变量，它用于存储变量的内存地址，而不是变量本身的值。

1. 声明指针变量

声明指针变量时，需要指定它所指向数据的类型，并在变量名前加上星号（*）作为标识。* 表示这是一个指针变量，而不是普通的变量。声明指针变量的语法格式如下：

```
数据类型 *变量名;
```

以上语法中的数据类型表明指针变量可以存储什么类型变量的地址，* 表示这是一个指针变量，变量名为这个指针变量的名称。注意 * 应在变量名的左边，且紧挨变量名，两者之间一般不加空格。下面是一个简单的指针变量声明的例子：

```
int *ptr;                    //定义一个整型指针变量 ptr
```

以上示例中，ptr 是一个整型指针变量，它用于存储整型变量的地址。

2. 为指针变量赋值

为指针变量赋值时需要引用变量的地址。在 C 语言中，使用取址符（&）来获取变量的地址，如定义变量 int a = 1;，可以使用“&a”获取变量 a 的地址。获取变量地址后可以通过赋值运算符“=”将地址赋给指针变量。示例如下：

```
int var = 20;                //定义一个整型变量 var
int *ptr;                    //定义一个整型指针 ptr
ptr = &var;                  //将 var 的地址赋给 ptr
```

以上示例首先定义了 int 型变量 var 并赋值为 20；其次定义了 int 型的指针变量 ptr；随后通过取址符（&）获得变量 var 的地址，并使用赋值运算符将地址赋给指针变量 ptr。

在内存中，变量 var 标识的内存空间存储着数据 20，变量 ptr 存储着变量 var 对应的内存地址，这个地址指向了变量 var，因此也可称 ptr 为指向变量 var 的指针。ptr、var 在内存中的关系如图 6－1 所示。

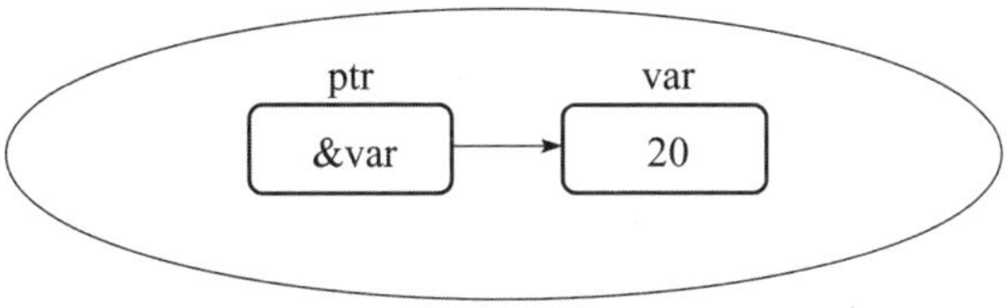

图 6－1　ptr、var 在内存中的关系

6.1.3　访问指针变量

微课

访问指针变量

指针变量与其他变量相同，均可通过变量名访问。如前面所述，指针变量为存储变量地址的变量，因此访问指针变量，可获得一个内存地址。定义并访问指针变量，如例 6－1 所示。

例 6－1　定义并访问指针变量

```
1    #include <stdio.h>
2    int main()
3    {
4        int var = 20;                      // 定义一个整型变量 var
5        int *ptr;                          // 定义一个整型指针 ptr
6        ptr = &var;                        // 将 var 的地址赋给 ptr
7        // 输出变量 ptr 的值
8        printf(" 指针 ptr 存储的地址为: %p\n", ptr);
9        // 输出变量 var 的地址
10       printf(" 变量 var 的地址为: %p\n", &var);
11       return 0;
12   }
```

例 6－1 中的第 8 行代码访问指针变量 ptr 并打印其值［%p 为 printf() 函数规定的格式说明符，用于按十六进制格式打印地址］，第 10 行代码通过取址符（&）获取变量 var 的地址并打印，两个 printf() 函数打印的结果应一致。运行程序，结果如图 6－2 所示。

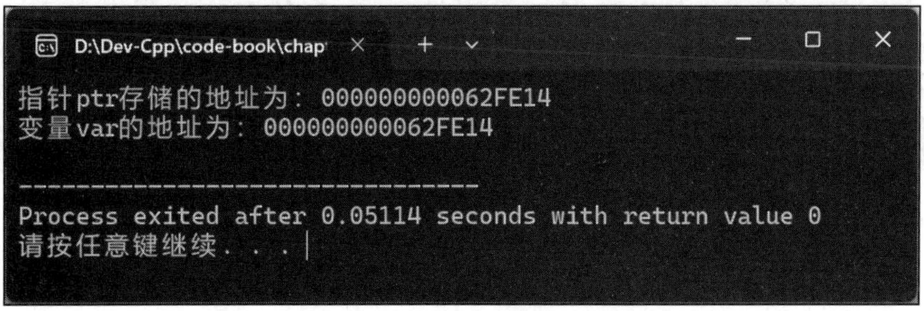

图 6－2　例 6－1 程序运行结果

由图 6－2 可知，指针变量 ptr 存储的数据为 000000000062FE14（十六进制内存地址，不同设备执行程序时输出的内存地址可能不同）。

6.1.4 通过指针变量访问数据

通过指针变量访问数据，即根据指针变量存储的地址找到数据在内存中的位置，再从该位置对应的空间中读取数据。C 语言中通过指针运算符（*）实现这一操作，其语法格式如下：

```
* 指针变量名；
```

例如，通过指针运算符（*）获取指针 ptr 指向的变量存储的值，示例如下：

```
*ptr;
```

下面演示通过指针变量访问数据，如例 6－2 所示。

例 6－2　通过指针变量访问数据

```
1    #include <stdio.h>
2    int main()
3    {
4        int var = 20;                         //定义一个整型变量 var
5        int *ptr;                             //定义一个整型指针 ptr
6        ptr = &var;                           //将 var 的地址赋给 ptr
7        printf("var = %d\n", var);            //输出变量 var 的值
8        printf("*ptr  = %d\n", *ptr);         //通过 var 地址读取 var 中的数据
9        return 0;
10   }
```

例 6－2 通过指针变量 ptr 存储了 int 型变量 var 的地址，第 7 行代码打印了 var 的原始值，第 8 行代码通过指针变量 ptr 访问了变量 var 中存储的数据并打印。运行程序，结果如图 6－3 所示。

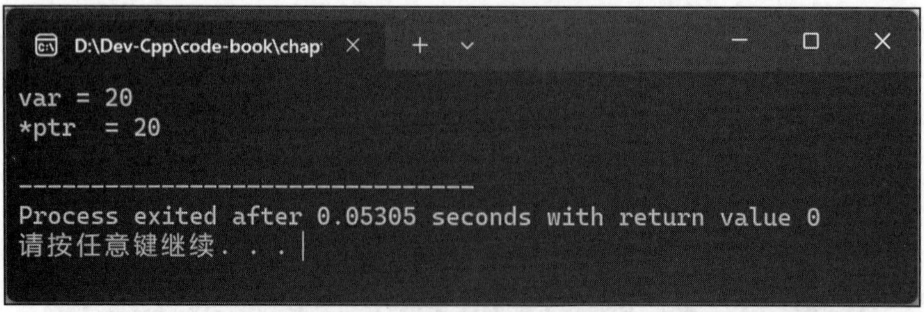

图 6－3　例 6－2 程序运行结果

由图 6－3 可知，通过 *ptr 成功读取了变量 var 的值。

6.1.5 指针运算

C 语言中的指针是一种特殊的变量，它存储的是变量的内存地址而不是变量的值。指针运算在 C 语言中非常关键，因为它允许程序直接访问和操作内存。指针也可以进行加减运算，但其运算规则与常规算术运算（如整数加法或减法）有所不同。

在 C 语言中，指针的加法运算并不是直接对指针所指向的地址值进行算术加法，而是根据指针所指向的数据类型的大小来进行偏移。这种偏移以指针所指向类型的字节数为单位。当对一个指针进行加法运算时，实际上是将指针向前（或向后，取决于加法的正负）移动了若干个其指向类型大小的内存位置。这种移动是通过将加法的结果（通常是一个整数）乘以指针指向类型的大小（以字节为单位）来实现的。

假设 int 型指针 *p 原本指向内存地址 0x0001 所存储的变量，对其进行加法运算，使 p = p + 1，则其将偏移 4 字节（即 int 型数据所占内存字节数），其存储的内存地址将变为 0x0005，如图 6 - 4 所示。

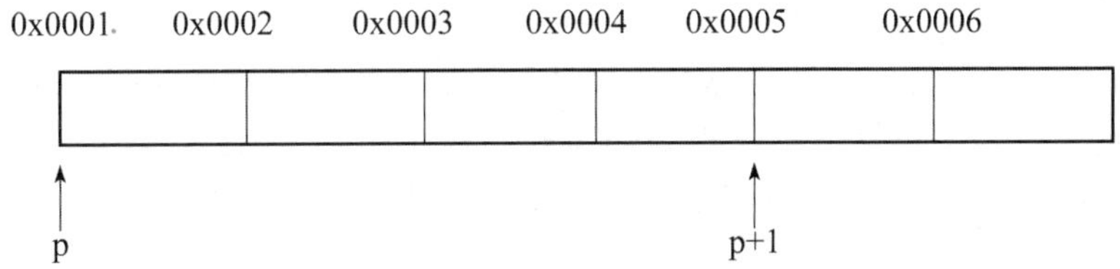

图 6 - 4 指针加法运算图示

下面通过程序验证指针运算，如例 6 - 3 所示。

例 6 - 3 指针运算

```
#include <stdio.h>
int main()
{
    int arr[5] = {1, 2, 3, 4, 5};
    int *ptr = &arr[0];              //ptr 指向 arr 的首元素
    //输出 ptr 指向的值
    printf("%d\n", *ptr);            //输出值为 1
    //将 ptr 向前移动 1 个 int 型的大小
    ptr += 1;
    //输出 ptr 指向的新值
    printf("%d\n", *ptr);            //输出值为 2
    //将 ptr 向前移动 2 个 int 型的大小
    ptr += 2;
    //输出 ptr 指向的新值
    printf("%d\n", *ptr);            //输出 4
    return 0;
}
```

例 6 - 3 中，ptr 是一个指向 int 型的指针，当对 ptr 进行加法运算时，每次加法都会使

ptr 向前移动一个 int 型的大小，所以“ ptr += 1;”实际上是将 ptr 向前移动了 4 字节，而“ ptr += 2;”则是将 ptr 向前移动了 8 字节。已知数组占据的内存空间是固定的，因此指针 ptr 每 + 1，指针将指向数组中的下一个元素，程序第 7 行、第 11 行、第 15 行分别输出数组元素 a[1]、a[2]、a[4]。运行程序，结果如图 6－5 所示。

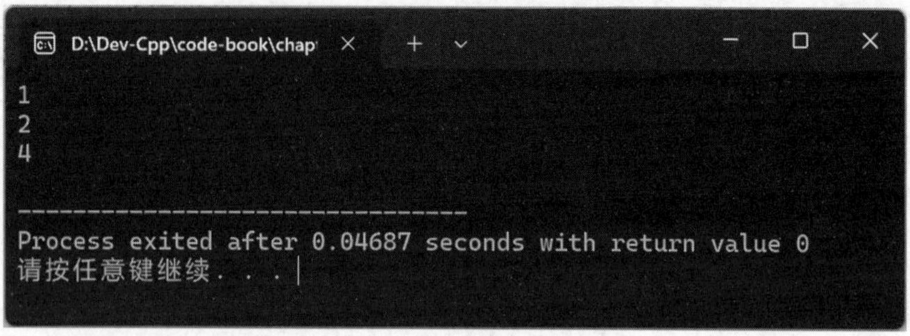

图 6－5　例 6－3 程序运行结果

需要注意的是，指针的加法运算必须保证运算后的指针仍然指向有效的内存区域，否则将引发未定义行为，包括但不限于访问违规和程序崩溃。因此，在进行指针加法运算时，程序员需要格外小心，确保不会越界访问数组或其他内存区域。

6.2 指针与数组

在 C 语言中，指针与数组是相辅相成的核心概念，它们共同构建了 C 语言处理内存和数据结构的基石。指针作为存储变量地址的变量，允许直接访问和操作内存中的特定位置；而数组则是一种连续分配相同类型数据的结构。通过将数组名视为指向其首元素的指针，C 语言允许利用指针的强大功能来遍历、修改和动态管理数组中的元素，这种紧密的联系使得指针与数组成为 C 语言编程中不可或缺的工具。

6.2.1 指针与一维数组

在 C 语言中，数组名在大多数表达式中会被转换为指向其首元素的指针。这意味着，当尝试获取数组名的值时，它实际上返回的是数组首元素的地址。这种转换使得我们可以使用指针来访问和操作数组中的元素。例如，现有一个一维数组 a[5]，可以将数组名赋给指针，使指针与数组建立联系，代码示例如下：

```
int a[5] ={1, 2, 3, 4, 5};
int *p = a;
```

以上示例中直接使用数组名 a 为指针变量 *p 赋值，这是因为数组变量有别于基础类型变量，数组变量名本身就是指向数组的指针（即数组指针），其存储的就是数组的起始地址，所以可以直接利用数组名为指针赋值，让定义的指针变量指向数组。

利用指向数组的指针可以访问数组元素，其语法格式如下：

```
*(p + 下标);
```

以上语法中 p 为指向数组的指针，以上语法功能等同于 a[下标]。例如，使用指针变量 p 访问以上定义的数组 a 中的元素，示例如下：

```
*p;                    //访问数组元素 a[0]
*(p+1);                //访问数组元素 a[1]
*(p+2);                //访问数组元素 a[2]
```

下面通过程序演示如何通过指针访问数组元素，如例 6－4 所示。

例 6－4　通过指针访问数组元素

```
#include <stdio.h>
int main() {
    int arr[] = {1, 2, 3, 4, 5};                //定义一个整型数组
    //创建一个指针 p，并让它指向数组 arr 的首元素
    int *p = arr;
    int i;
    //使用指针 p 遍历数组
    for (i = 0; i < sizeof(arr) / sizeof(arr[0]); i++) {
        //访问指针 p 当前指向的元素，并打印它
        printf("%d ", *(p + i));                //使用 p[i] 可达到相同的效果
    }
    return 0;
}
```

例 6－4 中首先定义了一个整型数组 arr，并创建了一个指向该数组首元素的指针 p；然后使用了一个 for 循环来遍历数组。在循环体内，程序使用了指针算术 *(p + i) 来访问数组中的每个元素，并打印它们的值。这里 p + i 计算出了数组中第 i + 1 个元素的地址，然后通过解引用 * 来获取该地址处的值。运行程序，结果如图 6－6 所示。

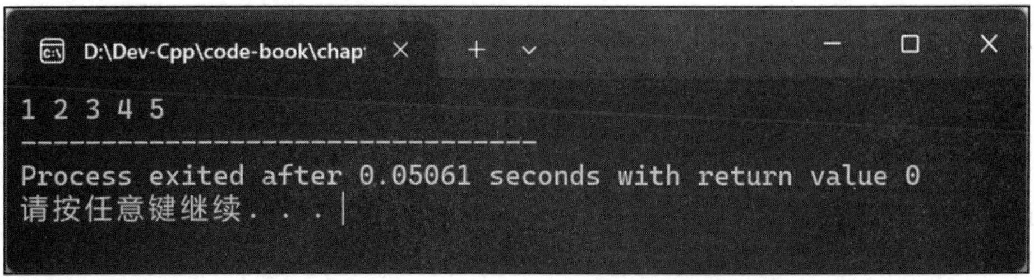

图 6－6　例 6－4 程序运行结果

注意：上面的循环中，p 本身并没有改变，改变的是 p + i 的表达式。p 始终指向数组

的首元素，但我们通过加法运算来访问数组中的其他元素。另一种方式是使用指针递增来遍历数组，如例 6－5 所示。

例 6－5　使用指针递增遍历数组

```
#include <stdio.h>
int main()
{
    int arr[] = {1, 2, 3, 4, 5};     //定义一个整型数组
    //创建一个指针 p，并让它指向数组 arr 的首元素
    int *p = arr;
    while (p < arr + sizeof(arr) / sizeof(arr[0])) {
        printf("%d ", *p);              //打印当前指向的元素
        p++;                            //将指针移动到下一个元素
    }
    return 0;
}
```

例 6－5 中定义了一个整型数组 arr，并创建了一个指向该数组首元素的指针 p。在每次循环中，程序打印出当前 p 指向的元素的值，然后将 p 递增到下一个元素的地址。这种方式更加直观地展示了如何使用指针来遍历数组。运行程序，结果如图 6－7 所示。

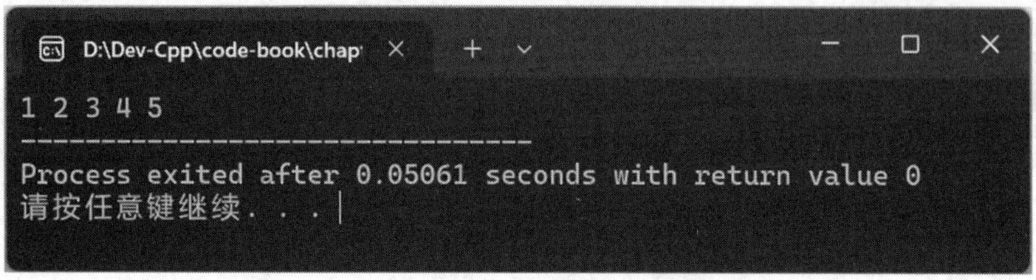

图 6－7　例 6－5 程序运行结果

6.2.2　指针与二维数组

与一维数组一样，二维数组及多维数组的元素既可以通过下标访问，又可以通过指针访问。为了掌握二维数组及多维数组的指针表示方法，需要深刻理解指针与多维数组的关系。本节基于二维数组进行分析，此分析方法与结果可推广应用到一般的多维数组中。

二维数组在内存中是连续存储的，但从逻辑上它被组织成行和列的形式。假设我们有一个“int a[i][j];”的二维数组，其中 i 是行数，j 是列数。这个数组在内存中的布局可以看作一个一维数组，但这个一维数组的每个元素都是一个包含 i 个整数的数组［或者说是一个连续的内存块，大小为 i * sizeof (int)］。a[3][4] 逻辑关系如图 6－8 所示。

如图 6－8 所示，假设 i 等于 3，j 等于 4，数组 a 是一个 3 行 4 列的二维数组，那么可以将 a 抽象为一个由 3 个一维数组作为数组元素的数组，a[0]、a[1]、a[2] 分别为由 4 个 int 型数据组成的一维数组。结合图 6－8 及指针与一维数组的关系分析：

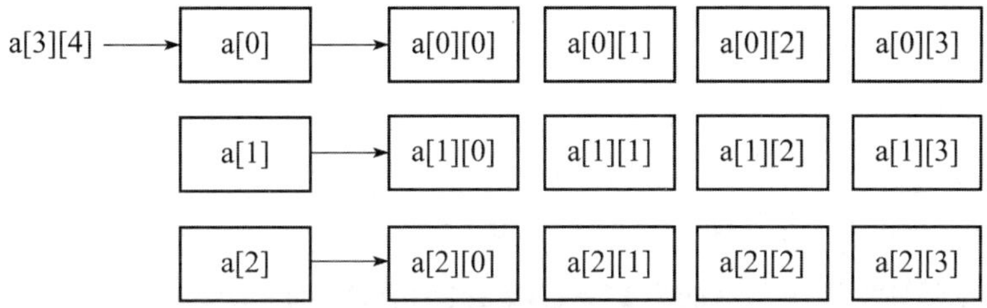

图 6－8 a[3][4] 逻辑关系

（1）数组 a 中存储了 3 个元素 a[0]、a[1]、a[2]，a 为数组的起始地址，那么通过 *(a + i) 即可访问数组 a 的第 i 个元素，*a 对应下标为 0 的元素 a[0]，*(a + 1) 对应下标为 1 的元素 a[1]，*(a + 2) 对应下标为 2 的元素 a[2]。根据图 6－8 所示的逻辑关系，a[0]、a[1]、a[2] 又分别可以视为二维数组的行地址（注意此处的 a[0]、a[1]、a[2] 为抽象概念）。

（2）a[0]、a[1]、a[2] 为数组 a 的 3 个抽象元素，其本身均为一维数组，数组 a[0]、a[1]、a[2] 分别包含 4 个 int 型元素，那么 a + i 的偏移量为 sizeof (int)*4。

（3）数组名 a[0]、a[1]、a[2] 分别表示各自一维数组在内存中的起始地址。通过地址加偏移量可以使指针向右偏移，故 a[i] + j 可以获得二维数组第 i 行第 j 个元素，如 a[1] + 2 即为元素 a[1][2] 的地址，a[2] + 1 即为元素 a[2][1] 的地址，a[i] + j 即为元素 a[i][j] 的地址。又由（1）可知 a[i] 等同于 *(a + i)，故 a[i][j] 的地址可表示为 *(a + i) + j。

综上所述，基于指针，二维数组中元素 a[i][j] 地址的表示方式为：*(a + i) + j；通过指针访问二维数组的元素 a[i][j] 的方式为 *(*(a + i) + j)。

下面通过程序演示如何使用指针访问二维数组元素，如例 6－6 所示。

例 6－6 使用指针访问二维数组元素

```
#include <stdio.h>
int main()
{
    int a[3][4] = {
        {1, 2, 3, 4},
        {5, 6, 7, 8},
        {9, 10, 11, 12}
    };
    int i, j;
    //使用指针遍历二维数组
    for (i = 0; i < 3; i++) {                    //外层循环遍历行
        for (j = 0; j < 4; j++) {                //内层循环遍历列
            //通过指针访问当前元素
            printf("%d ", *(*(a+i)+j));
        }
        printf("\n");
    }
```

```
        return 0;
    }
```

例 6－6 定义了 3 行 4 列的二维数组 a，在双层 for 循环中通过 *(*(a + i) + j)) 访问数组中的元素 a[i][j] 并打印。运行程序，结果如图 6－9 所示。

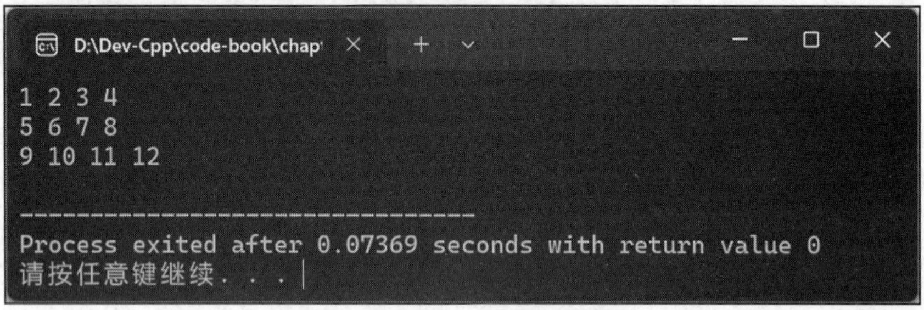

图 6－9　例 6－6 程序运行结果

当将二维数组 a[i][j] 抽象为一维数组时，数组地址每 + 1，地址向右偏移一行，即偏移 sizeof(int)*j。下面通过程序演示通过数组指针打印元素地址，如例 6－7 所示。

例 6－7　通过数组指针打印元素地址

```
#include <stdio.h>
int main()
{
    int a[3][4] = {
        {1, 2, 3, 4},
        {5, 6, 7, 8},
        {9, 10, 11, 12}
    };
    int i, j;
    //使用指针遍历一维数组 a（元素抽象为一维数组）
    for (i = 0; i < 3; i++)
        printf("%d ", a+i);                    //数组名本身即为指针
    return 0;
}
```

例 6－7 将二维数组视为抽象的一维数组，通过指针运算移动指针。运行程序，结果如图 6－10 所示。

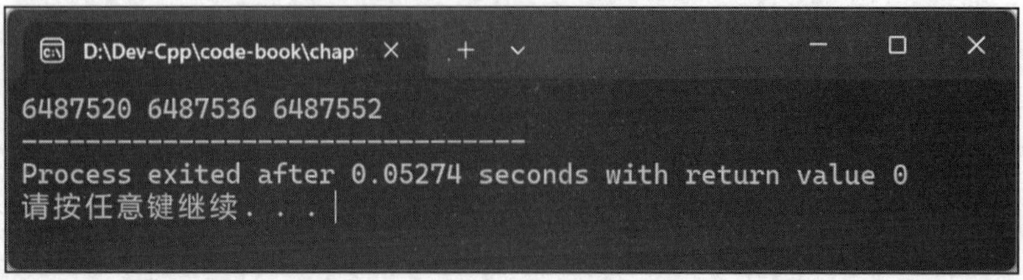

图 6－10　例 6－7 程序运行结果

结合程序，由图 6－10 可以验证二维数组的数组指针每＋1，指针向右偏移一行，指向下一行元素的起始地址。

6.2.3 指针数组

指针数组是一种特殊的数组，其元素不是基本数据类型（如 int、float 等）或其他复合数据类型（如结构体）的变量，而是指针。这意味着，每个数组元素都存储了一个地址，这个地址指向内存中的另一个位置，这个位置可以是变量、数组、函数等的存储位置。

1. 定义指针数组

在 C 语言中，定义指针数组的基本语法格式如下：

```
类型 *数组名[数组大小];
```

以上语法中，类型是指针所指向的数据类型，数组名是指针数组的名称，数组大小是数组中元素的数量。例如，想要一个指针数组来存储三个整数变量的地址，可以这样定义：

```
int var1 = 1, var2 = 2, var3 = 3;
int *ptrArray[3];
ptrArray[0] = &var1;
ptrArray[1] = &var2;
ptrArray[2] = &var3;
```

以上示例中，ptrArray 是一个包含三个元素的指针数组，每个元素都是一个指向 int 型的指针。我们将三个 int 型变量的地址分别赋给了 ptrArray 的三个元素。

2. 应用指针数组

指针数组可以与二维数组结合使用，例如，将二维数组的每行元素的地址依次赋给指针数组中的元素，指针数组就与二维数组产生了联系。下面通过程序演示如何应用指针数组，如例 6－8 所示。

例 6－8 应用指针数组

```
#include <stdio.h>
int main()
{
    int a[3][4] = {
        {1, 2, 3, 4},
        {5, 6, 7, 8},
        {9, 10, 11, 12}
    };
    //定义一个包含 3 个元素的指针数组
    int *ptr[3];
    int i, j;
    //将二维数组 a 的 3 个行地址赋给指针数组的 3 个元素
```

```
13        for(i = 0; i < 3; i++)
14            ptr[i] = a+i;
15        //借助指针数组遍历二维数组
16        for (i = 0; i < 3; i++) {                  //外层循环遍历行
17            for (j = 0; j < 4; j++) {              //内层循环遍历列
18                printf("%d ", *(ptr[i]+j));
19            }
20            printf("\n");
21        }
22        return 0;
23    }
```

例 6－8 的第 10 行代码定义了一个长度为 3 的指针数组 ptr，第 13、14 行代码将二维数组的 3 个行地址赋给指针数组 ptr 的 3 个元素，第 16 ～ 21 行代码借助指针数组遍历二维数组。运行程序，结果如图 6－11 所示。

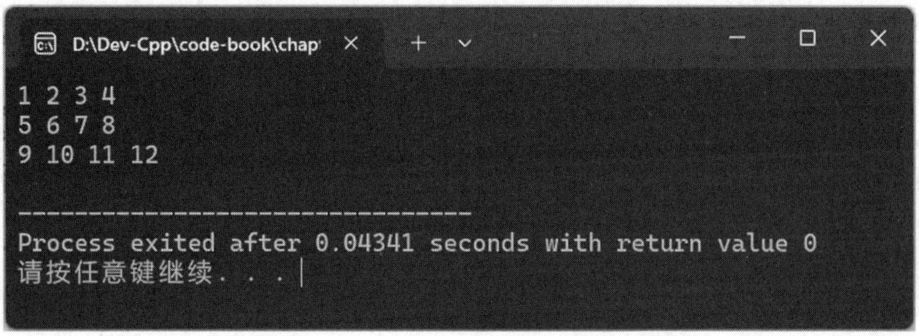

图 6－11　例 6－8 程序运行结果

6.3 指针与字符串

在 C 语言中，字符串通常是通过字符数组来实现的，但更常见的是通过指向字符数组首元素的指针来操作字符串。这是因为字符串是以空字符 '\0' 结尾的字符数组，而指针可以方便地指向并遍历这样的数组。之前，我们往往以如下形式定义字符串：

```
char str[] = "Hello, World!";
```

以上示例中 str 是一个字符数组，它包含了字符串 "Hello, World!"，以及一个隐式的空字符 '\0' 作为字符串的结束标志。

下面来学习一种新的字符串定义方式，即使用指针定义字符串。示例如下：

```
char *str = "Hello, World!";
```

以上示例的实际含义如下：

```
char a[] = "Hello, World!";
char *str = a;
```

上述两个示例具有同样的功能，但通过指针直接定义字符串省略了数组 a，使程序更加简洁。通过指针指向内存中的字符串，在访问时程序根据指针所指位置开始访问内存，直到遇到字符串结束标志 '\0' 为止。

6.4 指针与函数

指针与函数之间的相互作用是 C 语言编程中一个非常强大且灵活的特性。指针能够允许直接访问和操作内存地址，而函数则允许组织代码，将一系列操作封装成一个可重用的单元。当指针和函数结合起来使用时，可以实现诸如动态内存分配、参数传递、回调函数等多种高级功能。指针可以作为函数的参数、返回值，或者在函数内部用于访问和修改外部数据；函数作为存储在内存中的数据，也有对应的指针，且本身也可作为函数参数在其他函数间传递。

6.4.1 指针作为函数参数

指针作为函数参数，可实现在函数中直接访问和修改外部变量的值。这是因为在 C 语言中，函数参数是通过值传递的，但是将指向变量的指针传入函数时，实际传递的是变量的地址，而不是变量的值。因此，函数内部对指针所指向的内存的修改会反映到原始变量上。下面举例演示使用指针作为函数参数，如例 6-9 所示。

例 6-9 使用指针作为函数参数

```
#include <stdio.h>
void modifyValue(int *ptr)
{
    *ptr = 10;                                  //修改指针所指变量的值
}
int main()
{
    int value = 5;
    modifyValue(&value);                        //传递 value 的地址
    printf("修改后的值为：%d\n", value);        //输出：10
    return 0;
}
```

例 6－9 中第 2 ～ 5 行代码定义了一个名为 modifyValue 的函数，它接收一个指向 int 型的指针 ptr 作为参数。在函数体内，通过解引用指针 *ptr 来访问指针所指向的整数值，并将其修改为 10；第 6 ～ 12 行代码定义了主函数 main()，主函数第 8 行代码定义了 int 型的变量 value 并初始化为 5，第 9 行代码调用函数 modifyValue()，该函数接收变量 value 的地址作为参数，第 10 行代码打印修改后 value 的值。运行程序，结果如图 6－12 所示。

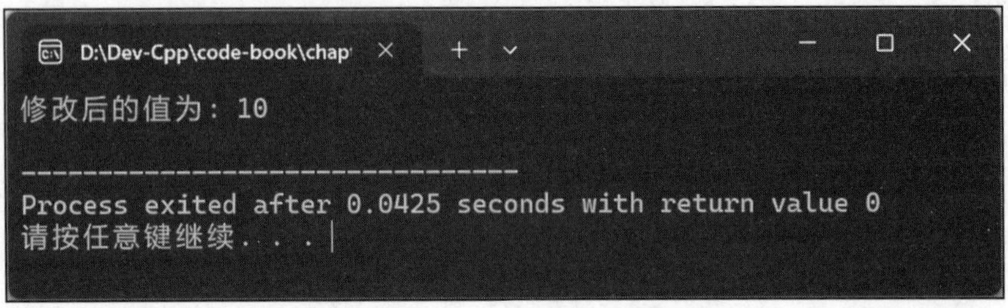

图 6－12　例 6－9 程序运行结果

根据图 6－12 可知，modifyValue() 函数成功访问并修改了其外部变量 value 的值。由此论证：通过指针，函数可以修改其外部变量的值。

指针作为函数参数在 C 语言中有着广泛的应用，它允许函数直接访问和修改主函数中变量的值，而无需通过返回值来传递结果。这种机制在处理大型数据结构（如数组、结构体）时特别有用，因为它可以避免复制整个数据结构所带来的性能开销。以下是指针作为函数参数的一些典型应用场景。

1. 修改数组元素

当需要在函数中修改数组元素时，可以将数组的指针（实际上是数组首元素的地址）传递给函数。这样，函数内部对指针的解引用操作就会直接作用于原数组的元素上。下面举例演示如何修改数组元素，如例 6－10 所示。

例 6－10　修改数组元素

```
#include <stdio.h>
void modifyArray(int *arr, int n, int newValue)
{
    int i;
    for (i = 0; i < n; i++) {
        arr[i] = newValue;                    // 直接修改原数组的元素
    }
}
int main()
{
    int myArray[5] = {1, 2, 3, 4, 5};
    modifyArray(myArray, 5, 10);              // 将数组所有元素修改为 10
    int i;
    for (i = 0; i < 5; i++)
```

```
        {
            printf("%d ", myArray[i]);              // 输出修改后的数组
        }
        return 0;
    }
```

例 6 - 10 将数组 myArray 的指针传给了函数 modifyArray()，在函数中将所有数组元素修改为 10。运行程序，结果如图 6 - 13 所示。

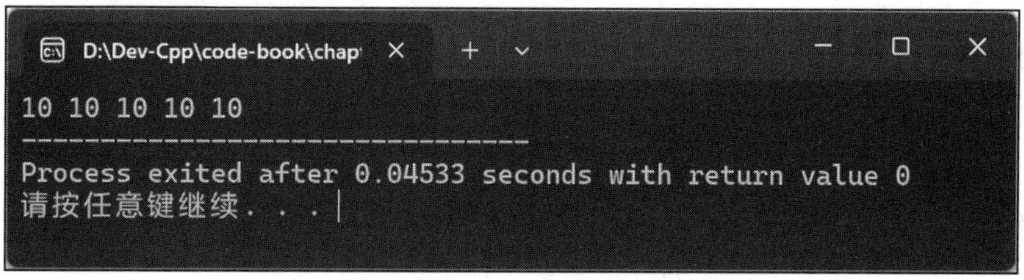

图 6 - 13　例 6 - 10 程序运行结果

由图 6 - 13 可知，函数成功修改了数组 myArray 中各个元素的值。

2. 交换变量的值

在 C 语言中，使用指针来交换两个变量的值是一种非常常见且高效的技巧。这是因为通过指针，我们可以直接访问和修改变量的内存地址中的值，而不需要通过返回值或其他间接方式来传递数据。下面举例演示如何交换变量的值，如例 6 - 11 所示。

例 6 - 11　交换变量的值

```
1    #include <stdio.h>
2    void swap(int *a, int *b)
3    {
4        int temp = *a;
5        *a = *b;
6        *b = temp;
7    }
8    int main()
9    {
10       int x = 5, y = 10;
11       swap(&x, &y);                          // 交换 x 和 y 的值
12       printf("x = %d, y = %d\n", x, y);      // 输出交换后的结果
13       return 0;
14   }
```

例 6 - 11 中第 2 ～ 7 行代码定义了一个函数 swap()，该函数接收两个整型指针作为参数，并在函数内部交换这两个指针所指向的值；第 11 行代码调用 swap() 函数，传入变量 x、y 的地址，实现了变量的值的交换。运行程序，结果如图 6 - 14 所示。

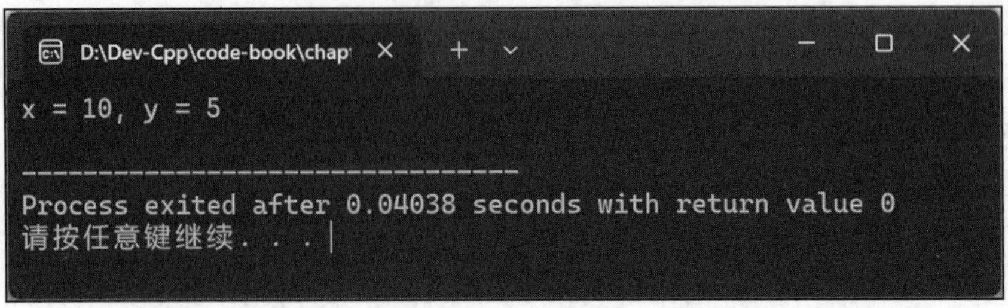

图 6-14　例 6-11 程序运行结果

6.4.2　函数指针

在 C 语言中，函数指针是一种特殊的指针类型，它存储了函数的地址，而不是变量的地址。通过函数指针，我们可以间接地调用函数，这在许多高级编程技术和数据结构中非常有用，如回调函数、函数表、动态分派等。

1. 声明函数指针

声明函数指针，首先需要确定函数的类型，即函数的返回类型和参数类型列表。然后，可以使用以下语法格式来声明指向该类型函数的指针：

```
返回类型 (*指针变量名)(参数类型列表);
```

例如，有一个函数 int add (int a, int b);，那么指向该函数的指针可以这样声明：

```
int (*funcPtr)(int, int);
```

这里，funcPtr 就是一个指向接收两个整型参数并返回整型的函数指针。

2. 给函数指针赋值

在 C 语言中，函数名本身就表示函数的地址，所以可以直接将函数名赋给函数指针。示例如下：

```
int add(int a, int b)
{
    return a + b;
}
int main()
{
    int (*funcPtr)(int, int) = add;      //将 add() 函数的地址赋给 funcPtr
    …
}
```

以上示例定义了一个函数 add()、函数指针 funcPtr，并将函数 add() 的地址赋给了函数指针。

3. 使用函数指针

通过函数指针调用函数的方式，与调用普通函数一致。因为函数指针与函数名都是地址，可以浅显地理解为函数指针是函数的别名，通过原函数名或函数指针均可以用通用的方法调用函数。下面举例演示如何使用函数指针，如例 6-12 所示。

例 6-12　使用函数指针

```
1    #include <stdio.h>
2    int add(int a, int b)
3    {
4        return a + b;
5    }
6    int main()
7    {
8        int (*funcPtr)(int, int) = add;  //将 add() 函数的地址赋给 funcPtr
9        int sum1 = funcPtr(5, 3);        //通过 funcPtr 调用 add() 函数
10       printf("sum1 = %d\n", sum1);     //输出结果
11       int sum2 = add(5, 3);            //通过 funcPtr 调用 add() 函数
12       printf("sum2 = %d\n", sum2);     //输出结果
13       return 0;
14   }
```

例 6-12 中第 8 行代码定义了函数指针 funcPtr，并使用函数 add() 的地址初始化；第 9 行代码通过函数指针 funcPtr 调用 add() 函数，第 11 行代码通过函数名调用 add() 函数。运行程序，结果如图 6-15 所示。

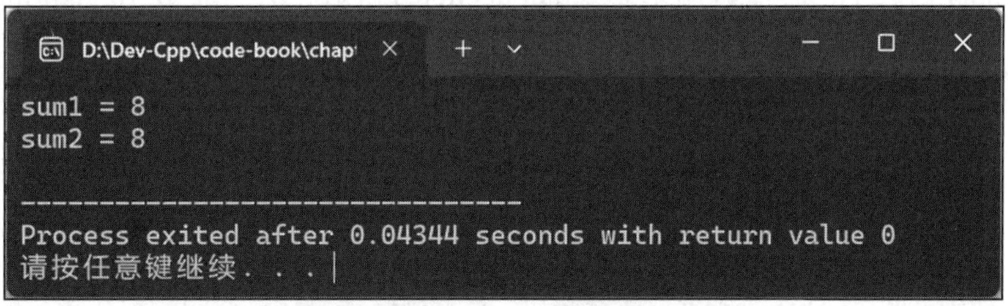

图 6-15　例 6-12 程序运行结果

6.4.3　函数指针作为函数参数

函数指针的另一个常见用途是作为参数传递给其他函数，以编写更加灵活和可重用的代码。此时，可以将不同的函数作为参数传递给同一个函数，以在运行时动态地选择执行哪个函数。这种机制在回调函数、事件处理、排序算法（如快速排序、归并排序中的比较函数）等场景中非常常见。下面举例演示使用函数指针作为函数参数，如例 6-13 所示。

例 6-13　使用函数指针作为函数参数

```
#include <stdio.h>
```

```c
//定义一个简单的函数，它接收一个整数参数并打印它
void printInt(int n)
{
    printf("数字是：%d\n", n);
}
//另一个函数，它接收一个整数和一个函数指针作为参数
//该函数指针指向一个接收整数参数并返回void的函数
void executeFunction(int number, void (*funcPtr)(int))
{
    //调用通过函数指针传递的函数
    funcPtr(number);
}
int main()
{
    //将printInt()函数的地址作为参数传递给executeFunction()函数
    executeFunction(10, printInt);
    //注意：这里不需要&来获取函数的地址，因为函数名本身就代表其地址
    return 0;
}
```

例 6－13 中，executeFunction() 函数接收一个整数 number 和一个函数指针 funcPtr 作为参数。funcPtr 是一个指向函数的指针，该函数接收一个整数参数并返回 void。在 executeFunction() 函数体内，程序通过“ funcPtr (number);”调用了通过函数指针传递的函数，并将 number 作为参数传递给它。

在 main() 函数中，程序调用了 executeFunction() 函数，并将整数 10 和 printInt() 函数的地址作为参数传递给它。注意：由于函数名（在这里是 printInt）在大多数上下文中都会自动转换为指向该函数的指针，因此不需要使用 & 来获取它的地址。

当 executeFunction() 被调用时，它会执行 printInt() 函数，并打印出传入的数字 10。

运行程序，结果如图 6－16 所示。

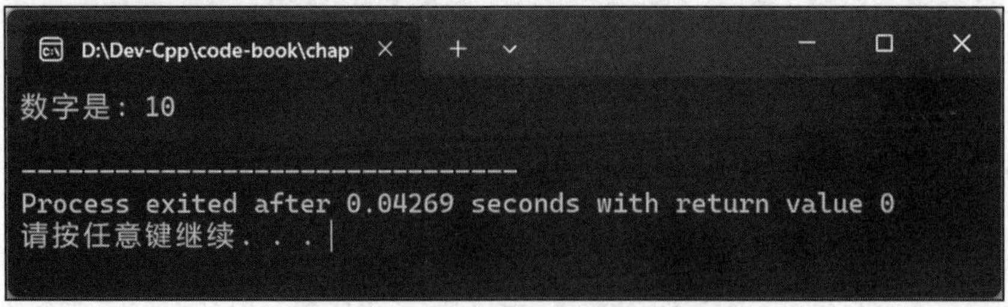

图 6－16　例 6－13 程序运行结果

这种将函数指针作为参数传递的技术增加了代码的灵活性和可重用性，因为它允许在不同的上下文中使用相同的函数框架来执行不同的操作。

6.4.4 函数指针数组

函数指针数组是一种特殊的数组，其元素是指向函数的指针。这种数组允许存储多个函数的地址，并在需要时遍历数组来调用这些函数。这在实现命令行工具、事件处理器、状态机等场景中非常有用。下面举例演示函数指针数组，如例 6 - 14 所示。

例 6 - 14 函数指针数组

```
1   #include <stdio.h>
2   //定义几个函数，它们具有相同的返回类型和参数列表
3   void func1()
4   {
5       printf("func1 被调用 \n");
6   }
7   void func2()
8   {
9       printf("func2 被调用 \n");
10  }
11  void func3()
12  {
13      printf("func3 被调用 \n");
14  }
15  int main()
16  {
17      //定义一个函数指针数组，该数组的元素是指向无参数、返回 void 的函数指针
18      void (*funcArray[])() = {func1, func2, func3};
19      //遍历数组并调用每个函数
20      int i;
21      for (i = 0; i < sizeof(funcArray) / sizeof(funcArray[0]); i++)
22      {
23          funcArray[i](); //调用函数指针指向的函数
24      }
25      return 0;
26  }
```

例 6 - 14 中，func1()、func2() 和 func3() 是三个简单的函数，它们不接收任何参数并返回 void。第 18 行代码定义了一个名为 funcArray 的函数指针数组，该数组的元素是指向不接收任何参数并返回 void 的函数指针。首先，使用花括号 {} 来初始化数组，将 func1()、func2() 和 func3() 的地址赋给数组的每个元素。然后，使用一个 for 循环来遍历 funcArray 数组。在循环体中，通过 “funcArray[i]();” 来调用当前索引 i 对应的函数指针指向的函数。由于函数指针数组中的每个元素都指向一个具有相同返回值类型和参数列表的函数，因此可以在不知道具体调用哪个函数的情况下遍历数组并调用这些函数。

注意，在 C 语言中，当声明一个函数指针数组时，需要指定函数指针所指向的函数

的类型。在例 6 - 14 中，指定了一个不接收任何参数并返回 void 的函数的类型。如果想要存储具有不同返回值类型和参数列表的函数的地址，需要为每种类型的函数定义不同的函数指针类型，并在函数指针数组中混合使用这些类型（这通常不是最佳实践，因为它会使代码难以理解和维护）。

另外，请注意在计算数组大小时使用了 sizeof (funcArray)/sizeof (funcArray[0])。这是因为在 C 语言中，sizeof 运算符返回的是对象或类型所占用的字节数，所以可以通过将整个数组的大小除以单个数组元素的大小来计算数组中的元素数量。

运行程序，结果如图 6 - 17 所示。

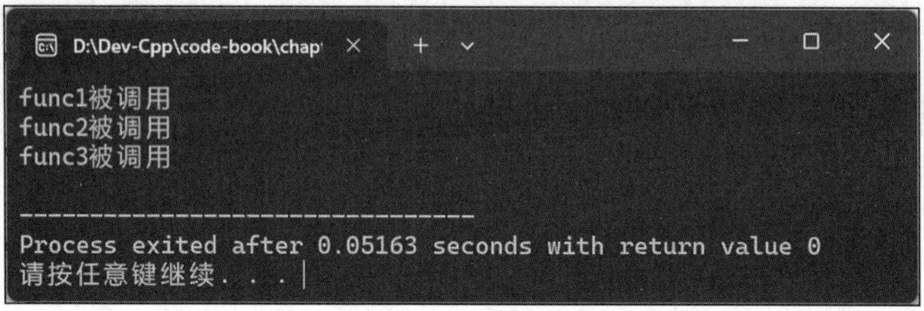

图 6 - 17　例 6 - 14 程序运行结果

6.4.5　指针作为函数返回值

在 C 语言中，指针可以作为函数的返回值。这意味着一个函数可以返回一个指向变量的指针，这样调用者就可以通过这个返回的指针来访问或修改该变量的值。这种技术在很多情况下都非常有用，如动态内存分配、错误处理（通过返回 NULL 指针表示失败），以及返回复杂数据结构（如数组或结构体）的引用等。下面举例说明指针作为函数返回值，如例 6 - 15 所示。

例 6 - 15　指针作为函数返回值

```
#include <stdio.h>
#include <stdlib.h>       //为了使用 malloc() 和 free()
//定义一个函数，它返回一个指向整数的指针
int* createInteger()
{
    //动态分配一个整数的内存空间
    int *ptr = (int*)malloc(sizeof(int));
    if (ptr == NULL)
    {
        //如果内存分配失败，则返回 NULL
        return NULL;
    }
    //初始化整数的值为 10
    *ptr = 10;
```

```
    //返回指向整数的指针
    return ptr;
}
int main()
{
    //调用函数并接收返回的指针
    int *myInteger = createInteger();
    if (myInteger != NULL)
    {
        //如果指针不是 NULL，则通过指针访问并打印整数的值
        printf(" 值 : %d\n", *myInteger);
        //使用完毕后，释放分配的内存
        free(myInteger);
    }
    else
    {
        //如果指针是 NULL，则打印错误信息
        printf(" 内存分配失败 \n");
    }
    return 0;
}
```

例 6－15 中，createInteger() 函数动态地分配了一个整数的内存空间，并将其初始化为 10。然后，它返回了一个指向这个整数的指针。在 main() 函数中，程序调用了 createInteger() 函数，并接收了返回的指针。通过检查这个指针是否为 NULL，可以确定内存分配是否成功。如果成功，就通过引用指针来访问并打印整数的值。最后，使用 free() 函数来释放之前分配的内存，以避免内存泄漏。

需要注意的是，当函数返回指向局部变量的指针时，会导致未定义行为，因为局部变量在函数返回后会被销毁。这就是为什么在上述示例中使用 malloc() 来动态分配内存。这样，程序就可以在函数外部通过返回的指针来访问这块内存了。然而，这也意味着调用者有责任在适当的时候释放这块内存。

运行程序，结果如图 6－18 所示。

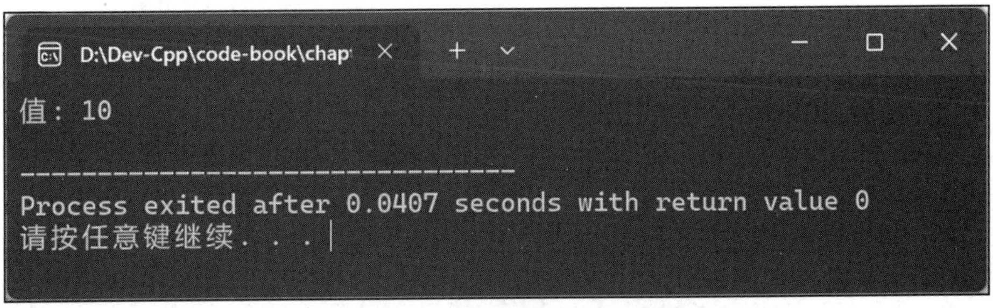

图 6－18　例 6－15 程序运行结果

6.5 二级指针

在C语言中，二级指针（也称为指针的指针）是一个存储了指针地址的指针。换句话说，它是一个指向指针的变量。这种结构在处理指针数组、动态分配的多维数组、链表等复杂数据结构时非常有用。C语言中二级指针的语法规范相对直接，它主要遵循C语言指针的一般规则，但增加了一层间接性。二级指针的声明涉及两个星号（**），这表示它是一个指向指针的指针，示例如下：

```
int **pptr;                    //pptr 是一个指向 int 类型指针的指针
```

以上示例中的pptr是一个二级指针，它可以存储一个指向int类型指针的地址。换句话说，它指向一个int*类型的变量。

给二级指针赋值时，需要确保给它的是一个指针的地址，而这个指针本身又指向了某种数据类型。例如：

```
int value = 35;
int *ptr = &value;             //ptr 是一个指向 int 的指针
int **pptr = &ptr;             //pptr 是一个指向 ptr 的指针（即二级指针）
```

要访问二级指针指向的值，需要使用两次取值操作符（*）。示例如下：

```
printf("%d\n", **pptr);        //输出 value 的值，即 35
```

以上示例中，**pptr首先取pptr存储的值得到ptr，然后取ptr存储的值，得到value的值。二级指针pptr、指针ptr、变量value之间的关系如图6-19所示。

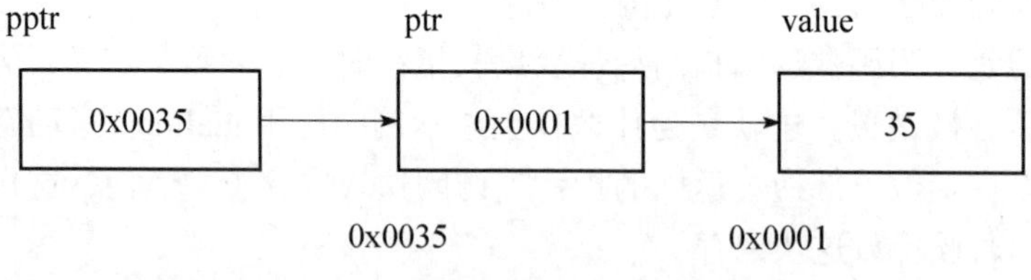

图6-19　二级指针、指针、变量之间的关系

二级指针的使用逻辑可以推广到更高维度的指针，但因为指针本身就比较复杂，且涉及内存的直接使用，故在实际编程中，应尽量避免高维指针的应用。下面通过程序演示二级指针的用法，如例6-16所示。

例6-16　二级指针的用法

```
#include <stdio.h>
int main() {
    int value = 10;
    int *ptr = &value;  //ptr 是一个指向 int 类型的指针
```

```
5       int **pptr = &ptr; //pptr 是一个指向 ptr 的指针，即二级指针
6       //通过 pptr 访问 value
7       printf("通过二级指针访问值：%d\n", **pptr);      //输出 10
8       //修改 ptr 指向的值
9       **pptr = 20;
10      printf("通过二级指针修改后的值：%d\n", value);   //输出 20
11      return 0;
12  }
```

例 6－16 中第 3～5 行代码分别定义了 int 型变量 value、一级指针 ptr、二级指针 pptr，其中一级指针存储变量 value 的地址，二级指针 pptr 存储一级指针 ptr 的地址。第 7 行代码通过二级指针获取访问变量 value 的值，使用双重取值运算符（**），第 9、10 行代码通过二级指针修改变量 value 的值为 20 并打印。运行程序，结果如图 6－20 所示。

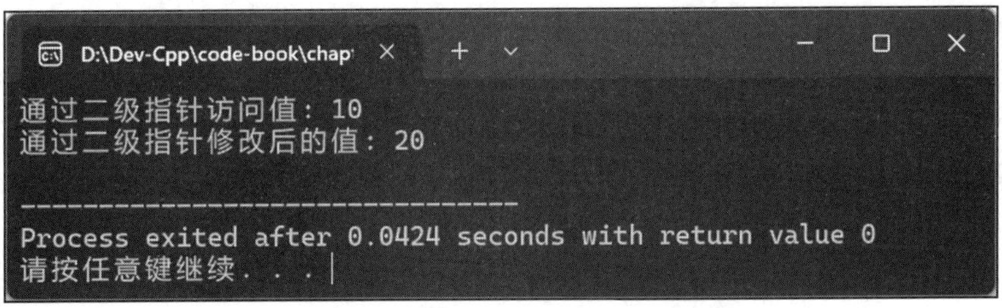

图 6－20　例 6－16 程序运行结果

6.6 主函数参数

在 C 语言中，主函数［main() 函数］是程序执行的入口点。main() 函数可以没有参数，但标准 C 语言允许 main() 函数带有两个参数，这两个参数提供了关于程序启动时的命令行参数的信息。这些参数在程序与操作系统交互时特别有用，如当程序需要从命令行接收输入时。

main() 函数的这两个参数通常定义如下：

```
int main(int argc, char *argv[])
{
    //程序代码
    return 0;
}
```

以上语法中参数功能如下：

- argc：这是一个整数，表示传递给程序的命令行参数的数量。至少为 1，因为第一个参数（argv[0]）是程序的名称或路径。

- argv：这是一个指向字符指针数组的指针，其中每个元素都是一个指向 NULL 终止的字符串的指针，这些字符串包含了传递给程序的命令行参数。第一个参数（argv[0]）是程序的名称或路径，随后的参数是程序启动时从命令行传递给程序的参数。

虽然 main() 函数有参数列表，但 main() 函数并不直接支持将自定义指针作为参数，因为 main() 函数的参数是由操作系统在程序启动时设定的，用于传递命令行参数。

6.7 动态内存管理

在程序中定义变量时，编译器会主动为变量分配存储空间，但此时分配的空间是固定的。当无法提前确认所需空间大小时，提前指定要分配的空间，可能会出现两种情况：其一为分配空间不足，导致数据溢出，或数据无法存储；其二为空间过大，造成空间浪费。例如，要存储一组数组，根据之前学习的内容，只能提前尽量大地规定数组的长度，但这种方式并不灵活。

为解决这一问题，C 语言支持动态内存管理，允许程序在运行时根据需要分配和释放内存。若内存不足，C 语言还可以动态地扩充内存，这一功能通过头文件 stdlib.h 中的几个函数来实现；另外，C 语言的头文件 string.h 中定义了一些函数用于操作内存空间。下面将详细解释这些函数的作用和用法。

6.7.1 内存空间申请

C 语言中常用的内存申请函数有 malloc()、calloc()、realloc()，这些函数都定义在头文件 stdlib.h 中。

1. malloc() 函数

malloc() 函数是 C 语言标准库中的一个函数，用于动态分配内存。它的全称是 memory allocation，即内存分配。当需要在程序运行时为变量或数据结构分配一定大小的内存空间时，就可以使用 malloc() 函数。malloc() 函数的原型如下：

```
void* malloc(size_t size);
```

malloc() 函数的参数 size 是需要分配的内存大小（以字节为单位）；内存开辟成功时，返回一个指向分配的内存块的指针；内存开辟失败时，返回 NULL 指针。因为 malloc() 函数返回一个 void* 类型的指针，所以它可以被转换为任何其他类型的指针。但是，在转换之前，需要知道如何使用这块内存。下面举例演示 malloc() 函数的用法，如例 6－17 所示。

例 6－17　malloc() 函数应用

```
#include <stdio.h>
```

```
2   #include <stdlib.h>
3   int main() {
4       int *ptr, i;
5       int n = 0;                          //用于设置需要存储的数据数量
6       scanf("%d", &n);
7       //使用 malloc() 分配内存
8       ptr = (int*)malloc(n * sizeof(int));
9       if (ptr == NULL)
10      {
11          //处理内存分配失败的情况
12          printf(" 内存分配失败 \n");
13          return 1;
14      }
15      //使用分配的内存
16      for (i = 0; i < n; i++)
17      {
18          ptr[i] = i * i;             //示例：存储平方数
19      }
20      //打印结果
21      for (i = 0; i < n; i++)
22      {
23          printf("%d ", ptr[i]);
24      }
25      //释放内存
26      free(ptr);
27      return 0;
28  }
```

例 6－17 用于动态开辟 int 类型的内存空间，并存储数据。第 6 行代码通过 scanf() 函数，在程序运行后确认需要存储的数据数量 n；第 8 行代码根据数据数量 n 动态申请内存空间；第 9 ～ 14 行代码用于判断内存申请情况，若 malloc() 返回值为 NULL，说明内存分配失败，此时结束程序，若返回值不为 NULL，则继续向下执行程序；第 26 行代码调用 free() 函数释放使用 malloc() 函数申请的内存。

使用 malloc() 函数时需要注意：

（1）检查返回值：在使用 malloc() 分配的内存之前，应该检查它是否返回了 NULL。如果 malloc() 返回 NULL，表示内存分配失败，这通常是因为系统内存不足。

（2）类型转换：虽然 malloc() 返回一个 void* 类型的指针，但在大多数情况下，需要将它转换为适当的类型。在 C 语言中，这种转换是隐式的，但在 C++ 中是必需的。例 6－17 中显式地进行了类型转换 (int*)，但在纯 C 代码中，这种转换是可选的。

（3）内存释放：使用完 malloc() 分配的内存后，应该使用 free() 函数将其释放回堆中。不释放内存会导致内存泄漏，即程序占用的内存量不断增加，最终可能导致系统资源耗尽。

（4）避免重复释放：不要对同一个内存块调用 free() 函数多次，这会导致未定义行为，通常是程序崩溃。

（5）内存对齐：malloc() 分配的内存块会按照系统的内存对齐要求来对齐，这有助于提高内存访问的效率。但是，这也意味着分配的内存块可能比请求的大小稍大一些。

运行程序，输入整数 5，结果如图 6－21 所示。

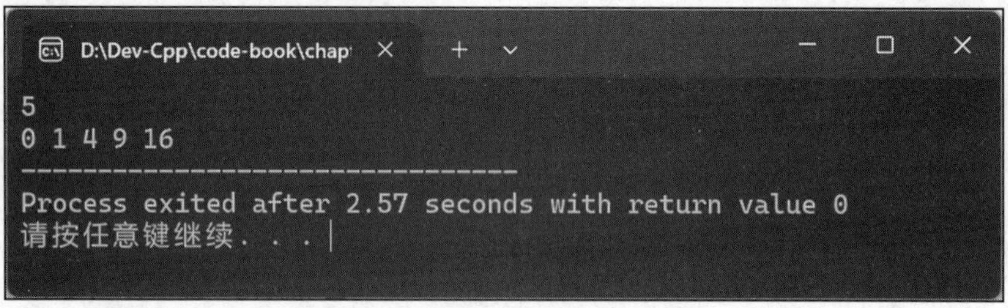

图 6－21　例 6－17 程序运行结果

2. calloc() 函数

calloc() 函数用于动态分配内存，并自动将分配的内存初始化为 0。与 malloc() 函数类似，它也用于动态分配内存，但它在分配内存的同时进行了初始化，使得新分配的内存块中的所有位都被设置为 0。calloc() 函数原型如下：

```
void* calloc(size_t num, size_t size);
```

calloc() 函数的参数 num 为需要分配的元素数量，size 是每个元素需要分配的内存大小（以字节为单位）；内存开辟成功时，返回一个指向分配的内存块的指针；内存开辟失败时，返回 NULL 指针。

calloc() 函数通常用于需要分配一组零初始化的数据结构的场景。它会自动处理内存分配和初始化，使得程序更加简洁和安全。calloc() 函数用法示例如例 6－18 所示。

例 6－18　calloc() 函数应用

```
#include <stdio.h>
#include <stdlib.h>
int main() {
    int *ptr, i;
    int n = 0;                    //用于设置需要存储的数据数量
    scanf("%d", &n);
    //使用 calloc() 分配内存
    ptr = (int*)calloc(n, sizeof(int));
    if (ptr == NULL)
    {
        //处理内存分配失败的情况
        printf(" 内存分配失败 \n");
```

```
        return 1;
    }
    //使用分配的内存
    for (i = 0; i < n; i++)
    {
        ptr[i] = i * i;         //示例：存储平方数
    }
    //打印结果
    for (i = 0; i < n; i++)
    {
        printf("%d ", ptr[i]);
    }
    //释放内存
    free(ptr);
    return 0;
}
```

例 6－18 使用 calloc() 函数实现了与例 6－17 同样的功能。与 malloc() 函数的应用类似，calloc() 函数在应用时同样需要注意检查返回值、内存释放、避免重复实现，以及内存对齐问题。另外，虽然 calloc() 函数提供了自动初始化的便利，但在某些情况下，如果不需要将内存初始化为 0，使用 malloc() 函数可能会更有效率，因为 calloc() 函数需要额外的时间来初始化内存。当然，这种差异通常很小，并且在许多情况下可以忽略不计。

总的来说，calloc() 函数是 C 语言中用于动态分配并初始化内存的一个非常有用的工具，它简化了内存管理的复杂性，并提高了程序的安全性。

3. realloc() 函数

realloc() 函数用于重新分配之前已经分配的内存块的大小，其函数原型如下：

```
void* realloc(void* ptr, size_t newSize);
```

realloc() 函数的参数 ptr 是指向之前已经分配的内存块的指针，这个内存块应该是通过 malloc()、calloc() 或 realloc() 函数分配的，如果 ptr 是 NULL，则 realloc() 函数的行为类似于 malloc() 函数，分配一个新的内存块；参数 newSize 是新的内存块的大小（以字节为单位）。

如果 realloc() 函数成功重新分配了内存块，则返回一个指向新的内存块的指针，这个指针应该被用来访问新的内存块；如果 realloc() 函数无法重新分配内存块（如因为系统内存不足），则返回 NULL。在这种情况下，原来的内存块不会被释放，因此原有的数据仍然有效，但需要通过原来的指针访问。

使用 realloc() 函数时通常需要注意：

（1）检查返回值：在使用 realloc() 函数分配的内存之前，应该检查它是否返回了 NULL。如果 realloc() 函数返回 NULL，表示内存重新分配失败，此时原有的内存块仍然有效，但不应再尝试通过 realloc() 函数返回的指针访问它。

（2）内存移动：如果 realloc() 函数需要扩展内存块，并且原来的内存块后面没有足够的连续空间，则 realloc() 函数可能会将内存块移动到堆上的另一个位置。在这种情况下，realloc() 函数返回的指针将指向新的内存位置，而原来的指针将变得无效。因此，在调用 realloc() 函数后，应该总是使用它返回的指针来访问内存块。

（3）内存释放：如果 realloc() 函数成功调用，并且不再需要原来的内存块［如因为 realloc() 函数返回了新的内存位置］，则应该使用 free() 函数来释放原来的内存块，以避免内存泄漏。但是，请注意，在 realloc() 函数成功并返回新指针后，应该立即使用新指针来替换旧指针，并在之后只使用新指针来访问内存块。

（4）缩容：如果 newSize 小于原始内存块的大小，realloc() 函数可能会减少内存块的大小，但具体行为取决于实现。有些实现可能会原地缩容（如果可能），而有些实现则可能会分配一个新的、更小的内存块，并将原始数据复制过去。无论哪种情况，都应该使用 realloc() 函数返回的指针来访问新的内存块。

（5）未初始化内存：如果 newSize 大于原始内存块的大小，则新分配的内存区域（即原始内存块大小之外的区域）不会被初始化，其内容是未定义的。因此，在访问这些区域之前，应该显式地初始化它们。

总之，realloc() 函数是 C 语言中用于动态调整内存块大小的一个非常有用的工具，但在使用时需要注意上述事项，以确保程序的正确性和稳定性。

6.7.2 内存空间释放

C 语言中通过 free() 函数实现内存空间释放，该函数定义在头文件 stdlib.h 中。free() 函数用于释放之前通过 malloc()、calloc() 或 realloc() 函数分配的内存块，总是与这三个函数成对使用。free() 函数的原型如下：

```
void free(void* ptr);
```

free() 函数的参数 ptr 指向要释放的内存块的指针，这个指针必须是之前通过 malloc()、calloc() 或 realloc() 函数成功分配并返回的指针。free() 函数没有返回值。

使用 free() 函数时有以下事项需要注意：

（1）free() 函数只能释放动态分配的内存：free() 函数只能用于释放通过 malloc()、calloc() 或 realloc() 函数分配的内存块。尝试释放栈上分配的内存（如局部变量）或已经释放的内存将导致未定义行为，通常是程序崩溃。

（2）避免重复释放：不要对同一个内存块调用 free() 函数多次。一旦内存块被释放，其对应的指针就变成了“悬空指针”（即指向一个不再有效的内存位置的指针），再次对该指针调用 free() 函数会导致未定义行为。

（3）释放后重置指针：虽然 free() 函数不会将指针设置为 NULL，但将已释放的指针设置为 NULL 是一个好习惯。这有助于避免悬空指针问题，并使代码更易于维护和理解。

（4）内存泄漏：如果分配了内存但没有释放，就会发生内存泄漏。随着时间的推移，内存泄漏可能会导致程序使用的内存量不断增加，最终可能导致系统资源耗尽。

（5）交叉释放：在多线程程序中，需要特别注意不要从一个线程释放另一个线程分配的内存。这可能会导致竞态条件和其他同步问题。

（6）内存对齐和碎片：虽然 free() 函数本身不直接涉及内存对齐或碎片管理，但了解这些概念对于编写高效的 C 程序是有帮助的。内存对齐可以提高内存访问的效率，而内存碎片则是由于频繁分配和释放小块内存而导致的未使用内存区域。

free() 函数的用法规范如下：

```
#include <stdio.h>
#include <stdlib.h>
int main()
{
    int *ptr = (int*)malloc(sizeof(int) * 10);    //分配 10 个整数的内存
    if (ptr == NULL) {
        printf("Memory allocation failed\n");
        return 1;
    }
    //... 使用 ptr 指向的内存块 ...
    free(ptr);                                     //释放内存
    ptr = NULL;                                    //重置指针为 NULL，防止悬空指针
    return 0;
}
```

以上示例中，首先分配了一个足够存储 10 个整数的内存块，并在使用完毕后通过 free() 函数释放了它。最后，将指针重置为 NULL 以避免悬空指针问题。

6.7.3　内存空间操作

在 C 语言中，memset()、memcpy()、memmove() 和 memcmp() 函数是四个与内存操作紧密相关的标准库函数，它们都定义在 string.h 头文件中。尽管这些函数的名称可能让人误以为它们只与字符串操作有关，但实际上它们被设计用于更通用的内存块操作。下面是对这些函数的简要说明。

1. memset() 函数

memset() 函数的原型如下：

```
void *memset(void *s, int c, size_t n);
```

memset() 函数的功能是将 s 指向的内存块的前 n 个字节的值都设置为 c，一般用于 malloc() 函数之后，以初始化申请的内存空间。这里的 c 被当作无符号字符（unsigned char）处理，其值被扩展到 int，但函数只关心其最低 8 位（即一个字节）。memset() 函数的参数功能如下：

- s：指向要填充的内存块的指针。
- c：要设置的值（虽然参数类型为 int，但只使用其最低字节）。
- n：要设置的字节数。

memset() 函数返回指向 s 的指针。

2. memcpy() 函数

memcpy() 函数的原型如下：

```
void *memcpy(void *dest, const void *src, size_t n);
```

memcpy() 函数的功能是从 src 指向的内存地址复制 n 个字节到 dest 指向的内存地址。这两个内存块不能重叠。memcpy() 函数的参数功能如下：

- dest：指向目标内存块的指针。
- src：指向源内存块的指针。
- n：要复制的字节数。

memcpy() 函数返回指向 dest 的指针。

3. memmove() 函数

memmove() 函数的原型如下：

```
void *memmove (void *dest, const void *src, size_t n);
```

memmove() 函数的功能与 memcpy() 函数类似，但它能正确处理源内存块和目标内存块重叠的情况。如果 src 和 dest 指向的内存区域重叠，memmove() 函数会确保正确地复制数据。memmove() 函数的参数功能与 memcpy() 函数相同：

- dest：指向目标内存块的指针。
- src：指向源内存块的指针。
- n：要复制的字节数。

memmove() 函数返回指向 dest 的指针。

4. memcmp() 函数

memcmp() 函数的原型如下：

```
int memcmp (const void *s1, const void *s2, size_t n);
```

memcmp() 函数的功能是比较 s1 和 s2 指向的内存块的前 n 个字节，其参数 s1、s2 为指向要比较的内存块的指针，参数 n 为要比较的字节数。memcmp() 函数的返回值功能如下：

- 如果 memcmp() 函数参数 s1 和 s2 的前 n 个字节完全相同，则返回 0；
- 如果在前 n 个字节内发现不同，则返回两个不同字节的差值（按无符号字符处理），且如果 s1 中对应位置的字节小于 s2 中的字节，则返回负值；如果大于，则返回正值。

以上这四个函数是 C 语言中进行内存操作的基本工具，它们在处理二进制数据、数组、结构体等方面非常有用。然而，由于它们直接操作内存，因此在使用时需要格外小心，以避免缓冲区溢出、越界访问等安全问题。

任务实现

下面将实现基于指针及动态内存分配的学生成绩（包含 ID、姓名、成绩等信息）管理系统。在这个程序中，将利用指针存储学生成绩信息，并随着学生成绩信息的增加，动态地管理内存空间，如例 6-19 所示。

例 6-19　学生成绩管理系统之信息存储进阶

```
#include <stdio.h>
#include <stdlib.h>
#include <string.h>
//分配一个学生信息块的大小(ID + 成绩 + 姓名)
size_t allStuBlockSize()
{
    return sizeof(int) + sizeof(float) + 50;
}
//添加学生信息
void addStu(void ***students,
  int *count, int id, const char *name, float score)
{
    //分配新的学生信息块
    void *newBlock = malloc(allStuBlockSize());
    if (!newBlock) {
        printf("内存分配失败\n");
        exit(EXIT_FAILURE);
    }
    //填充新数据
    int *idPtr = (int *)newBlock;
    float *scorePtr = (float *)((char *)newBlock + sizeof(int));
    char *namePtr = (char *)((char *)newBlock
      + sizeof(int) + sizeof(float));

    *idPtr = id;
    *scorePtr = score;
    strcpy(namePtr, name);
    //添加到学生数组中
    *students = realloc(*students, (*count + 1) * sizeof(void *));
    if (!*students) {
        free(newBlock);
        printf("内存分配失败\n");
        exit(EXIT_FAILURE);
    }
    (*students)[*count] = newBlock;
    (*count)++;
}

//打印学生信息
void printStus(void **students, int count)
```

```
41  {
42      int i;
43      for (i = 0; i < count; i++) {
44          int *idPtr = (int *)students[i];
45          float *scorePtr = (float *)((char *)students[i] + sizeof(int));
46          char *namePtr = (char *)((char *)students[i]
47            + sizeof(int) + sizeof(float));
48
49          printf("ID: %d, 姓名 : %s, 成绩 : %.2f\n",
50            *idPtr, namePtr, *scorePtr);
51      }
52  }
53
54  //释放学生信息内存
55  void freeStus(void **students, int count) {
56      int i;
57      for (i = 0; i < count; i++) {
58          free(students[i]);
59      }
60  }
61
62  int main() {
63      void **stus = NULL;
64      int count = 0;
65
66      //初始添加 3 条学生信息
67      addStu(&stus, &count, 1, " 张三 ", 90.5);
68      addStu(&stus, &count, 2, " 李四 ", 85.0);
69      addStu(&stus, &count, 3, " 陈武 ", 92.0);
70
71      //打印当前学生信息
72      printStus(stus, count);
73
74      //释放内存
75      freeStus(stus, count);
76
77      return 0;
78  }
```

例 6－19 代码中有 5 个主要的部分，下面逐一分析。

1. 分配学生信息块的大小

例 6－19 第 5 ～ 8 行代码设计了 allStuBlockSize() 函数，如下：

```
size_t allStuBlockSize()
{
    return sizeof(int) + sizeof(float) + 50;
}
```

这个函数计算了一个学生信息块所需的总字节数。这里，它假设 ID 是一个整数（int），成绩是一个浮点数（float），而姓名是一个固定长度为 50 的字符数组（尽管实际上是通过指针和字符串操作来处理的，但预留的空间是 50 个字节）。

2. 添加学生信息

例 6－19 中第 10 ～ 37 行代码定义了添加学生信息的函数，其声明如下：

```
void addStu(void ***students,
 int *count, int id, const char *name, float score)
```

这个函数负责使用 malloc() 函数创建一个新的学生信息块，使用类型转换和指针算术来填充这个学生信息块的 ID、成绩和姓名部分，并使用 realloc() 函数将其添加到一个动态增长的数组中，如果失败，它会释放新分配的学生信息块并退出程序。同时，该函数使用三级指针（void ***students）来修改指向学生信息指针数组的指针本身，因为数组的大小可能会变化，并更新学生信息指针数组 students 和学生计数 count。

3. 打印学生信息

例 6－19 中第 40 ～ 52 行代码定义了打印学生信息的函数，其声明如下：

```
void printStus(void **students, int count)
```

这个函数遍历学生信息指针数组，并使用与之前相同的指针算术来访问和打印每个学生的 ID、姓名和成绩。

4. 释放学生信息内存

第 55 ～ 60 行代码定义了释放学生信息内存的函数，其声明如下：

```
void freeStus(void **students, int count)
```

这个函数遍历学生信息指针数组，并释放每个学生的内存。值得注意的是，它只释放了学生信息块本身，而没有释放指向这些学生信息块的指针数组（因为这不是在这个函数或这个程序的上下文中分配的）。注意，在 main() 函数中，由于 stus 是一个指向局部栈变量的指针，因此不需要（也不应该）释放它。

5. 主函数

在例 6－19 的主函数中，程序首先初始化了学生信息指针数组（实际上是一个指向 void 指针的指针，开始时为 NULL）和学生计数。然后，它添加了三个学生的信息，并打印了它们。最后，它释放了所有学生信息块的内存。

另外值得注意的是，例 6－19 使用了指针算术在单个内存块内访问不同的数据字段，这是由于目前学习的知识有限，在后续的任务中将学习更加灵活高效的数据类型——结构体，届时不同字段的访问将由编译器主动处理。尽管这里使用了 void ** 和 void *** 来处理通用指针，但在实际使用中需要确保类型安全，即确保通过这些指针访问的数据类型与预期的类型相匹配。

运行程序，结果如图 6-22 所示。

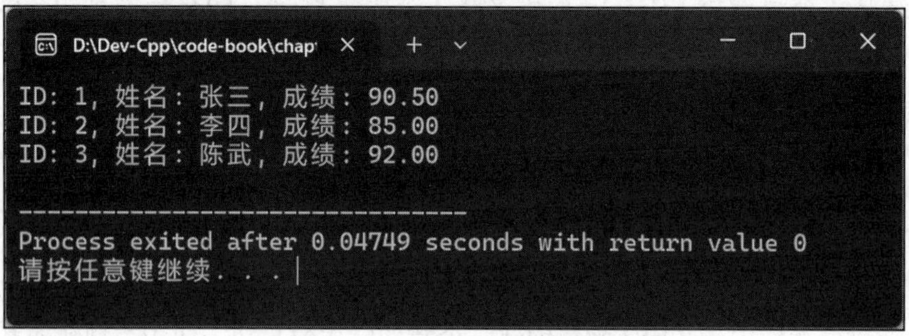

图 6-22　例 6-19 程序运行结果

任务拓展

利用指针、动态分配知识，实现图书信息（图书编号、书名、价格）的存储，如例 6-20 所示。

例 6-20　图书信息动态存储

```
#include <stdio.h>
#include <stdlib.h>
#include <string.h>
// 分配一个图书信息块的大小 ( 图书编号 + 书名 + 价格 )
size_t allBookBlockSize()
{
    return sizeof(int)  + 50 + sizeof(float);
}
// 添加图书信息
void addBook(void ***bookdents,
  int *count, int id, const char *b_name, float score)
{
    // 分配新的图书信息块
    void *newBlock = malloc(allBookBlockSize());
    if (!newBlock) {
        printf(" 内存分配失败 \n");
        exit(EXIT_FAILURE);
    }
    // 填充新数据
```

```
    int *idPtr = (int *)newBlock;
    float *b_pricePtr = (float *)((char *)newBlock + sizeof(int));
    char *b_namePtr = (char *)((char *)newBlock + sizeof(int) + sizeof(float));
    *idPtr = id;
    *b_pricePtr = score;
    strcpy(b_namePtr, b_name);
    //添加到图书数组中
    *bookdents = realloc(*bookdents, (*count + 1) * sizeof(void *));
    if (!*bookdents) {
        free(newBlock);
        printf(" 内存分配失败 \n");
        exit(EXIT_FAILURE);
    }
    (*bookdents)[*count] = newBlock;
    (*count)++;
}
//打印图书信息
void printBooks(void **bookdents, int count)
{
    int i;
    for (i = 0; i < count; i++) {
        int *idPtr = (int *)bookdents[i];
        float *b_pricePtr = (float *)((char *)bookdents[i] + sizeof(int));
        char *b_namePtr = (char *)((char *)bookdents[i]
          + sizeof(int) + sizeof(float));

        printf(" 编号 : %d, 书名 : %s, 价格 : %.2f\n",
          *idPtr, b_namePtr, *b_pricePtr);
    }
}
//释放图书信息内存
void freeBooks(void **bookdents, int count) {
    int i;
    for (i = 0; i < count; i++) {
        free(bookdents[i]);
    }
}
int main() {
    void **books = NULL;
    int count = 0;
    //初始添加 3 条图书信息
    addBook(&books, &count, 1, " 三体 1", 90.5);
    addBook(&books, &count, 2, " 三体 2", 85.0);
```

```
    addBook(&books, &count, 3, "三体3", 92.0);
    //打印当前图书信息
    printBooks(books, count);
    //释放内存
    freeBooks(books, count);

    return 0;
}
```

运行程序，结果如图 6-23 所示。

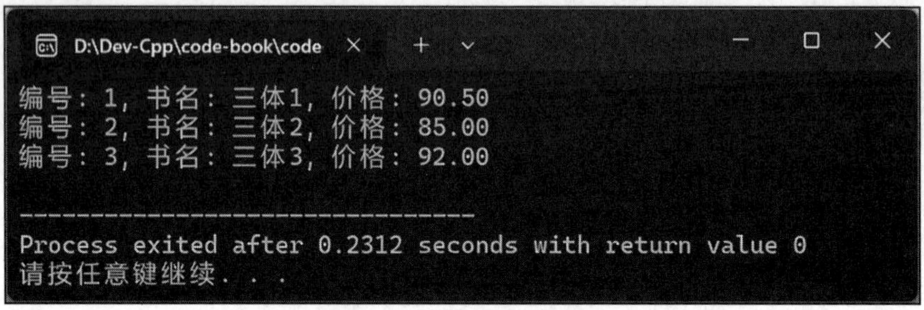

图 6-23　例 6-20 程序运行结果

习题

一、填空题

1. C 语言中专门有一种变量用于存放其他变量的地址，这种变量称为________。
2. 指针的加减运算实质上是在内存中移动某个数据类型所占的________。
3. 在 C 语言中，有一个特殊的运算符可以获取内存地址，该运算符是________。
4. 当使用指针指向一个函数时，这个指针就称为________。
5. 指向指针的指针被称为________。

二、判断题

1. 指针变量实际上存储的并不是具体的值，而是变量的内存地址。（　　）
2. 数组名中存放的是数组内存中的首地址。（　　）
3. 使用字符指针和字符数组来存储字符串时，二者没有区别。（　　）
4. 函数指针可以作为函数参数。（　　）
5. 如果希望程序中的数据不能被修改或者防止非法篡改，可以使用 const 来修饰指针变量。（　　）

三、选择题

1. 下列选项中，关于指针的说法正确的是（　　）。

A. 指针是用来存储变量值的类型
B. 指针类型只有一种
C. 指针变量可以与整数进行相加或相减
D. 指针不可以指向函数

2. 下列选项中，(　　) 是取址符。

A. * B. & C. # D. $

3. 下列选项中，(　　) 不属于指针变量 p 的常用运算。

A. p ++ B. p * 1 C. p -- D. p + 2

4. 下列关于指针变量的描述中，不正确的是（　　）。

A. 在没有对指针变量赋值时，指针变量的值是不确定的
B. 同类指针类型可以进行相减操作
C. 在使用没有赋值的指针变量时，不会出现任何问题
D. 可以通过指针变量来取得它指向的变量值

5. 下列选项中，关于字符指针的说法正确的是（　　）。

A. 字符指针实际上存储的是字符串首元素的地址
B. 字符指针实际上存储的是字符串中所有元素的地址
C. 字符指针与字符数组的唯一区别是字符指针可以进行加减运算
D. 字符指针实际上存储的是字符串常量值

四、简答题

1. 请简述指针的概念和作用。
2. 请简述数组指针和指针数组的作用和区别。

五、编程题

1. 编写一个程序，实现对两个整数值的交换。

提示：

（1）定义一个方法实现交换功能，该方法接收两个指针类型的变量作为参数。

（2）在控制台输出交换后的结果。

2. 编写一个程序，实现对字符串的拷贝操作。

提示：

（1）定义一个函数 copystr()，该函数有两个形参 form1、form2，形参类型为字符指针。

（2）在 main() 函数中定义两个字符数组 str1、str2，分别为其赋值为“Hello World”“I am Chinese”。

（3）在 main() 函数中调用 copystr() 函数来将 str1 中的值复制，并赋值给 str2。

（4）在控制台输出复制后的 str1 与 str2 的值。

任务7 学生成绩管理系统之数据类型进阶

任务目标

知识目标 1

- 掌握结构体类型与变量的定义及初始化；
- 掌握结构体变量的引用、操作方法；
- 掌握结构体与数组、指针、函数等结合使用方法；
- 掌握联合体变量的定义与引用、操作方法；
- 理解结构体与联合体的内存分配机制。

技能目标 2

- 能够使用结构体定义和管理学生信息；
- 能够使用结构体数组存储和访问多个学生信息；
- 能够使用结构体指针动态管理学生信息，并实现信息的添加、删除、修改和查询；
- 能够使用链表实现学生信息的动态存储和管理，并可以方便地进行插入和删除操作；
- 能够使用联合体节省内存空间；
- 能够使用枚举类型和自定义类型来提高代码的可读性和可维护性。

素养目标 3

- 培养逻辑思维能力，能够根据实际需求设计数据结构；
- 培养问题解决能力，能够运用不同的数据类型解决实际问题；
- 培养编码规范性，能够编写清晰、易读、可维护的代码；
- 培养团队合作能力，能够在团队项目中与其他成员协作完成项目开发。

任务描述

微课

任务 7 学生成绩管理系统之数据类型进阶

以学生成绩管理系统为例，分析如何使用结构体、结构体数组、结构体指针、链表、联合体、枚举类型来优化代码结构，提高系统性能和可维护性。

知识储备

本任务将继续完善学生成绩管理系统，并深入学习 C 语言中的数据类型进阶知识，以便更好地组织和管理学生信息。我们将使用结构体、结构体数组、结构体指针、链表、联合体、枚举类型和自定义类型等数据类型来构建更复杂的数据结构，以提高系统的效率和可扩展性。

7.1 结构体与结构体数组

在现实生活中，经常会遇到这样的问题，几个数据之间有着密切的联系，它们用来描述一个事物的不同属性，但它们并不属于同一数据类型。这样，我们就可以用一个单一变量来表示和处理一组相关联的数据，而不是分别处理每一个数据项。简单来说，在 C 语言中，结构体就像是一个“容器”，它可以把多个不同类型的数据项组合在一起，形成一个新的数据类型。

7.1.1 结构体的定义

在 C 语言中，结构体（Structure）是一种自定义、构造类型的数据类型，允许将多个不同类型的数据项组合成一个单一类型，因此这种类型的变量所占内存的大小是它所包含的成员所占内存大小的和。在程序设计中，使用结构体类型时，首先要对结构体类型的组成进行描述，结构体类型的定义方式如下所示：

```
struct 结构体名称
{
    数据类型  成员名 1;
    数据类型  成员名 2;
    ……
    数据类型  成员名 n;
};
```

结构体的基本语法包括定义和声明两部分。定义结构体时，需要使用 struct 关键字，后跟结构体名称和结构体成员的列表。成员列表中的每个成员可以是不同的数据类型，成员之间用分号分隔。

结构体在表示和处理具有复杂数据结构的信息时非常有用，如表示学生的信息，包括姓名、年龄、成绩等，代码如下所示：

```
struct Student {
    char name[50];
    int age;
    float score;
};
```

7.1.2 结构体变量的初始化

在 C 语言程序中使用结构体类型的数据时，需要定义结构体类型的变量，并在其中存放具体的数据。下面是定义结构体变量的三种方式。

1. 先定义结构体类型，再定义结构体变量

在定义结构体类型后，就可以定义结构体变量了，定义结构体变量的语法格式如下所示：

```
struct  结构体类型名称 结构体变量名 ;
```

例如：

```
struct student stu1, stu2;
```

上述示例定义了结构体类型变量 stu1 和 stu2，这时变量 stu1 和 stu2 具有了结构体特征，它们各自存储了一组基本类型的变量，具体如图 7-1 所示。

stu1:	202309010	Lishangjie	F	23	Shandong
stu2:	202309090	Wangxiaoyan	M	23	Shanxi

图 7-1 变量 stu1、stu2 的存储结构

从图 7-1 中可以看出，变量 stu1 和 stu2 分别占据了一块连续的内存空间。

2. 在定义结构体类型的同时，定义结构体变量

该方式的作用与第一种方式相同，其语法格式如下所示：

```
struct 结构体类型名称
{
    数据类型   成员名 1;
    数据类型   成员名 2;
    ……
    数据类型   成员名 n;
} 结构体变量名列表 ;
```

例如：

```
struct student
{
    int num;
    char name[20];
    char sex;
} stu1, stu2;
```

上述代码在定义结构体类型 student 的同时，也定义了结构体类型变量 stu1 和 stu2。其中，变量 stu1 和 stu2 中包含的成员的数据类型都是一样的。

3. 直接定义结构体变量

除了上述两种方式外，我们还可以直接定义结构体变量，其语法格式如下所示：

```
struct
{
    数据类型  成员名 1;
    数据类型  成员名 2;
    …
    数据类型  成员名 n;
} 结构体变量名列表 ;
```

例如：

```
struct
{
    int num;
    char name[20];
    char sex;
} stu1, stu2;
```

上述代码同样定义了结构体变量 stu1 和 stu2，但采用这种方式定义的结构体没有类型名称，我们称之为匿名结构体。

微课

结构体变量的引用

7.1.3　结构体变量的引用

定义并初始化结构体变量的目的是使用结构体变量中的成员。在 C 语言中，结构体变量不能整体引用，只能引用变量成员。引用结构体变量中一个成员的方式如下所示：

```
结构体变量名 . 成员名 ;
```

例如，下列语句用于引用结构体变量 stu1 中 num 成员：

```
stu1.num;
```

为了帮助读者更好地掌握结构体变量的使用，接下来通过一个案例来输出结构体变量中所有成员的值，如例 7－1 所示。

例 7－1　结构体变量的引用

```
#include <stdio.h>
#include <stdlib.h>
struct Student
{
    char name[50];
    int age;
};
void main()
{
    struct Student s = {"Zhang San", 23};
     s.age = 24;
    printf("%s %d\n", s.name, s.age);
}
```

运行程序，结果如图 7－2 所示。

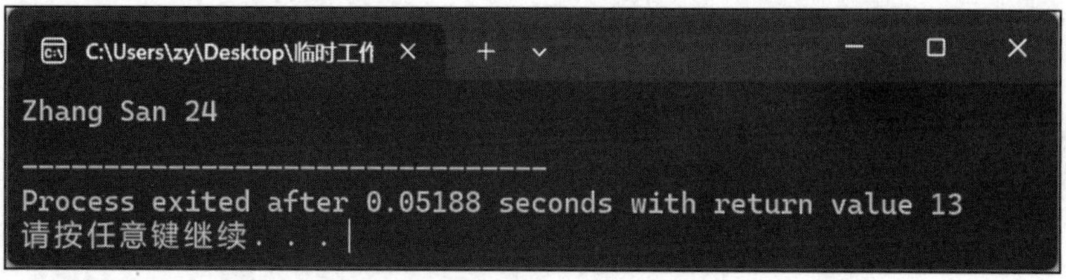

图 7－2　例 7－1 程序运行结果

7.1.4　结构体数组的定义

数组的元素可以是任意类型的数据。如果数组元素是结构体类型的数据，那么这种数组就是结构体数组。结构体数组的每一个元素具有相同结构体类型，可以通过下标获得其中任意一个元素。在实际应用中，经常用结构体数组来表示具有相同数据结构的一个群体，如某个年级的学生信息、某个单位的职工信息等。其实，从某种意义上来讲，结构体数组就相当于一张二维表，一个表的框架对应的就是某种结构体类型，表中的每一列对应该结构体的成员，表中每一行信息对应该结构体数组元素各成员的具体值，表中的行数对应结构体数组的大小。

与结构体变量的定义相似，结构体数组的定义也有三种方式。例如，需要定义一个包含 10 个优秀学生的获奖信息的结构体数组。

1. 先定义结构体类型，后定义结构体数组

具体示例如下：

```
struct Student {
```

```
    char name[50]; // 学生姓名
    char class[20]; // 学生班级
    char award[50]; // 获得的奖项
};
struct Student stus[10];
```

2. 在定义结构体类型的同时，定义结构体数组

具体示例如下：

```
struct Student {
    char name[50];
    char class[20];
    char award[50];
} stus[10];
```

3. 直接定义结构体数组

具体示例如下：

```
struct {
    char name[50];
    char class[20];
    char award[50];
} stus[10];
```

7.1.5 结构体数组的初始化

在 C 语言中，结构体数组的赋值通常发生在声明数组时，或者在数组声明之后对数组中的每个元素进行单独赋值。结构体数组的引用指的是访问数组中的元素及它们的成员变量，可以通过数组索引和成员访问操作符 (.) 来引用结构体数组成员的特定成员变量。例如，对优秀学生的获奖信息的 Student 结构体进行初始化和引用操作。

1. 初始化赋值

在声明结构体数组的同时，可以使用初始化列表对数组中的每个元素进行赋值。初始化列表是一个由花括号（{}）包围的值列表，每个值对应数组中的一个元素。具体示例如下：

```
struct Student students[3] = {
    {"张三", "1 班", "数学竞赛一等奖"},
    {"李四", "2 班", "物理竞赛二等奖"},
    {"王五", "1 班", "化学竞赛一等奖"}
};
```

2. 单独赋值

除了初始化赋值外，还可以在数组声明之后，对数组中的每个元素进行单独赋值。通常通过循环或直接赋值完成，具体示例如下：

```
struct Student students[3];
students[0].name = " 张三 ";
students[0].class = "1 班 ";
students[0].award = " 数学竞赛一等奖 ";
//... 对其他元素进行赋值 ...
```

7.1.6 结构体数组的引用

要引用结构体数组的元素，我们可以使用数组索引。数组索引从 0 开始，表示数组的第一个元素。

```
struct Student students[3];
//引用第一个学生
struct Student firstStudent = students[0];
```

引用了数组中的一个元素，就可以使用点操作符 (.) 来访问该结构体元素的成员变量。

```
//打印第一个学生的姓名
printf(" 姓名 : %s\n", students[0].name);
```

结构体数组的定义与使用，如例 7－2 所示。

例 7－2　结构体数组的定义与使用

```
#include <stdio.h>

//定义 Student 结构体
struct Student {
    char name[50]; //学生姓名
    char class[20]; //学生班级
    char award[50]; //获得的奖项
};

int main() {
    //定义并初始化一个包含 10 名优秀学生的结构体数组
    struct Student excellentStudents[10] = {
        {" 张三 ", "1 班 ", " 数学竞赛一等奖 "},
        {" 李四 ", "2 班 ", " 物理竞赛二等奖 "},
        {" 王五 ", "1 班 ", " 化学竞赛一等奖 "},
        {" 赵六 ", "3 班 ", " 英语演讲比赛冠军 "},
        {" 钱七 ", "2 班 ", " 编程挑战赛优胜奖 "},
        {" 孙八 ", "3 班 ", " 科技创新大赛一等奖 "},
        {" 周九 ", "1 班 ", " 文学创作比赛一等奖 "},
        {" 吴十 ", "2 班 ", " 艺术表演特等奖 "},
```

```
            {"郑十一", "3班", "体育运动会金牌"},
            {"冯十二", "1班", "科学知识竞赛冠军"}
        };
        //打印优秀学生名单
        printf("优秀学生名单:\n");
        int i;
        for (i = 0; i < 10; ++i) {
            printf("姓名: %s, 班级: %s, 奖项: %s\n",
                   excellentStudents[i].name,
                   excellentStudents[i].class,
                   excellentStudents[i].award);
        }
        return 0;
    }
```

运行程序，结果如图 7-3 所示。

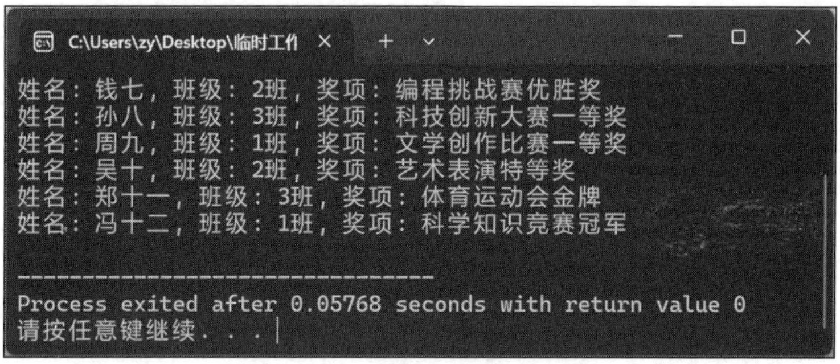

图 7-3 例 7-2 程序运行结果

7.2 结构体指针与结构体数组指针

结构体指针和结构体数组指针都是指向结构体的指针，结构体指针和结构体数组指针在 C 语言中都是常用的指针类型。结构体指针用于动态访问单个结构体变量，而结构体数组指针用于访问整个结构体数组。

7.2.1 结构体指针的定义与引用

结构体指针是一种特殊类型的指针，它用于存储结构体变量的内存地址。结构体指针的使用为访问和操作结构体成员提供了更灵活的方式。与直接使用结构体变量相比，结构体指针在参数传递、动态内存分配等方面具有明显优势。结构体指针的主要用途包括：通过指针访问结构体成员、传递结构体参数及动态创建结构体实例。其语法格式如下：

```
struct 结构体名 *指针变量名;
```

1. 定义结构体指针

定义结构体指针的步骤通常分为两步：首先定义结构体类型，然后声明结构体指针。

```
struct Student {
    char name[50]; //学生姓名
    int age;        //学生年龄
    float score;    //学生成绩
};
struct Student *ptr;
```

在这里，ptr 是一个指向 Student 结构体的指针。它本身不包含结构体的数据，而是用于指向一个 Student 类型的结构体变量。

2. 初始化结构体指针

结构体指针在声明后可以初始化为指向一个具体的结构体变量。

```
struct Student stu = {"张三", 20, 90.5};
struct Student *ptr = &stu; //ptr 指向 stu 的地址
```

3. 引用结构体指针

对于指针型结构体变量来说，一般通过“->”操作符来访问其成员，其语法格式如下：

```
printf("姓名: %s\n", ptrStudent->name); //使用箭头操作符访问结构体成员
```

接下来通过一个案例来演示结构体指针的用法，如例 7-3 所示。

例 7-3　引用结构体指针

```
#include <stdio.h>
//定义一个结构体类型
struct Student {
    char name[50];
    int age;
    float score;
};
int main() {
    //声明并初始化一个结构体变量
    struct Student student = {"张三", 20, 90.5};
    //声明一个指向结构体变量的指针
    struct Student *ptr;
    //将结构体变量的地址赋值给指针
    ptr = &student;
    printf("姓名: %s\n", ptr->name);
```

```
        printf(" 年龄 : %d\n", ptr->age);
        printf(" 成绩 : %.1f\n", ptr->score);
    }
```

运行程序，结果如图 7 - 4 所示。

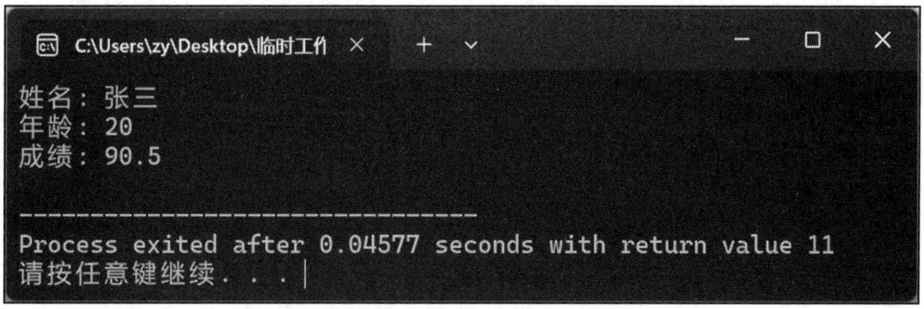

图 7 - 4 例 7 - 3 程序运行结果

7.2.2 结构体数组指针的定义与引用

结构体数组指针是指向结构体数组第一个元素的指针。与单个结构体指针不同，结构体数组指针指向的是一个结构体数组的集合。使用结构体数组指针可以方便地遍历数组中的所有结构体元素，并且在函数参数传递时，可以避免复制整个数组。

1. 定义结构体数组指针

首先定义结构体数组类型，然后声明一个指向该结构体数组的指针，其语法格式如下：

```
struct Student {
    char name[50];
    int age;
    float score;
};
struct Student (*ptrStuArray)[3];
```

2. 初始化结构体数组指针

初始化结构体数组指针通常是指将其设置为指向一个已存在的结构体数组，其语法格式如下：

```
struct Student students[3]; // 声明一个结构体数组
struct Student (*ptrStuArray)[3] = &students; // 初始化指针指向该数组
```

3. 引用结构体数组指针

可使用 (*ptrStudentArray)[0] 引用 ptrStudentArray 指针并访问数组的第一个元素，然后使用点操作符 (.) 来访问该元素的 name 成员。

```
printf(" 姓名 : %s\n", (*ptrStuArray)[0].name);
// 引用指针并使用数组索引访问成员
```

接下来通过一个案例来演示结构体数组指针的用法，如例 7－4 所示。

例 7－4　结构体数组指针的用法

```
#include <stdio.h>

// 定义一个结构体类型
struct Student {
    char name[50];
    int age;
    float score;
};

int main() {
    // 声明并初始化一个结构体数组
    struct Student students[10] = {
        {" 张三 ", 20, 90.5},
        {" 李四 ", 21, 92.0},
        {" 王五 ", 19, 98.3},
        // ... 其他学生信息 ...
    };

    // 声明一个指向结构体数组的指针
    struct Student (*ptrStudentArray)[10];

    // 将结构体数组的地址赋值给指针
    ptrStudentArray = &students;

    // 遍历结构体数组，通过指针引用每个学生的信息
    int i;
    for (i = 0; i < 10; ++i) {
        printf(" 姓名 : %s, 年龄 : %d, 成绩 : %.1f\n",
               (*ptrStudentArray)[i].name,
               (*ptrStudentArray)[i].age,
               (*ptrStudentArray)[i].score);
    }

    return 0;
}
```

运行程序，结果如图 7－5 所示。

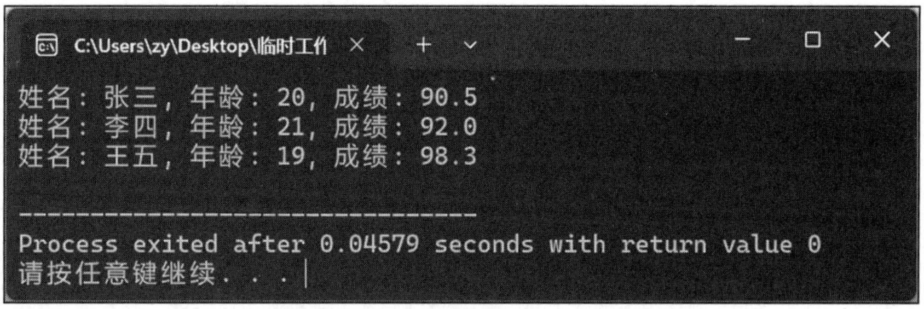

图 7-5　例 7-4 程序运行结果

7.3 结构体作为函数的参数与返回值

结构体不仅可以作为函数的参数传递，也可以作为函数的返回值，函数的形参、返回值位置都允许出现和结构体相关的数据。

7.3.1 结构体作为函数的参数

当需要将结构体中的数据传递给其他函数进行处理，结构体作为函数的参数时，主要采用两种传递方式：值传递和指针传递。

1. 值传递

值传递意味着将结构体的一个完整副本传递给函数。在函数内部，对这个副本进行的任何修改都不会影响原始的结构体数据。这种方式适用于结构体较小，且函数不需要修改原始数据的情况。

结构体变量作为函数参数的用法与普通变量类似，都需要保证调用函数的实参类型和被调用函数的形参类型相同。结构体变量作为函数参数时，也是值传递，被调函数中改变结构体成员变量的值，主调函数不受影响。

值传递，主要有以下三种形式：

（1）如果此结构体成员是简单变量，则被调用函数对应的形参应该是同类型的简单变量。

（2）如果此结构体成员是变量的地址，刚被调用函数对应的形参应该是指针变量。

（3）如果此结构体成员是数组或指向数组的指针，则被调用函数对应的形参应该是数组名或指针。

接下来通过一个案例来演示值传递的用法，如例 7-5 所示。

例 7-5　值传递的用法

```
#include <stdio.h>

//定义一个结构体类型来表示学生的成绩
struct StudentScore {
```

```
    char name[50];
    float scores[3]; //假设每个学生有 3 门课的成绩
};

//函数声明
float sumScores(struct StudentScore student);

int main() {
    //创建一个学生成绩结构体数组
    struct StudentScore students[3] = {
        {" 张三 ", 85.5, 90.0, 88.0},
        {" 李四 ", 92.0, 80.0, 70.2},
        {" 王五 ", 88.0, 95.5, 76.5}
    };

    //调用函数计算每个学生的成绩总和
    int i;
    for (i = 0; i < 3; ++i) {
        float totalScore = sumScores(students[i]);
        printf(" 学生 %s 的成绩总和为 : %.2f\n", students[i].name, totalScore);
    }

    return 0;
}

//函数定义
float sumScores(struct StudentScore student) {
    float total = 0.0;
    int i;
    for (i = 0; i < 3; ++i) {
        total += student.scores[i];
    }
    return total;
}
```

上述程序的运行结果如图 7－6 所示。

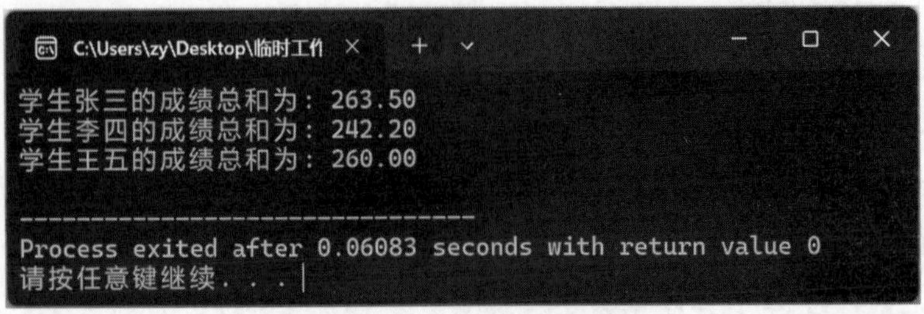

图 7－6　例 7－5 程序运行结果

2. 指针传递

指针传递是将结构体的地址传递给函数。函数通过这个地址可以访问并修改原始的结构体数据。这种方式适用于结构体较大，或者函数需要修改原始数据的情况。

接下来通过一个案例来演示指针传递的用法，如例 7－6 所示。

例 7－6　指针传递的用法

```c
#include <stdio.h>
//定义一个结构体类型用于表示学生成绩
struct StudentScore {
    char name[50];
    float score;
};
//函数声明
void modifyScore(struct StudentScore score); //值传递
void modifyScoreByPointer(struct StudentScore *score); //指针传递

int main() {
    //创建一个结构体变量用于表示学生成绩
    struct StudentScore studentScore = {"张三", 85.5};
    //值传递示例
    printf("传值之前：姓名 = %s，分数 = %.1f\n", studentScore.name, studentScore.score);
    modifyScore(studentScore);
    printf("传值之后：姓名 = %s，分数 = %.1f\n", studentScore.name, studentScore.score);
    //指针传递示例
    printf("指针传递之前：姓名 = %s，分数 = %.1f\n", studentScore.name, studentScore.score);
    modifyScoreByPointer(&studentScore);
    printf("指针传递之后：姓名 = %s，分数 = %.1f\n", studentScore.name, studentScore.score);
    return 0;
}
//函数定义
void modifyScore(struct StudentScore score) {
    score.score = 100; //假设学生考了满分
}
void modifyScoreByPointer(struct StudentScore *score) {
    (*score).score = 100; //假设学生考了满分
}
```

上述程序的运行结果如图 7－7 所示。

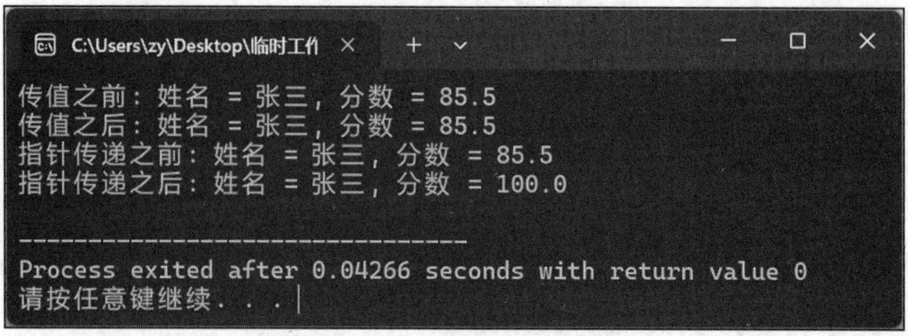

图 7-7　例 7-6 程序运行结果

7.3.2　结构体作为函数的返回值

结构体也可以作为函数的返回值，这样可以直接返回多个数据。需要注意的是，当结构体较大时，返回结构体会增加函数调用的开销，因此需要根据实际情况选择合适的方式。下面通过案例演示使用结构体作为函数的返回值计算成绩等级，如例 7-7 所示。

例 7-7　使用结构体作为函数的返回值计算成绩等级

```
#include <stdio.h>
#include <stdlib.h>
#include <string.h>

//定义一个结构体类型来表示学生
struct Student {
    char Grade[50]; //成绩等级
    char name[50];  //姓名
    int age;        //年龄
    float score;    //分数
};

//函数声明
struct Student get_student_grade(float score);

int main() {
    //假设的分数
    float score = 85.0;

    //调用函数并打印结果
    struct Student stu = get_student_grade(score);
    printf("姓名 : %s\n", stu.name);
```

```
    printf("年龄：%d\n", stu.age);
    printf("分数：%.2f\n", stu.score);
    printf("成绩等级：%s\n", stu.Grade); //修改为 %s 来打印字符串

    return 0;
}

//函数定义
struct Student get_student_grade(float score) {
    struct Student stu;
    strcpy(stu.name, "张三"); //使用 strcpy() 赋值字符串
    stu.age = 23;
    stu.score = score;

    if (score >= 90) {
        strcpy(stu.Grade, "优秀");
    } else if (score >= 80) {
        strcpy(stu.Grade, "良好");
    } else if (score >= 60) {
        strcpy(stu.Grade, "及格");
    } else {
        strcpy(stu.Grade, "不及格");
    }

    return stu;
}
```

上述程序的运行结果如图 7－8 所示。

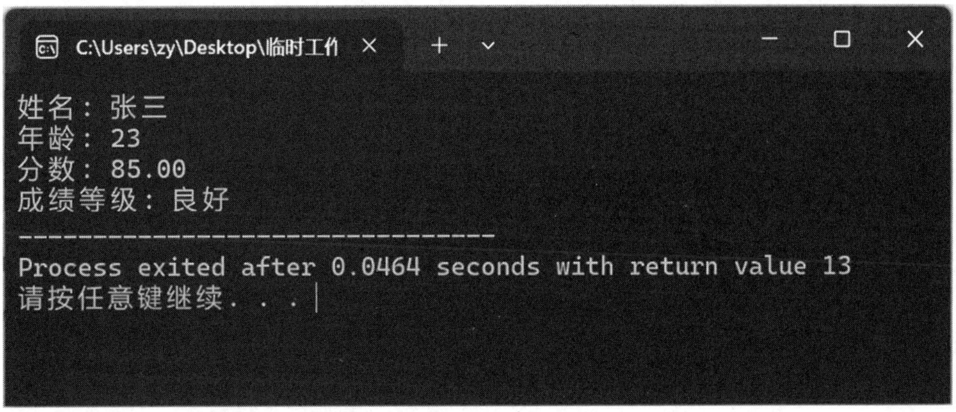

图 7－8　例 7－7 程序运行结果

7.4 链表

在现实生活中，当我们需要处理一系列有序或无序的元素，并且这些元素的数量可能会动态变化时，链表就成为一个非常有用的数据结构。链表通过节点（Node）的集合来表示这些元素，每个节点都包含数据部分和指向列表中下一个（或前一个，或两者）节点的指针部分。

7.4.1 链表的基本概念与分类

链表是一种常见的数据结构，用于存储一系列元素。与数组不同，链表中的元素（称为节点）在内存中不必连续存储。相反，每个节点包含两部分：一部分用于存储数据（数据域），另一部分包含指向列表中下一个（或前一个，或两者）节点的指针（指针域）。这种结构使得链表具有高度的灵活性，可以动态地增长和缩小，而无需在内存中连续分配或释放大量空间。

链表有几种常见的类型：

1. 单向链表（Single Linked List）

每个节点只包含一个指向列表中下一个节点的指针。访问链表中的元素通常需要从头节点开始，依次遍历整个链表。

2. 双向链表（Double Linked List）

每个节点包含两个指针，分别指向前一个节点和下一个节点。这使得从链表的任何位置开始向前或向后遍历都变得容易。

3. 循环链表（Circular Linked List）

在这种链表中，最后一个节点指向链表的第一个节点（对于单向循环链表）或最后一个节点同时指向前一个节点，并且第一个节点的前一个指针指向最后一个节点（对于双向循环链表），形成一个环。

4. 非循环链表（Non-Circular Linked List）

链表的最后一个节点的指针域为NULL，表示链表结束。其特点在于链表中的节点不形成循环引用。非循环链表可以是单向的或双向的，本书主要讨论非循环单向链表。

链表的主要优点包括动态内存分配、高效的插入和删除操作（特别是在链表中间或开头位置时），以及可以存储任意类型的数据。然而，链表也存在一些缺点，包括相对于数组较高的内存开销（因为需要存储额外的指针）及较慢的随机访问性能（需要从头节点开始遍历）。

7.4.2 创建静态链表

静态链表通过数组来模拟链表的行为，其中数组的每个元素都包含数据和指向下一个元素的索引（或下标）。由于静态链表不直接使用指针，所以它的元素通常包括两部分：一部分是数据域（用于存储数据，如学生的成绩），另一部分是游标（用于存储下一个元素的索引）。

在主函数外，先创建结构体类型，代码如下：

```
struct int_node {
    int val;
    struct int_node *next; //next 是结构体指针变量，指向下一个结构体变量
};
```

在主函数中，创建头指针变量 head，指针变量 p 和结构体变量 a、b、c，代码如下：

```
struct int_node *head,*p,a,b,c;
```

对结构体变量 a、b、c 的 val 成员分别赋值 256、257、31，代码如下：

```
a.val = 256;
b.val = 257;
c.val = 31;
```

将结构体变量 a 的起始地址赋给头指针变量 head，结构体变量 b 的起始地址赋给结构体变量 a 的 next 成员，将结构体变量 c 的起始地址赋给结构体变量 b 的 next 成员，为结构体变量 c 的 next 成员赋值为 NULL，具体代码如下：

```
head = &a;
a.next = &b;
b.next = &c;
c.next = NULL;                    //指向空
```

到这一步，已经创建好了链表。指针变量 head 指向结构体变量 a 的地址，然后通过 a.next 指向结构体变量 b 的地址，再通过 b.next 指向结构体变量 c 的地址，最后 c.next 指向空。这样就将 3 个结构体变量串联起来，形成了链表，其数据结构如图 7－9 所示。

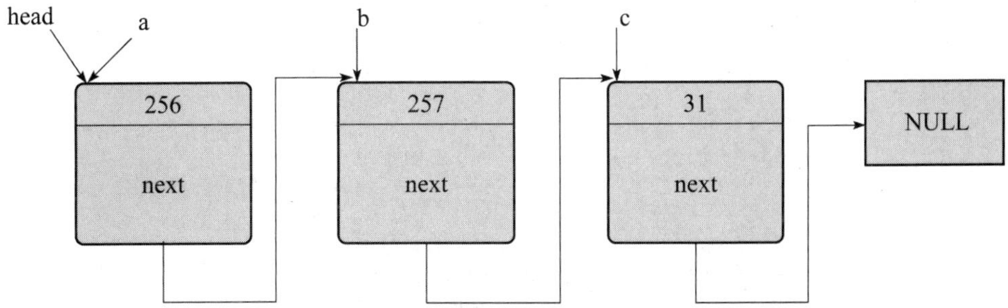

图 7－9　链表数据结构

下面进行遍历链表操作，先将指针变量 p 指向链表的首地址，代码如下：

```
p = head;
```

从头到尾对链表进行访问，依次输出链表中 val 的值，代码如下：

```
do {
    printf("%d\n",p->val);
 p = p->next;
}
while(p! = NULL);
```

接下来通过学生成绩单演示静态链表的用法，如例 7-8 所示。

例 7-8　静态链表的用法

```
#include <stdio.h>
#include <string.h>

#define MAX_SIZE 100                    //假设静态链表的最大长度为 100

//静态链表的节点结构
typedef struct {
    int score;                          //学生成绩
    int next;                           //下一个节点的索引，-1 表示空
} StaticListNode;

//静态链表的结构
typedef struct {
    StaticListNode data[MAX_SIZE];      //存储链表节点的数组
    int head;                           //头节点的索引，-1 表示链表为空
    int free;
//空闲节点的起始索引，-1 表示没有空闲节点
} StaticLinkList;

//初始化静态链表
void InitList(StaticLinkList *list) {
    int i;
    for (i = 0; i < MAX_SIZE - 1; i++) {
        list->data[i].next = i + 1;
    //初始化每个节点的 next 为下一个节点的索引
    }
    list->data[MAX_SIZE - 1].next = -1;
    //最后一个节点的 next 设置为 -1，表示链表结束
    list->head = -1; //初始时链表为空
    list->free = 0;  //第一个节点作为空闲节点的开始
}

//在静态链表中添加学生成绩
```

```
int AddStudent(StaticLinkList *list, int score) {
    if (list->free == -1) {                        //没有空闲节点
        return -1;
    }
    int position = list->free;                     //获取空闲节点的位置
    list->free = list->data[position].next; //更新空闲节点
    list->data[position].score = score;     //存储学生成绩
    list->data[position].next = list->head; //新节点指向原头节点
    list->head = position;                         //更新头节点为新节点
    return 0;
}

//打印静态链表中的所有学生成绩
void PrintList(StaticLinkList *list) {
    int current = list->head;
    while (current != -1) {
        printf("学生成绩：%d\n", list->data[current].score);
        current = list->data[current].next;
    }
}

int main() {
    StaticLinkList list;
    InitList(&list);

    //添加学生成绩
    AddStudent(&list, 85);
    AddStudent(&list, 92);
    AddStudent(&list, 78);

    //打印学生成绩
    PrintList(&list);

    return 0;
}
```

上述程序的运行结果如图 7 - 10 所示。

7.4.3 创建动态链表

动态单向链表是指在程序运行的过程中，从无到有地建立链表，也就是根据需要申请新节点，并将新节点从头到尾连接起来。动态单向链表比较复杂。

接下来，通过一个成绩录入的案例演示动态链表的创建，如例 7 - 9 所示。

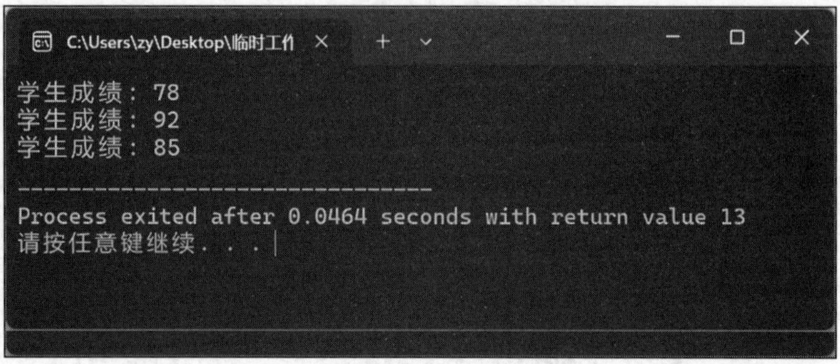

图7-10　例7-8程序运行结果

例7-9　动态链表的创建

```
#include <stdio.h>
#include <stdlib.h>
//定义链表节点结构体
typedef struct Node {
    int id;                      //学号
    float score;                 //成绩
    struct Node *next;           //指向下一个节点的指针
} Node;
//创建新节点的函数
Node *createNode(int id, float score) {
    Node *newNode = (Node *)malloc(sizeof(Node));
    if (newNode == NULL) {
        printf("内存分配失败，无法创建新节点。\n");
        return NULL;
    }
    newNode->id = id;
    newNode->score = score;
    newNode->next = NULL;
    return newNode;
}
//打印链表的函数
void printList(Node *head) {
    Node *current = head;
    while (current != NULL) {
        printf("学号：%d, 成绩：%.2f\n", current->id, current->score);
        current = current->next;
    }
}
//主函数
int main() {
    Node *head = NULL;           //链表头指针
```

```c
    int isEnd = 0;                  //标志变量，用于判断是否已经输入了 -1
    printf("欢迎使用学生成绩管理系统。\n");
    printf("请输入学生的学号和成绩（格式：学号 成绩，输入 -1 结束输入）：\n");
    while (!isEnd) {
        int id;
        float score;
        printf("请输入学号和成绩（格式：学号 成绩）：");
        if (scanf("%d %f", &id, &score) == 2 && id != -1) {
            Node *newNode = createNode(id, score);
            if (newNode == NULL) {
                printf("内存分配失败，无法创建新节点。\n");
                return 1;       //返回错误码
            }
            newNode->next = head;
            head = newNode;
        } else {
            isEnd = 1;          //输入 -1 时设置标志变量
        }
    }
    printf("输入完成，以下是学生的成绩信息：\n");
    printList(head);
    //释放链表内存
    Node *current = head;
    while (current != NULL) {
        Node *temp = current;
        current = current->next;
        free(temp);
    }
    return 0;
}
```

上述程序的运行结果如图 7－11 所示。

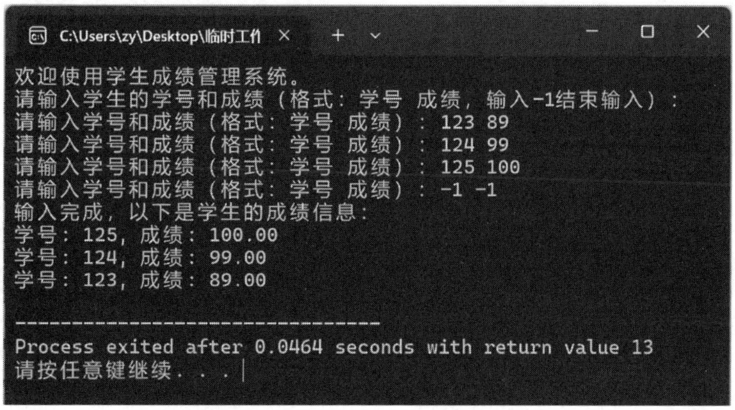

图 7－11　例 7－9 程序运行结果

7.5 联合体

联合体能够根据业务实现的需求变换存储的内容。联合体又叫共用体，是一种特殊的数据类型，它允许多个成员使用同一块内存，灵活地使用联合体可以减少程序所使用的内存。

7.5.1 联合体的定义

我们可以定义一个联合体，使其在某个时刻存储一个整型数据，而在另一个时刻存储一个字符型数据。联合体的声明方式与结构体类似，联合体类型同结构体类型一样，都属于构造类型，它在定义上与结构体类型十分相似。定义联合体类型的语法格式如下所示：

```
union 联合体类型名称
{
     数据类型   成员名1;
     数据类型   成员名2;
……
     数据类型   成员名n;
};
```

联合体变量的定义有间接定义和直接定义两种方法。

（1）先定义联合体类型，再定义联合体变量，具体示例如下：

```
union data
{
     int i;
 float j;
     char k;
};
union data x,y;
```

（2）在定义联合体类型的同时定义联合体变量，具体示例如下：

```
union data
{
     int i;
     float j;
     char k;
}x,y;
```

（3）直接定义联合体类型变量，具体示例如下：

```
union
{
    int m;
    Double x;
    char c;
}x,y;
```

上述三种方式都用于定义联合体变量 x 和 y，结构体变量的定义相同。

7.5.2 联合体变量的初始化和引用

联合体变量的初始化操作通常与声明联合体变量同时进行，或者在声明之后单独为某个成员赋值。因为联合体内存空间是共享的，因此，在联合体变量定义的同时，只能为其中一个成员的类型值进行初始化。这是因为联合体的内存空间在编译时被分配为一个成员的大小，而不是所有成员的总和。因此，一旦一个成员被初始化，其内存空间就被该成员的数据所占用，其他成员的数据将无法存储在该内存区域中，在联合体变量定义的同时，只能对其中一个成员的类型值进行初始化。联合体变量初始化的语法格式如下所示：

```
union 联合体类型名 联合体变量 ={ 其中一个成员的类型值 }
```

例如，下列语句用于对 data 类型的联合体变量 a 进行初始化。

```
union data i={256}
```

联合体变量中每个成员的引用方式与结构体完全相同，可以使用以下三种形式之一：

（1）联合体变量名 . 成员名；

（2）指针变量名 -> 成员名；

（3）(* 指针变量名）. 成员名。

联合体中的成员变量同样可参与其所属类型允许的任何操作。但在访问联合体成员时应注意，联合体变量中起作用的是最近一次存入的成员变量的值，原有成员变量的值将被覆盖。

和结构体一样，允许在两个类型相同的联合体变量之间进行赋值操作。

同结构体变量一样，联合体类型的变量可以作为实参进行传递，也可以传送联合体变量的地址。

7.5.3 联合体与结构体的区别

联合体与结构体都是由多个不同的数据类型成员组成的，但在任何同一时刻，联合体中只存放了一个被选中的成员，而结构体的所有成员都存在。在结构体中，各成员都占有自己的内存空间，它们是同时存在的。一个结构体变量的总长度等于所有成员长度之和。在联合体中，所有成员不能同时占用它们的内存空间，它们不能同时存在。联合体变量的长度等于最长的成员的长度。

对于联合体的不同成员赋值，将会对其他成员重写，原来成员的值就不存在了，而对于结构体的不同成员赋值是互不影响的。

7.6 枚举类型

如果一个变量有几种可能的值，可以把它定义成枚举类型。所谓“枚举”，顾名思义，就是把这种类型数据可取的值一一列举出来。

7.6.1 创建枚举

声明枚举类型的语法格式如下：

```
enum 枚举名 { 枚举元素列表 };
```

enum是定义枚举类型的关键字，枚举名是一个用户自定义标识符，在用一对花括号（{}）括起来的枚举值表中应罗列出所有可用值，是每个值对应的名字的列表，这些值也称为枚举元素。注意最后的分号“;”不能少。例如，列出每周的星期标识：

```
enum day {mon,tue,wed,thu,fri,sat,sun};
```

7.6.2 枚举变量

定义枚举变量常用以下三种方法。

1. 先定义枚举类型，再定义枚举变量

```
enum day {mon = 1,tue,wed,thu,fri,sat,sun};
enum day da;
```

2. 定义枚举类型的同时，定义枚举变量

```
enum day {mon = 1,tue,wed,thu,fri,sat,sun} da;
```

3. 省略枚举名称，直接定义枚举变量

```
enum {mon = 1,tue,wed,thu,fri,sat,sun} da;
```

接下来，通过一个学生成绩等级案例演示枚举的用法，如例7-10所示。

例7-10　枚举的用法

```
#include <stdio.h>

```

```c
//定义成绩等级枚举
enum Grade {
    EXCELLENT,          //优秀
    GOOD,               //良好
    AVERAGE,            //中等
    PASS,               //及格
    FAIL                //不及格
};

//定义学生结构体
struct Student {
    int id;             //学号
    char name[50];      //姓名
    float score;        //成绩
    enum Grade grade;   //成绩等级
};

//函数声明
void printStudent(struct Student student);

int main() {
    //创建一个学生结构体数组
    struct Student students[3] = {
        {1, "张三", 90.5, EXCELLENT},
        {2, "李四", 80.0, GOOD},
        {3, "王五", 70.2, AVERAGE}
    };

    //打印每个学生的信息
    for (int i = 0; i < 3; ++i) {
        printStudent(students[i]);
    }

    return 0;
}

//函数定义
void printStudent(struct Student student) {
    printf("学号：%d，姓名：%s，成绩：%.1f，等级：%s\n",
           student.id, student.name, student.score,
           student.grade == EXCELLENT ? "优秀" :
           student.grade == GOOD ? "良好" :
```

```
            student.grade == AVERAGE ? "中等" :
            student.grade == PASS ? "及格" : "不及格");
}
```

上述程序的运行结果如图 7－12 所示。

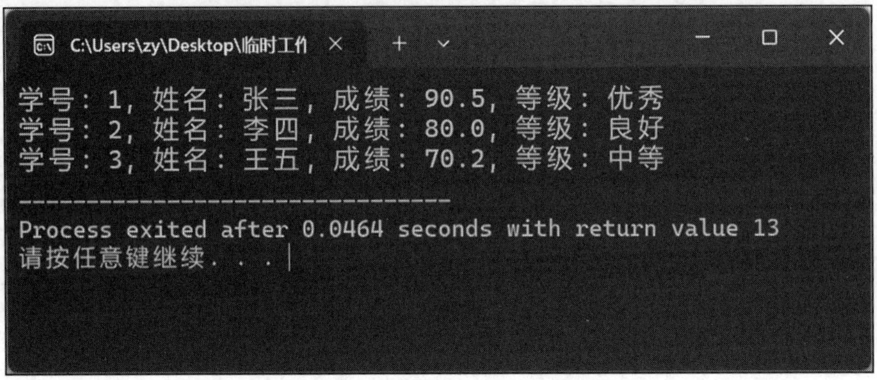

图 7－12　例 7－10 程序运行结果

任务实现

（1）学生信息管理，创建学生信息结构体，包括学号、姓名、成绩和成绩等级。初始化一个学生信息结构体数组。

（2）成绩等级管理，定义成绩等级枚举。

（3）在链表中添加学生成绩。

（4）输出成绩单，打印学生的信息，包括姓名、学号、成绩和成绩等级。

编写程序实现以上功能，如例 7－11 所示。

例 7－11　学生成绩管理系统之数据类型进阶

```
#include <stdio.h>
#include <stdlib.h>
#include <string.h>

//定义成绩等级枚举
typedef enum {
    A, B, C, D, F
} Grade;

//定义学生结构体
typedef struct Student {
    char name[50];
    char id[20];
```

```c
    float score;
    Grade grade;
    struct Student *next;     //指向下一个学生的指针
} Student;
//创建一个新学生
Student* createStudent(const char* name, const char* id, float score) {
    Student* newStudent = (Student*)malloc(sizeof(Student));
    if (!newStudent) return NULL;
    strcpy(newStudent->name, name);
    strcpy(newStudent->id, id);
    newStudent->score = score;
    //假设根据分数自动计算等级
    if (score >= 90) newStudent->grade = A;
    else if (score >= 80) newStudent->grade = B;
    else if (score >= 70) newStudent->grade = C;
    else if (score >= 60) newStudent->grade = D;
    else newStudent->grade = F;
    newStudent->next = NULL;
    return newStudent;
}
  //释放链表内存的函数
void freeStudents(Student* head) {
    Student* temp;
    while (head != NULL) {
        temp = head;
        head = head->next;     //移动到下一个节点
        free(temp);  //释放当前节点
    }
}
//向链表添加学生
void addStudent(Student** head, const char* name, const char* id, float score) {
    Student* newStudent = createStudent(name, id, score);
    if (*head == NULL) {
        *head = newStudent;
    } else {
        Student* temp = *head;
        while (temp->next != NULL) {
            temp = temp->next;
        }
        temp->next = newStudent;
    }
}
```

```c

//显示所有学生
void displayStudents(Student* head) {
    Student* temp = head;
    while (temp != NULL) {
            printf("Name: %s, ID: %s, Score: %.2f, Grade: ", temp->name, temp->id, temp->score);
        switch (temp->grade) {
            case A: printf("A\n"); break;
            case B: printf("B\n"); break;
            case C: printf("C\n"); break;
            case D: printf("D\n"); break;
            case F: printf("F\n"); break;
        }
        temp = temp->next;
    }
}

//其他函数如删除、修改学生信息可以类似地实现
int main() {
    Student* head = NULL;

    addStudent(&head, "张三", "001", 92.5);
    addStudent(&head, "李四", "002", 78.0);
    addStudent(&head, "王五", "003", 87.5);
  //显示所有学生
    displayStudents(head);

    //释放链表内存
  freeStudents(head);
    return 0;
}
```

运行程序，结果如图 7-13 所示。

```
C:\Users\zy\Desktop\未命名1.
姓名：张三，ID：001，分数：92.50，等级：A
姓名：李四，ID：002，分数：78.00，等级：C
姓名：王五，ID：003，分数：87.50，等级：B

--------------------------------
Process exited after 0.0493 seconds with return value 0
请按任意键继续. . .
```

图 7-13　例 7-11 程序运行结果

任务拓展

实现学生成绩管理系统中的成绩修改、查找、删除功能，如例 7 - 12 所示。

例 7 - 12　补充功能实现

```
#include <stdio.h>
#include <stdlib.h>
#include <string.h>

//定义学生成绩信息的结构体
typedef struct Student {
    int id;
    char name[50];
    float score;
    struct Student* next;
} Student;

//创建新节点
Student* createStudent(int id, const char* name, float score) {
    Student* newStudent = (Student*)malloc(sizeof(Student));
    newStudent->id = id;
    strncpy(newStudent->name, name, sizeof(newStudent->name) - 1);
    newStudent->name[sizeof(newStudent->name) - 1] = '\0';
                                                  //确保字符串以 NULL 结尾
    newStudent->score = score;
    newStudent->next = NULL;
    return newStudent;
}

//添加学生到链表末尾
void addStudent(Student** head, int id, const char* name, float score) {
    Student* newStudent = createStudent(id, name, score);
    if (*head == NULL) {
        *head = newStudent;
    } else {
        Student* temp = *head;
        while (temp->next != NULL) {
            temp = temp->next;
        }
        temp->next = newStudent;
    }
}

```

```c
//删除学生（按 ID）
void deleteStudent(Student** head, int id) {
    Student* temp = *head;
    Student* prev = NULL;

    if (temp != NULL && temp->id == id) {
        *head = temp->next;
        free(temp);
        return;
    }

    while (temp != NULL && temp->id != id) {
        prev = temp;
        temp = temp->next;
    }

    if (temp == NULL) return; //未找到学生

    prev->next = temp->next;
    free(temp);
}

//更新学生成绩（按 ID）
void updateStudentScore(Student* head, int id, float newScore) {
    Student* temp = head;
    while (temp != NULL && temp->id != id) {
        temp = temp->next;
    }
    if (temp != NULL) {
        temp->score = newScore;
    }
}

//查找学生（按 ID）
Student* findStudent(Student* head, int id) {
    Student* temp = head;
    while (temp != NULL && temp->id != id) {
        temp = temp->next;
    }
    return temp;
}

//打印所有学生信息
```

```c
void printStudents(Student* head) {
    Student* temp = head;
    while (temp != NULL) {
        printf("ID: %d, 姓名 : %s, 成绩 : %.2f\n", temp->id, temp->name, temp->score);
        temp = temp->next;
    }
}

//释放链表内存
void freeStudents(Student* head) {
    Student* temp;
    while (head != NULL) {
        temp = head;
        head = head->next;
        free(temp);
    }
}

int main() {
    Student* head = NULL;

    //添加学生
    addStudent(&head, 1, "张三", 85.5);
    addStudent(&head, 2, "李四", 90.0);
    addStudent(&head, 3, "王五", 78.0);

    //打印所有学生
    printf("所有学生信息 :\n");
    printStudents(head);

    //更新学生成绩
    updateStudentScore(head, 2, 92.0);
    printf("\n更新后的成绩为 :\n");
    printStudents(head);

    //查找学生
    Student* student = findStudent(head, 3);
    if (student != NULL) {
        printf("\n信息已找到 : ID: %d, 姓名 : %s, 成绩 : %.2f\n", student->id, student->name, student->score);
    } else {
        printf("学生信息未找到\n");
```

```
    }

    //删除学生
    deleteStudent(&head, 2);
    printf("\n 删除后的信息如下 :\n");
    printStudents(head);

    //释放链表内存
    freeStudents(head);

    return 0;
}
```

运行程序，结果如图 7－14 所示。

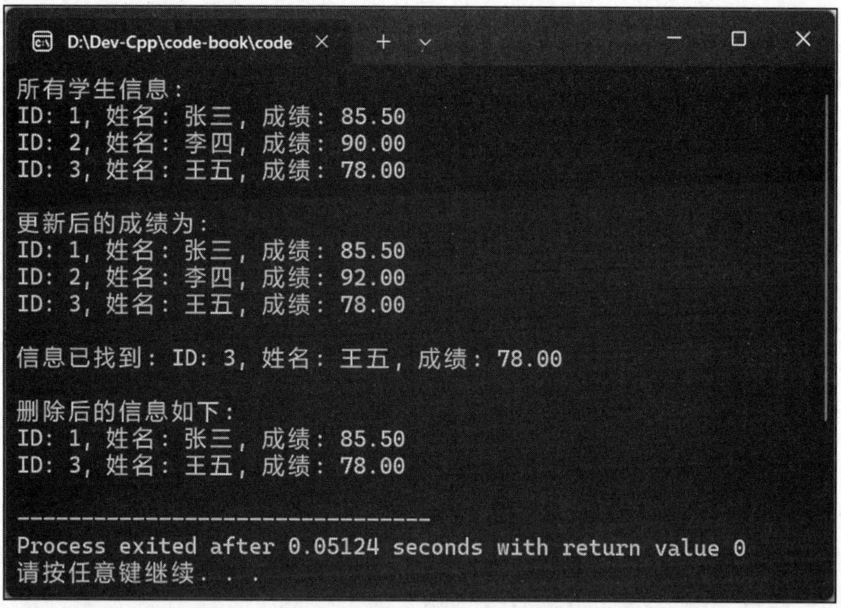

图 7－14　例 7－12 程序运行结果

习题

一、填空题

1. 在 C 语言中，定义一个结构体时，使用关键字________来开始结构体的定义，并使用花括号（{}）来包含结构体的成员。

2. 在链表中，每个节点通常包含两部分信息：一是存储数据的________部分，二是指向下一个节点的指针部分。

3. 链表分为单向链表和双向链表，其中单向链表的每个节点只含有一个指向________节点的指针。

4. 在遍历单向链表时，通常从一个名为________的指针开始，该指针指向链表的第一个节点。

5. 在双向链表中，除了存储数据和指向下一个节点的指针外，每个节点还包含一个指向________节点的指针。

二、判断题

1. 结构体数组可以包含不同类型的结构体变量。（　　）
2. 结构体指针可以同时指向多个结构体变量。（　　）
3. 结构体作为函数参数时，采用指针传递会占用更多的内存空间。（　　）
4. 链表中的每个节点必须包含一个指针域。（　　）
5. 联合体变量在定义时必须初始化至少一个成员。（　　）

三、选择题

1. 在 C 语言中，结构体数组可以通过索引来访问，如 structStudent students[10] 中 students[5] 表示第（　　）个学生的信息。

A. 5　　B. 6
C. 7　　D. 10

2. 结构体指针可以通过箭头操作符 -> 来访问结构体的成员，如 structStudent *ptr; ptr -> name 表示通过指针（　　）访问结构体变量的（　　）。

A. ptr，name　　B. ptr，ptr -> name
C. ptr -> name，name　　D. ptr -> name，ptr -> name

3. 结构体作为函数参数时，可以采用值传递或指针传递，其中值传递是传递（　　），而指针传递是传递（　　）。

A. 结构体变量的副本，结构体变量的内存地址
B. 结构体变量的内存地址，结构体变量的副本
C. 结构体变量的副本，结构体变量的副本
D. 结构体变量的内存地址，结构体变量的内存地址

4. 链表的基本概念包括链表的每个节点由数据域和指针域组成，其中数据域用于存储节点的（　　），指针域用于存储（　　）。

A. 数据，下一个节点的地址　　B. 下一个节点的地址，数据
C. 数据，指针域的值　　D. 指针域的值，数据

5. 联合体变量的内存分配方式是所有成员共享同一块内存空间，其中每个成员的大小由（　　）决定。

A. 最大成员的大小　　B. 最小成员的大小
C. 第一个成员的大小　　D. 所有成员的大小之和

四、简答题

1. 请简述结构体数组和结构体指针的区别。

2. 请简述链表的基本概念和特点。

五、编程题

1. 编写程序，创建一个包含 10 个学生的结构体数组，并为每个学生存储姓名、年龄和成绩。然后编写一个函数，该函数可以计算并返回结构体数组中所有学生的平均成绩。

2. 编写程序，创建一个动态链表，链表中包含学生的姓名和成绩，并使用子函数操作动态链表，删除链表中指定姓名的学生。

任务8 学生成绩管理系统之数据预处理

任务目标

知识目标

- 掌握不带参数与带参数的宏定义方式；
- 掌握源文件与头文件的定义，以及头文件的引入方式；
- 掌握条件编译中的常用指令。

技能目标

- 能够正确定义不带参数与带参数的宏；
- 能够正确定义源文件与头文件，并在源文件中正确引入头文件；
- 能够使用条件编译中的常用指令实现一些简单的例子。

素养目标

- 积极探索宏定义的高级应用，激发探索意识和创新精神；
- 培养模块化思维；
- 通过学习条件编译，培养灵活应变能力和适应能力。

任务描述

微课

任务8 学生成绩管理系统之数据预处理

在软件开发中，模块化与代码复用是提高开发效率与质量的关键。对于学生成绩管理系统这样的基础应用，通过合理运用C语言的宏定义、文件包含和条件编译等特性，可以构建一个既灵活又易于维护的系统。宏定义可以提高代码的可读性和可维护性；文件包含使得功能划分更加清晰；而条件编译则可以根据编译时的条件选择性地编译代码，增强系统的灵活性和适应性。本任务将学习宏定义、文件包含和条件编译，并实现学生成绩管理系统的查询学生成绩和学生总数的功能。

知识储备

在深入学习C语言的过程中，除了精通其丰富的语法结构和编程技巧外，深入理解编译过程及预处理指令同样至关重要。预处理指令，作为C语言编程中不可或缺的一部分，它们并不直接参与程序的逻辑执行，而是作为对编译器的一种指示，告诉编译器在正式编译之前需要对源代码进行哪些预处理操作。这些操作包括宏定义、文件包含、条件编译等，下面对这些操作进行介绍。

8.1 宏定义

宏定义是最常用的预处理功能之一，它用于将一个标识符定义为一个字符串。这样在源程序被编译器处理之前，预处理器会将标识符替换成所定义的字符串。根据是否带参数，可以将宏定义分为不带参数的宏定义和带参数的宏定义。下面将对不带参数的宏定义与带参数的宏定义进行介绍。

8.1.1 不带参数的宏定义

在C语言中，使用不带参数的宏定义来定义常量是一种非常常见且有用的做法。这种宏定义可以帮助我们避免在代码中直接编码具体的值，从而使代码更加易于维护和理解。不带参数的宏定义通常使用#define指令来完成，其语法格式如下：

```
#define 标识符 字符串
```

上述语法中，#define用于标识一个宏定义，标识符指的是所定义的宏名，字符串指的是宏体，它可以是常量、表达式等。一般情况下，宏定义需要放在源程序的开头，函数定义的外面，它的有效范围是从宏定义语句开始至源文件结束。

具体不带参数的宏定义的示例代码如下：

```
#define PI 3.141592
```

微课

不带参数的宏定义

下面演示不带参数的宏定义，如例8-1所示。

例8-1　不带参数的宏定义

```
#include <stdio.h>
//不带参数的宏定义，用于表示一个固定的数值
#define MAX_SIZE 100
```

```
//另一个不带参数的宏定义，用于表示一个字符串
#define WELCOME_MESSAGE "Welcome to the C world!"
int main() {
    //使用 MAX_SIZE 宏
    int array[MAX_SIZE]; //声明一个整型数组，大小为 MAX_SIZE
    printf("Array size: %d\n", MAX_SIZE); //打印数组的大小
    //使用 WELCOME_MESSAGE 宏
    printf("%s\n", WELCOME_MESSAGE); //打印欢迎消息
    return 0;
}
```

运行程序，结果如图 8-1 所示。

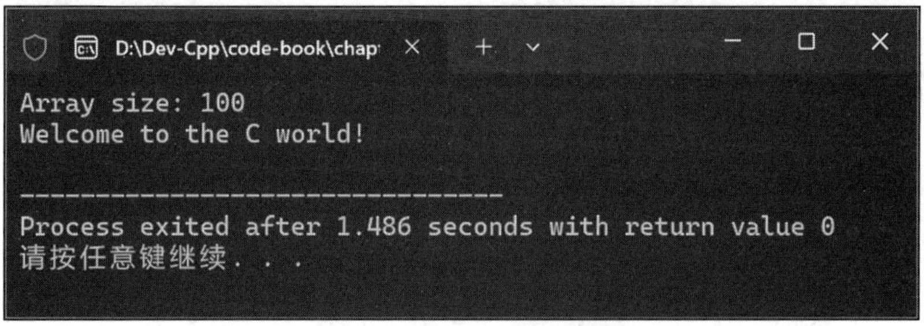

图 8-1　例 8-1 程序的运行结果

8.1.2　带参数的宏定义

除了不带参数的宏定义之外，有的程序更希望能够使用带参数的宏定义，从而在完成替换的过程中会有更高的灵活性，其语法格式如下所示：

```
#define 标识符(形参表) 字符串
```

上述语法和不带参数的宏定义有些类似，不同的是多了一个括号，括号中的“形参表”由一个或多个形参组成，当多于一个形参时，形参之间要用逗号进行分隔。对于带参数的宏定义来说，同样需要使用字符串替换宏名，使用实参替换形参。

下面演示带参数的宏定义，如例 8-2 所示。

例 8-2　带参数的宏定义

```
#include <stdio.h> //引入标准输入输出库，使 printf() 函数能正常使用
//定义 PI 为 3.14，这是一个宏定义，用于表示圆周率 π 的近似值
#define PI 3.14
//定义一个宏 CIR，它接收一个参数 x(代表圆的半径)，并计算圆的周长(2 * PI * x)
#define CIR(x) 2 * PI * x
int main(int argc, const char *argv[]){
    double r = 2.0; //定义一个双精度浮点数 r，并初始化为 2.0，表示圆的半径
    //使用宏 CIR 计算圆的周长，并打印结果
```

```
 9        printf("2 * pi * r = %f\n", CIR(r));
10        return 0; //程序正常结束
11    }
```

上述代码中，第 9 行代码中的 CIR (r) 会被替换为 2 * PI * r，即 2 * 3.14 * 2.0。第 10 行代码使用 return 语句返回一个整型值 0，表示程序运行结束。

运行程序，结果如图 8 - 2 所示。

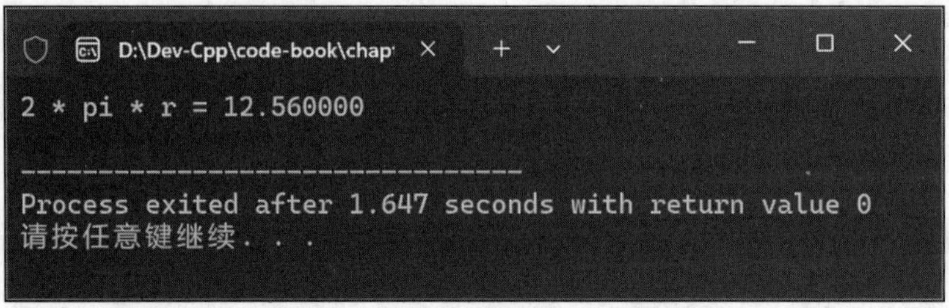

图 8 - 2　例 8 - 2 程序的运行结果

8.2 文件包含

文件包含是指一个文件可以将另外一个文件的全部内容包含进来，C 语言中通过 #include 指令来实现文件包含。在预处理过程中出现 #include，被包含的文件的内容会被直接插入文件包含指令相对应的位置，然后再对合并后的文件进行编译。使用文件包含指令，可以减少重复性的劳动，有利于程序的修改和维护，同时也符合模块化设计思想。下面对文件包含内容中的源文件、头文件和引入头文件的内容进行介绍。

8.2.1　源文件与头文件

在 C 语言程序中，头文件被大量使用。一般而言，每个 C 程序通常由头文件（.h）和源文件（.c）组成。头文件作为一种包含功能函数、数据接口声明的载体文件，用于保存程序的声明，它就像一本书中的目录，读者通过目录可以很方便地查阅其需要的内容（函数库）。而源文件用于保存程序的实现。

在开发过程中把源文件与头文件分开写成两个文件是良好的编程风格。当程序中需要使用这些信息时，就用 #include 指令把它们包含到所需的位置上，从而免去每次使用它们时都要重新定义或声明的麻烦。

下面以计算一个人的 BMI（Body Mass Index，身体质量指数）为例，演示计算 BMI 的源文件与头文件的创建。一个人的 BMI 是通过体重（千克）除以身高（米）的平方来计算的，它是一个用于评估一个人体重是否处于健康范围的指标。创建计算 BMI 的源文件与头文件的具体步骤如下所示。

1. 创建计算 BMI 的头文件 bmi.h

创建一个头文件 bmi.h，在该文件中声明计算 BMI 的函数 calculateBMI()，具体代码如例 8－3 所示。

例 8－3　bmi.h

```
//函数声明，参数 weight 表示体重，height 表示身高
double calculateBMI(double weight, double height);
```

2. 创建计算 BMI 的源文件

创建一个源文件，在该文件中实现计算 BMI 的函数 calculateBMI()，具体代码如例 8－4 所示。

例 8－4　计算 BMI

```
1   #include <stdio.h>
2   #include "bmi.h"
3   //函数实现
4   double calculateBMI(double weight, double height) {
5       return weight / (height * height);
6   }
```

上述代码中，第 2 行代码引入头文件 bmi.h，这是因为头文件 bmi.h 中定义的函数需要在计算 BMI 的源文件中实现，引入头文件的方式在后面会详细介绍。

8.2.2　引入头文件

一般来说，在源文件中引入头文件的方式有两种，具体示例如下：

```
#include <stdio.h>
#include "stdio.h"
```

第 1 种方式将通知预处理在编译器自带的头文件中搜索文件名 stdio.h。

第 2 种方式将通知预处理在当前程序的文件夹下搜索该文件，如果搜索不到，再去编译器自带的头文件中进行搜索。通常用户自定义的头文件使用这种包含方式。

可根据情况选择这两种方式，假如程序建立在 /temp 目录下，同时用户将 stdio.h 文件也复制到该目录下，那么采用第 2 种方式会提高搜索效率。

下面实现前面计算一个人的 BMI 的案例，修改例 8－4 计算 BMI 文件中的代码，在该文件中创建一个 main() 函数，在此函数中实现计算一个人的 BMI，修改后的具体代码如下所示：

```
#include <stdio.h>
#include "bmi.h"
//函数实现
```

```
double calculateBMI(double weight, double height) {
    return weight / (height * height);
}
int main() {
    double weight, height, bmi;
    //获取用户输入
    printf("请输入您的体重（千克）：");
    scanf("%lf", &weight);
    printf("请输入您的身高（米）：");
    scanf("%lf", &height);
    //计算 BMI
    bmi = calculateBMI(weight, height);
    //打印结果
    printf("您的 BMI 是：%.2f\n", bmi);
    return 0;
}
```

运行程序，结果如图 8－3 所示。

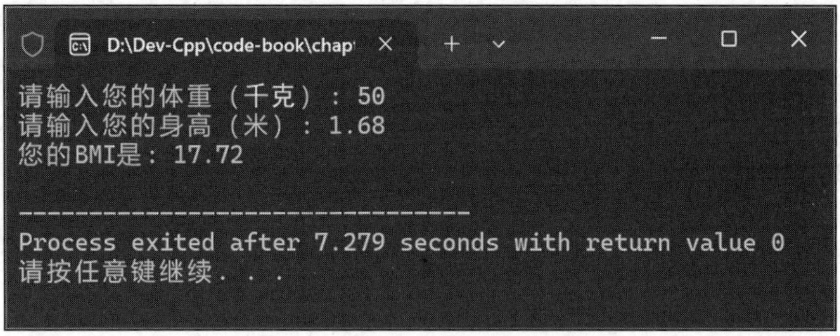

图 8－3　计算 BMI 程序的运行结果

8.3 条件编译

条件编译指令用来告诉编译系统在不同的条件下，需要编译不同位置的源代码。一般情况下，源程序中所有语句都将参加编译。但有时用户希望在满足一定条件的情况下，编译其中一部分语句，在不满足条件时编译另一部分语句，这就是所谓的条件编译。在 C 语言中，条件编译指令的形式有很多种，常见的条件编译指令包括 #if#else#endif、#elif、#ifdef 和 #ifndef，下面对这些编译命令进行介绍。

8.3.1 #if#else#endif

#if 指令、#else 指令及 #endif 指令三者经常结合在一起使用，其使用方法与 if…else 语句类似，语法格式如下所示：

```
#if 条件
    源代码 1
#else
    源代码 2
#endif
```

如上述代码操作，编译器只会编译源代码 1 和源代码 2 两段中的一段。当条件为真时，编译器会编译源代码 1，否则编译源代码 2。

下面演示 #if 指令、#else 指令及 #endif 指令三者结合在一起的用法，如例 8－5 所示。

例 8－5 #if 指令、#els 指令及 #endif 指令三者结合在一起的用法

```
#include <stdio.h>
//假设这里定义了 DEBUG 宏来启用调试信息
#define DEBUG
int main() {
    int a = 5;
    int b = 10;
    //使用 #if、#else 和 #endif 指令来条件性地编译代码
    #ifdef DEBUG
        printf("调试模式已开启，执行调试操作...\n");
        printf("a = %d, b = %d\n", a, b);
    #else
        printf("调试模式已关闭，跳过调试操作...\n");
    #endif
    //无论 DEBUG 是否定义，下面的代码都会被编译
    printf("a + b = %d\n", a + b);
    return 0;
}
```

运行程序，结果如图 8－4 所示。

图 8－4 例 8－5 程序的运行结果

当注释第 3 行代码后，再次运行程序，结果如图 8-5 所示。

图 8-5　注释第 3 行代码后例 8-5 程序的运行结果

由图 8-4 与图 8-5 可知，当程序定义了 DEBUG 宏时，运行程序，程序会执行第 9、10、15 行代码；当程序没有定义 DEBUG 宏时，运行程序，程序会执行第 12、15 行代码。

8.3.2　#elif

为了提供更多便利，预处理器还支持 #elif 指令，#elif 指令的作用和 else…if 语句类似，它可以和 #if 指令结合使用，来测试一系列条件，其语法格式如下所示：

```
#if 条件
    源代码 1
#elif 条件
    源代码 2
#else
    源代码 3
#endif
```

下面演示 #elif 指令的用法，如例 8-6 所示。

例 8-6　#elif 指令的用法

```
#include <stdio.h>
//定义一个宏来模拟用户等级
#define USER_LEVEL 2
int main() {
    //根据 USER_LEVEL 的值输出不同的用户等级描述
    #if USER_LEVEL == 1
        printf("用户等级为：初级用户。\n");
    #elif USER_LEVEL == 2
        printf("用户等级为：中级用户。\n");
    #elif USER_LEVEL == 3
        printf("用户等级为：高级用户。\n");
    #else
        printf("未知的用户等级。请检查您的权限。\n");
```

```
    #endif

    //这部分代码与 USER_LEVEL 的值无关，总是会被编译
    printf("欢迎使用我们的系统！\n");
    return 0;
}
```

运行程序，结果如图 8-6 所示。

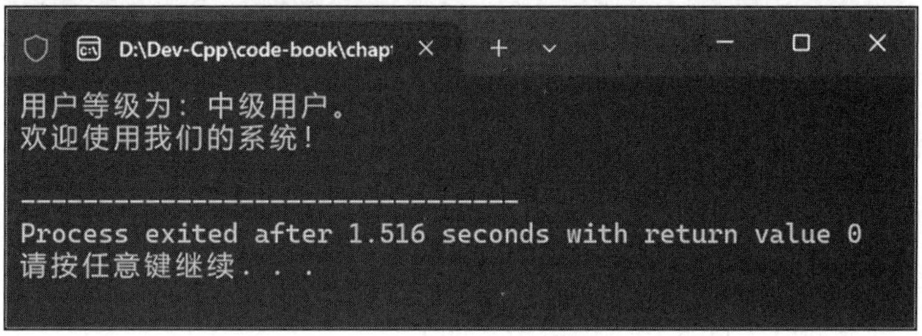

图 8-6 例 8-6 程序的运行结果

8.3.3 #ifdef

条件编译指令 #ifdef 用来确定某一个宏是否已经被定义，它需要与 #endif 一起使用。如果这个宏已经被定义，则编译 #ifdef 到 #endif 中的内容，否则就跳过。

#if#else#endif 用来从多段源代码中选择一段编译，而 #ifdef 可以用来控制单独的一段源代码是否需要编译，它的功能和一个单独的 #if/#endif 类似。

下面演示 #ifdef 指令的用法，如例 8-7 所示。

例 8-7 #ifdef 指令的用法

```
#include <stdio.h>
//定义一个宏用于控制是否输出调试信息
#define DEBUG 1
int main() {
    int a = 5, b = 10;
    int sum = a + b;
    //使用 #ifdef 来检查 DEBUG 是否被定义
    #ifdef DEBUG
    //如果 DEBUG 被定义，则输出调试信息
    printf("Debug: a = %d, b = %d, sum = %d\n", a, b, sum);
    #endif
    //正常的程序逻辑
    printf("Result: %d + %d = %d\n", a, b, sum);
    return 0;
}
```

运行程序，结果如图 8 - 7 所示。

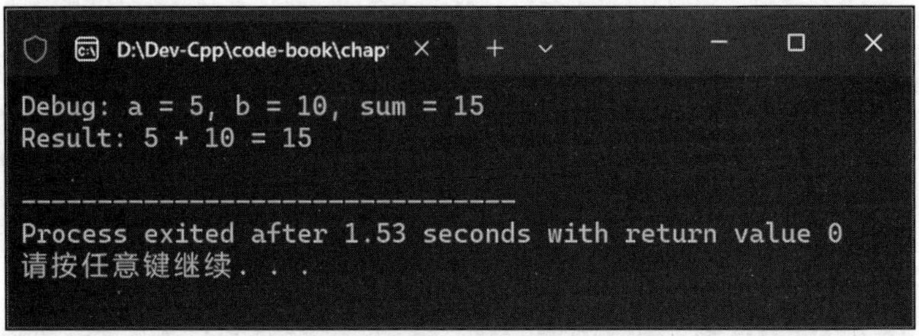

图 8 - 7　例 8 - 7 程序的运行结果

8.3.4　#ifndef

#ifndef 用来确定某一个宏是否被定义，它也需要和 #endif 一起使用。#ifndef 的用法与 #ifdef 相反，表示如果这个宏未被定义，则编译 #ifndef 到 #endif 之间的内容，否则就跳过。#ifndef 与 #endif 一起使用的语法格式如下：

```
#ifndef 宏名
    程序段 1
#else
    程序段 2
#endif
```

#ifndef 经常和 #define 一起使用，它们用来解决头文件中的内容被重复包含的问题。在一个源文件中如果相同的头文件被引用了两次就很有可能出现类型重定义。

定义 3 个头文件，其中 data.h 头文件如下所示：

```
/*data.h*/
struct data
{
    int i;
    int j;
};
```

func1.h 头文件如下所示：

```
/*func1.h*/
#include "data.h"
int func1(struct data d);
```

func2.h 头文件如下所示：

```
/*func2.h*/
#include "data.h"
int func2(struct data d);
```

定义源文件，实现 func1() 函数功能，如下所示：

```
#include "func1.h"
int func1(struct data d)
{
    return d.i + d.j;
}
```

定义源文件，实现 func2() 函数功能，如下所示：

```
#include "func2.h"
int func2(struct data d)
{
    return d.i - d.j;
}
```

定义源文件，分别调用 func1() 函数与 func2() 函数，如例 8－8 所示。

例 8－8　定义源文件

```
#include <stdio.h>
#include "data.h"
#include "func1.h"
#include "func2.h"
int main(int argc, const char *argv[])
{
    struct data a = {2, 1};
    printf("func1 函数返回值为 : %d\n", func1(a));
    printf("func2 函数返回值为 : %d\n", func2(a));
    return 0;
}
```

运行程序，结果如图 8－8 所示。

行	列	单元	信息
2	**0**	**D:\Dev-Cpp\code-book\chapter08\func1.h**	**In file included from D:\Dev-Cpp\code-book\chapter08\func1.h**
3		D:\Dev-Cpp\code-book\chapter08\例8-6#ifndef指令.c	from D:\Dev-Cpp\code-book\chapter08\例8-6#ifndef指令.c
2	8	D:\Dev-Cpp\code-book\chapter08\data.h	[Error] redefinition of 'struct data'
2	**0**	**D:\Dev-Cpp\code-book\chapter08\例8-6#ifndef指...**	**In file included from D:\Dev-Cpp\code-book\chapter08\例8-6#ifndef指令.c**
2	8	D:\Dev-Cpp\code-book\chapter08\data.h	[Note] originally defined here
2	**0**	**D:\Dev-Cpp\code-book\chapter08\func2.h**	**In file included from D:\Dev-Cpp\code-book\chapter08\func2.h**
4		D:\Dev-Cpp\code-book\chapter08\例8-6#ifndef指令.c	from D:\Dev-Cpp\code-book\chapter08\例8-6#ifndef指令.c
2	8	D:\Dev-Cpp\code-book\chapter08\data.h	[Error] redefinition of 'struct data'
2	**0**	**D:\Dev-Cpp\code-book\chapter08\func1.h**	**In file included from D:\Dev-Cpp\code-book\chapter08\func1.h**
3		D:\Dev-Cpp\code-book\chapter08\例8-6#ifndef指令.c	from D:\Dev-Cpp\code-book\chapter08\例8-6#ifndef指令.c
2	8	D:\Dev-Cpp\code-book\chapter08\data.h	[Note] originally defined here
6	5	D:\Dev-Cpp\code-book\chapter08\例8-6#ifndef指令.c	[Error] conflicting types for 'func1'
3	**0**	**D:\Dev-Cpp\code-book\chapter08\例8-6#ifndef指...**	**In file included from D:\Dev-Cpp\code-book\chapter08\例8-6#ifndef指令.c**
3	5	D:\Dev-Cpp\code-book\chapter08\func1.h	[Note] previous declaration of 'func1' was here

图 8－8　例 8－8 的运行结果

直接编译例 8－8 程序会发现编译无法通过，这是因为例 8－8 的源文件中，结构体 data 的定义被多次包含。在第 2 行代码中使用 #include 指令将 data 的定义引入一次，第 3、4 行代码引入的 func1.h 和 func2.h 中虽然没有定义 data，但是两个头文件都分别引用了 data.h，因此编译会出现结构体被重复定义的错误。

利用 #ifndef 和 #define 组合的方式可以解决上述问题，修改 data.h，如下所示：

```
#ifndef _DATA_H_
#define _DATA_H_

struct data{
    int i;
    int j;
};

#endif
```

修改后的 data.h 中包含了 #ifndef 的条件编译指令。注意在 #ifndef 的编译指令内部包括一条 #define 指令，当这一段代码初次编译时，宏 _DATA_H_ 尚未被定义，符合 #ifndef 的条件，因此结构体 data 的定义可以被编译。当 data.h 的内容再次被编译时，由于在初次编译时已经定义了宏 _DATA_H_，因此 #ifndef 的条件不符合，下面的代码段不会被编译。这样就保证了在例 8－8 中即使多次引用 data.h，data 结构体的定义也仅仅会被编译一次。

修改完 data.h 文件后，再次运行程序，结果如图 8－9 所示。

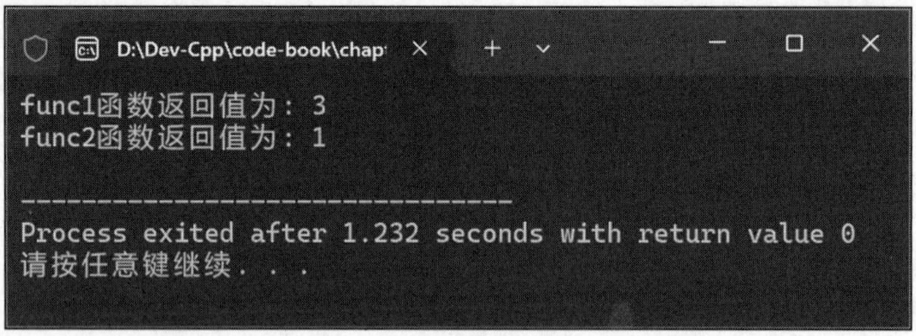

图 8－9　修改 data.h 文件后例 8－8 的运行结果

任务实现

创建学生信息的头文件 student_info.h，具体代码如例 8－9 所示。

例 8－9　student_info.h

```
#ifndef STUDENTINFO_H
#define STUDENTINFO_H
//使用宏定义来设置数组大小和名称长度
#define MAX_STUDENTS 10
```

```c
#define NAME_LENGTH 50
//函数声明
void addStudent(const char* name, int score1, int score2, int score3);
void displayStudents();
#endif
```

创建学生成绩管理的源文件，在该文件中实现查询学生成绩信息与学生总数的功能，具体代码如例 8-10 所示。

例 8-10　学生成绩管理源文件

```c
#include <stdio.h>
#include <string.h>
#include "student_info.h"
//假设存储学生姓名、三门成绩和总分
char names[MAX_STUDENTS][NAME_LENGTH];
int scores1[MAX_STUDENTS];
int scores2[MAX_STUDENTS];
int scores3[MAX_STUDENTS];
int totals[MAX_STUDENTS];
int count = 0;
//假设使用一个 DEBUG 宏来启用调试信息
#define DEBUG 1
int main() {
    //添加学生
    addStudent("张三", 85, 90, 88);
    addStudent("李四", 78, 82, 85);
    //显示所有学生
    displayStudents();
    #ifdef DEBUG
    printf("当前学生总数：%d\n", count);
    #endif
    return 0;
}
//添加学生成绩信息
void addStudent(const char* name, int score1, int score2, int score3) {
    if (count < MAX_STUDENTS) {
        strcpy(names[count], name);
        scores1[count] = score1;
        scores2[count] = score2;
        scores3[count] = score3;
        totals[count] = score1 + score2 + score3;
        count++;
    } else {
        printf("学生列表已满！\n");
```

```
        }
    }
    //显示学生信息
    void displayStudents() {
        int i;
        for (i = 0; i < count; i++) {
            printf(" 姓名 : %s, 成绩 : %d, %d, %d, 总分 : %d\n",
                   names[i], scores1[i], scores2[i], scores3[i], totals[i]);
        }
    }
```

运行程序，结果如图 8－10 所示。

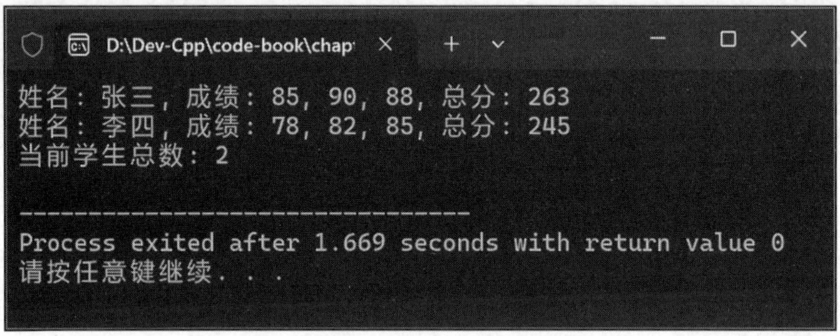

图 8－10　例 8－10 程序的运行结果

任务拓展

条件编译允许程序员根据特定的条件包含或排除代码段，通常用于跨平台开发、是否启用调试输出等。下面通过设计程序，利用条件编译实现代码的跨平台兼容，如例 8－11 所示。

例 8－11　利用条件编译实现代码的跨平台兼容

```
#include <stdio.h>
//条件编译开始
#ifdef _WIN32
    #include <windows.h>
    #define SLEEP(x) Sleep(x * 1000)
//Windows 的 Sleep() 函数接收毫秒作为参数
#else
    #include <unistd.h>
    #define SLEEP(x) sleep(x)
//POSIX 的 sleep() 函数接收秒作为参数
#endif
```

```
//条件编译结束
int main() {
    printf(" 程序启动。\n");
    SLEEP(2); //调用平台相关的 sleep() 函数
    printf(" 程序关闭。\n");
    return 0;
}
```

在例 8－11 中，_WIN32 是一个在 Windows 平台上由编译器定义的宏。如果定义了 _WIN32，则包含 Windows 特定的头文件，并使用 Sleep() 函数；否则，包含 POSIX 标准的头文件，并使用 sleep() 函数。在 Windows 平台运行程序，结果如图 8－11 所示。

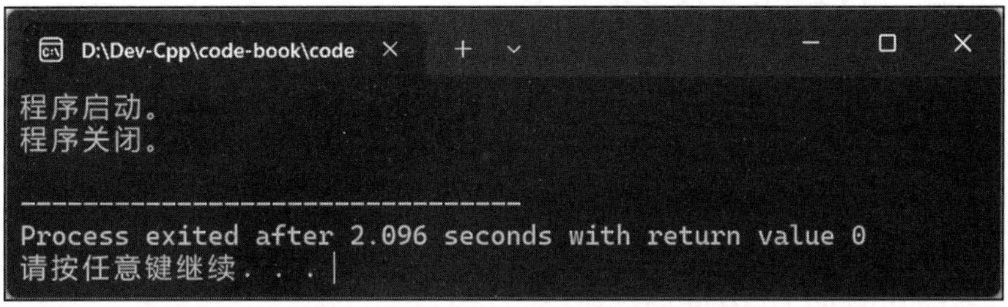

图 8－11　例 8－11 程序的运行结果

习题

一、填空题

1. ________用于标识一个宏定义。
2. C 程序中，源文件的后缀名为________，头文件的后缀名为________。
3. C 程序中，在源文件中引入头文件的指令是________。
4. ________指令用来告诉编译系统在不同的条件下，需要编译不同位置的源代码。
5. #if 指令、#else 指令及________指令三者经常结合在一起使用。

二、判断题

1. 预处理指令是在编译后处理的。（　　）
2. 带参数的宏定义中，形参的个数只能是一个，不能是多个。（　　）
3. C 程序中，头文件的后缀名为 .c。（　　）
4. 使用 #ifdef 指令可以判断某个宏是否被定义。（　　）
5. 引入头文件的指令是 #include。（　　）

三、选择题

1. 下列命令中，（　　）是正确的预处理命令。

A. define PI 3.14159
B. #define P(a,b) strcpy(a,b)
C. #define stdio.h
D. #define PI 3.14159

2. 下列不属于条件编译指令的是（　　）。

A. #elif　B. #define　C. #ifndef　D. #ifdef

3. 下列指令的作用与 else…if 语句的作用类似的是（　　）。

A. #if#else#endif
B. #ifdef
C. #elif
D. #ifndef

4. 下列关于宏定义的描述正确的是（　　）。

A. 宏定义可以帮助我们避免在代码中直接编码具体的值
B. 宏定义使程序的代码不易维护和理解
C. “define”用于标识一个宏定义
D. #define PI 3.141592 为带参数的宏定义

5. 下列关于条件编译的描述错误的是（　　）。

A. #if 指令、#else 指令及 #endif 指令三者经常结合在一起使用
B. #elif 指令的作用和 else…if 语句类似
C. #ifdef 指令用来确定某一个宏是否已经被定义，它需要与 #endif 一起使用
D. #ifndef 的用法与 #ifdef 相同

四、简答题

1. 简述带参数与不带参数的宏定义方式。
2. 简述常见的条件编译指令。

五、编程题

1. 使用宏定义，计算圆的周长和面积。
2. 使用条件编译，计算矩形的周长和面积。

任务9 学生成绩管理系统之信息持久化

任务目标

知识目标	● 理解文件的基本概念和类型； ● 了解文件读写操作的基本流程； ● 掌握文件读写操作的常用函数； ● 掌握文件定位操作的常用函数。	1
技能目标	● 能够使用C语言实现文件读写操作； ● 能够将结构体数据存储到文件中； ● 能够从文件中读取结构体数据； ● 能够根据需要对文件进行定位操作。	2
素养目标	● 正确认识数据持久化存储； ● 培养解决实际问题的编程能力和可持续发展意识。	3

任务描述

本任务将为学生成绩管理系统实现数据本地化存储功能，以实现系统数据的持久化，即当程序关闭后，下次启动也能读取之前操作过的学生成绩信息。例如，下面是一个班级的学生成绩信息：

```
13120240309 张三 98 89.5 73 260.5
13120240310 李四 97 84.5 72 253.5
13120240311 王五 88 79.5 83 250.5
```

```
13120240312 赵六 92 81.5 70 243.5
……
```

微课

任务9 学生成绩管理系统之信息持久化

本地化存储功能将学生的学号、姓名、单科成绩和总成绩保存在本地的文本文件中，以供后续对学生成绩的读、写、查操作。

知识储备

文件的首要直观印象是作为数据的存储容器。想象一下，当你创建并编辑一个 Excel 文档，键入若干信息后执行保存操作，这些信息便被安全地存放在磁盘空间中。之后若需访问这些数据，仅需打开该文件便能轻松获取，省去了重复输入的烦琐。然而，若不慎在未保存的情况下直接关闭了 Excel 文档，那些输入的信息将消失，原因在于它们仅暂存于内存，而未能在磁盘上留下痕迹。

同理，在编程实践中，我们常用的变量及其存储的值同样驻留在内存中。一旦程序执行完毕或计算机被关闭，这些变量及其存储的值便会随之消失，不复存在。但在众多应用场景中，我们有必要将这些变量及其存储的值进行长期保存，即实现数据从内存到磁盘（即文件）的转移。这样，无论何时需要回顾或利用这些数据，我们都能便捷地从文件中提取，无须担心数据丢失。

9.1 文件概述

文件是存储在磁盘、U 盘、光盘等外部介质上数据的集合，是操作系统数据管理的单位。操作系统对外部介质上的数据是以文件形式进行管理的。也就是说，要想读取外部存储介质中的数据，必须先按照文件名找到相应文件，然后再从文件中读取数据。

9.1.1 文本文件

文本文件是一种常用的数据存储方式，它简单易用，适合存储人们可读的数据。在 C 语言中，文本文件中的数据都被当成字符来处理，每个字符对应一个字节。文本文件中的数据以 ASCII 码形式表示，ASCII 码文件的每 1 个字节存储 1 个字符，每个字符对应唯一的 ASCII 码值。例如，字符“A”的 ASCII 码值为 65，字符“a”的 ASCII 码值为 97。一般情况下，后缀是 .txt、.c、.cpp、.h、.hpp、.ini 的文件大多是文本文件。

9.1.2 二进制文件

二进制文件中的数据会被当成二进制流处理。例如，整数 123，如果将其当成文本文件来对待，则会按照字符“1”“2”“3”来处理，存储时会将这些字符对应的 ASCII 码存储到磁盘中。磁盘中存储的信息如下：

```
00110001      00110010      00110011
```

如果将其当成二进制文件来处理，则会将整数 123 转化为二进制数 01111011 存储到磁盘中。也就是说，对于二进制文件，数据在内存中是以什么方式存储，在磁盘中也会按照该方式存储。一般情况下，后缀是 .exe、.dll、.lib、.dat、.doc、.tif、.jpg、.bmp 的文件大多是二进制文件。

9.1.3 文件缓存区

缓冲文件系统是系统自动地在内存区为每个正在使用的文件开辟一个缓冲区。从内存向磁盘输出数据时，必须首先输出到缓冲区中。待缓冲区装满后，再一起输出到磁盘文件中。从磁盘文件向内存读入数据时，则正好相反，首先将一批数据读入缓冲区中，再从缓冲区将数据逐个送到程序数据区。通过文件缓冲区读写文件的过程如图 9－1 所示。

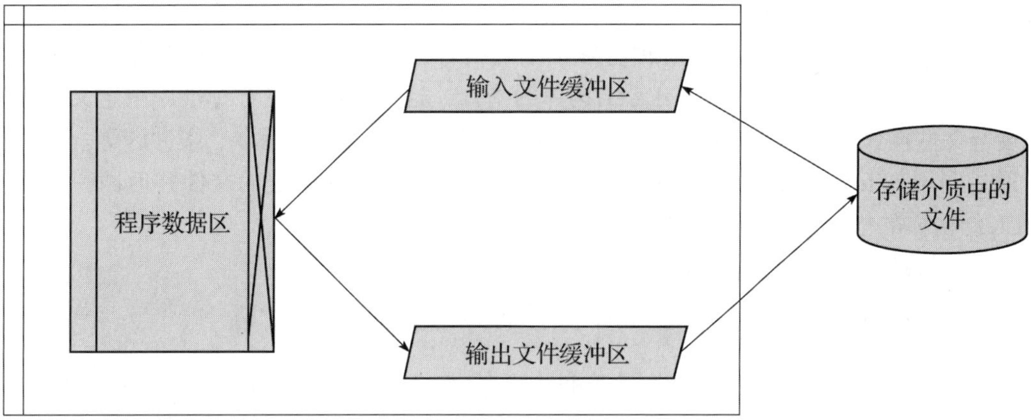

图 9－1　通过文件缓冲区读写文件的过程

9.1.4 顺序访问

在 C 语言中，顺序访问文件是一种基本的文件操作方式，它允许程序按照文件在存储介质上的物理顺序（即文件内容的实际排列顺序）来读取或写入数据。当进行顺序访问时，程序通常从一个文件的开始位置开始，逐个字节或按记录（如果文件是以记录为单位组织的）读取或写入数据，直到达到文件的末尾或遇到特定的文件结束标记。

C 语言进行文件的顺序访问，通常会涉及 fopen() 函数来打开文件。fopen() 函数允许指定文件的打开模式（如只读、只写、追加等），并返回一个指向 FILE 类型的指针，该指针用于后续的文件操作。然后，可以使用 fread() 或 fscanf() 等函数从文件中顺序读取数据，或者使用 fwrite() 或 fprintf() 等函数向文件中顺序写入数据。当完成文件操作后，应使用 fclose() 函数关闭文件，以释放相关资源并确保所有缓冲的输出都被正确地写入文件。

这种操作方式适用于处理数据量大或需要按顺序访问文件的场合，如数据库操作、日志文件记录等。通过合理使用顺序访问文件，可以有效地提高程序的性能和效率。

9.1.5 随机访问

在 C 语言中，文件的随机访问是一种允许程序直接跳至文件的任意位置进行读取或写入操作的技术。与顺序访问不同，随机访问不依赖于文件内容的物理顺序，而是使用文件内的位置标记（如文件偏移量）来指定操作的具体位置。这通常通过 fseek() 函数实现，该函数允许程序将文件内部的位置指针移动到指定的偏移量处，从而实现对文件的随机访问。一旦位置指针被移动，后续的读取［如使用 fread() 或 fscanf() 函数］或写入［如使用 fwrite() 或 fprintf() 函数］操作就会在这个新的位置上进行。

随机访问使得程序能够灵活地处理文件数据，无须从头开始顺序遍历整个文件即可访问到所需的信息。这种访问模式特别适用于需要频繁读取或修改文件中特定部分的应用场景，如数据库管理、索引文件操作或任何需要快速定位到文件特定位置的任务。

9.1.6 文件指针与文件位置指针

在 C 语言中，文件指针是一种特殊类型的指针，用于访问和操作存储在文件系统中的文件。它实际上是一个指向 FILE 结构体的指针，这个结构体在 C 标准库中定义，用于封装与文件操作相关的所有信息，如文件状态标志、文件位置指示器、缓冲区等。文件指针通过调用如 fopen() 这样的标准 I/O 函数获得，该函数打开指定的文件并返回一个指向 FILE 结构体的指针，用于后续的文件操作，如读取、写入或定位。

文件指针的定义语法格式如下所示：

```
FILE * 变量名
```

一个文件指针变量只能指向一个文件，不能指向多个文件。例如，当有 n 个文件时，一般应定义 n 个文件指针变量 fp1…fpn，并将其分别指向不同的文件，如图 9－2 所示。

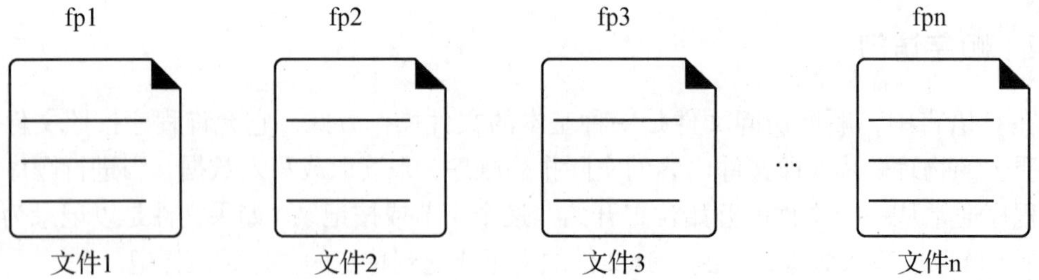

图 9－2 多个文件指针变量指向不同的文件

与文件指针不同，文件位置指针是 FILE 结构体内部的一个组件，它用于跟踪当前读写操作在文件中的位置。当文件被打开时，文件位置指针通常被设置为文件的开头（即位置 0）。随着文件的读写操作进行，文件位置指针会自动移动，以反映下一次读写操作应该在文件中的哪个位置进行。程序员也可以通过调用如 fseek()、ftell() 和 rewind() 等函数来手动设置或查询文件位置指针的位置，从而实现对文件内容的精确控制。为了更好地理解文件的读取过程，接下来通过一个图例来描述文件位置指针，如图 9 - 3 所示。

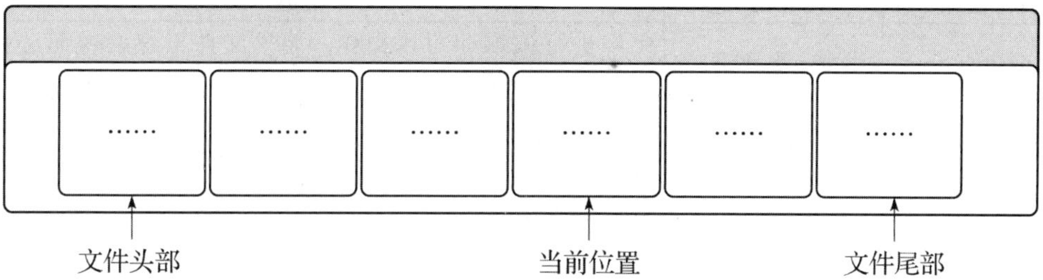

图 9 - 3　文件位置指针

简而言之，文件指针是 C 语言中用于访问和操作文件的工具，而文件位置指针则是文件指针所指向的 FILE 结构体内部用于跟踪当前文件操作位置的一个组件。

9.2 文件打开与关闭

在 C 语言中，文件的打开和关闭是通过标准输入 / 输出库中的函数来完成的，当文件使用完毕后，应使用相应的函数来关闭文件。关闭文件的操作可以释放与文件操作相关的资源，并确保所有的输出都被正确地写入文件。

9.2.1 打开文件

使用 fopen() 函数打开文本文件或二进制文件。该函数需要两个参数：文件名和打开模式。如果文件打开成功，函数会返回一个指向文件对象的指针，否则返回 NULL。fopen() 函数声明如下：

```
FILE* fopen(char* filename, char* mode);
```

上述函数声明中，参数 filename 表示文件名，该文件名可包含文件路径，参数 mode 用来指定打开文件的方式，此方式表示当前程序对文件的操作模式。文本文件或二进制文件的打开模式如表 9 - 1 所示。

表 9 - 1　文本文件或二进制文件的打开模式

打开模式	说明	描述
r/rb	只读模式	只允许读取数据，如果文件不存在或无法找到，fopen() 函数调用失败，返回 NULL
w/wb	只写模式	只允许写入数据，如果文件已存在，则重写文件
a/ab	追加模式	只允许在文件末尾添加数据，如果文件不存在或无法找到，则创建新文件

续表

打开模式	说明	描述
r + /rb +	读取 / 更新模式	允许进行读取和写入操作，如果文件不存在或无法找到，fopen() 函数调用失败，返回 NULL
w + /wb +	写入 / 更新模式	允许进行读取和写入操作，如果文件已存在，则重写文件
a + /ab +	追加 / 更新模式	允许进行读取操作，但只允许在文件末尾添加数据，如果文件不存在或无法找到，则创建新文件

9.2.2 关闭文件

使用 fclose() 函数关闭文件，该函数将缓存区内的数据全部写入文件中，并释放相关资源。关闭文件后，程序将不再能够访问文件。如果缓冲区不满时结束操作，文件中的数据就会丢失；但如果关闭文件，不管缓冲区是否已经写满，都会把缓冲区的数据写入外部存储介质中，保障数据不会丢失。fclose() 函数声明如下：

微课

打开和关闭文件

```
int fclose(FILE* fp);
```

上述函数声明中，参数 fp 表示打开文件时返回的文件指针，如果成功关闭文件则返回 0，否则返回 EOF。

接下来通过一个案例演示文件的打开和关闭操作，如例 9 - 1 所示。

例 9 - 1 打开和关闭文件

```
#include <stdio.h>
#include <stdlib.h>
#include <errno.h> //引入 errno 头文件，用于错误处理
int main() {
    FILE *filePtr; //声明一个指向 FILE 的指针
    //尝试以只读方式打开文件
    filePtr = fopen("example.txt", "r");
    //检查文件是否成功打开
    if (filePtr == NULL) {
        //如果文件未能打开，检查 errno 的值
        if (errno == ENOENT) {
            //如果 errno 设置为 ENOENT，表示文件不存在
            fprintf(stderr, " 文件不存在 .\n");
        } else {
            //无法打开文件时，打印系统提供的错误消息
            perror(" 文件打开错误 ");
        }
        return EXIT_FAILURE;
    }
    //文件成功打开，打印消息
```

```
        printf(" 文件成功打开 .\n");
        //关闭文件
        fclose(filePtr);
        printf(" 文件被关闭 .\n");
        return EXIT_SUCCESS;
    }
```

上述代码中，当 fopen() 函数调用失败，并且返回 NULL 时，表明文件无法被打开，如果文件不存在，则提示“文件不存在”，如果因为文件权限或文件自身问题导致无法打开文件，则提示“文件打开错误”；否则程序将顺序执行后续代码，提示“文件成功打开”和“文件被关闭”。运行程序，结果如图 9－4 所示。

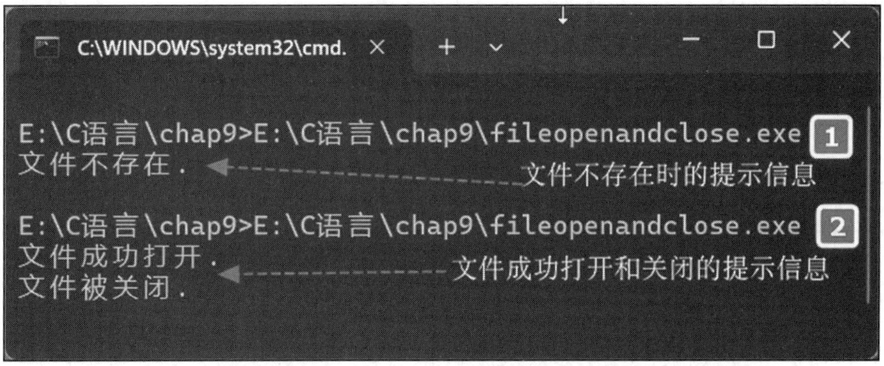

图 9－4　例 9－1 程序的运行结果

9.3 文件读取与写入

在 C 语言中，文件读取与写入是文件操作的基础功能，用于读取文件中的数据或向文件中写入数据。这些操作通常通过文件指针和标准库中的文件操作函数来实现。向数据文件中写入数据时，先将数据送入输出文件缓冲区中，当输出文件缓冲区写满时，再一起写到外部存储介质中。

9.3.1 读取文件

读取文本文件是一个常见的操作，文件的读写操作分为两种形式：一种是以字符的形式进行读写，另一种是以二进制的形式进行读写。

读取文件内容时，根据文件内容和业务需求可以选择不同的函数进行操作。文件读取函数使用说明如表 9－2 所示。

表 9－2　文件读取函数使用说明

函数	函数声明	参数说明	返回值说明	函数功能说明
fgets()	char *fgets(char *str, int size, FILE *stream)	char *str：指向字符数组的指针，用于存储读取的字符串 int size：读取字符串的最大长度 FILE *stream：指向文件流的指针	char *：指向 str 的指针，如果读取成功则返回指向 str 的指针，否则返回 NULL	从文件流中读取一行文本，并存储到 str 指向的字符数组中
fread()	size_t fread(void *ptr, size_t size, size_t nmemb, FILE *stream)	void *ptr：指向内存缓冲区的指针，用于存储读取的数据 size_t size：每个元素的大小（字节数） size_t nmemb：要读取的元素数量 FILE *stream：指向文件流的指针	size_t：成功读取的元素数量	从文件流中读取二进制数据，并将数据存储到 ptr 指向的内存缓冲区中
fgetc()	int fgetc(FILE *stream)	FILE *stream：指向文件流的指针	int：读取的字符（ASCII 码值），如果遇到文件末尾返回 EOF	从文件流中读取单个字符

1. 文本文件读取函数

常用的文本文件读取函数包括 fgets() 和 fscanf()。这些函数允许程序按顺序从文件的开始位置读取数据。fgets() 函数用于读取一行字符串，直到遇到换行符（'\n'）、文件结束符（EOF）或读取指定数量的字符；fscanf() 函数用于按照指定的格式读取文件中的数据。下面演示文本文件读取函数的用法，如例 9－2 所示。

例 9－2　文本文件读取函数的用法

```
#include <stdio.h>
#include <stdlib.h>
int main() {
    FILE *fp;
    char line[100];
    int num;
    //以只读方式打开文件
    fp = fopen("read_text.txt", "r");
    if (fp == NULL) {
        perror("打开文件错误！ ");
        return EXIT_FAILURE;
    }
    //使用 fgets() 函数读取一行文本
    printf("\n使用 fgets() 读取一行文本：\n");
    if (fgets(line, sizeof(line), fp) != NULL) {
```

```
16              printf(" 读取的文本是: %s\n", line);
17          }
18          //使用 fscanf() 函数读取一个整数
19          printf("\n使用 fscanf() 读取一个整数 :\n");
20          if (fscanf(fp, "%d", &num) == 1) {
21              printf(" 读取的整数是: %d\n", num);
22          }
23          //关闭文件
24          fclose(fp);
25          return 0;
26      }
```

上述程序中，第 15 行代码使用 fgets() 函数读取一行文本（包括换行符）并将它存储到 line 数组中；第 20 行代码使用 fscanf() 函数读取一个整数，并将其存储到 num 变量中。运行程序，结果如图 9－5 所示。

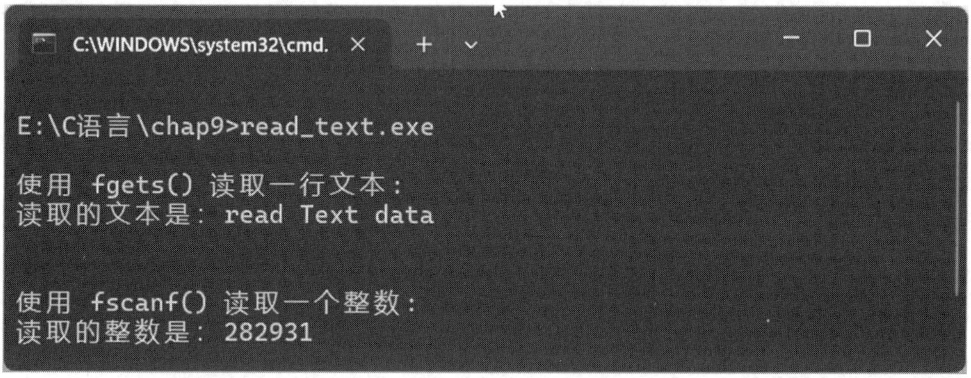

图 9－5　例 9－2 程序的运行结果

2. 二进制文件读取函数

常用的二进制文件读取函数包括 fread() 和 fgetc()。这些函数用于读取二进制文件，即那些包含非文本数据的文件。fread() 函数用于读取指定数量的数据块，将文件中读取到的数据移到程序的内存空间；fgetc() 函数用于从文件中读取单个字符。下面演示二进制文件读取函数的用法，如例 9－3 所示。

例 9－3　二进制文件读取函数的用法

```
#include <stdio.h>
#include <stdlib.h>
int main() {
    FILE *fp;
    char ch;
    char buffer[100];
    int count;
```

```
8      //尝试以只读方式打开文件
9      fp = fopen("read_text.txt", "r");
10     if (fp == NULL) {
11         perror("打开文件错误! ");
12         return EXIT_FAILURE;
13     }
14     //使用 fgetc() 函数读取单个字符
15     printf("\n使用 fgetc() 读取单个字符:\n");
16     while ((ch = fgetc(fp)) != EOF) {
17         printf("%c", ch);
18     }
19     printf("\n");
20
21     //重新定位文件指针到开头
22     rewind(fp);
23     //使用 fread() 函数读取多个字符
24     printf("\n使用 fread() 读取多个字符:\n");
25     count = fread(buffer, sizeof(char), 20, fp);
26     printf("成功读取 %d 个字符: \n", count);
27     for (int i = 0; i < count; i++) {
28         printf("%c", buffer[i]);
29     }
30     printf("\n");
31     //关闭文件
32     fclose(fp);
33     return 0;
34 }
```

上述程序中，第 16 行代码使用 fgetc() 函数循环读取单个字符，直到遇到文件末尾（EOF）；第 22 行代码使用 rewind() 函数将文件指针重新定位到文件开头，以便再次读取；第 25 行代码使用 fread() 函数读取指定数量（20 个字符）到 buffer 数组中。运行程序，结果如图 9－6 所示。

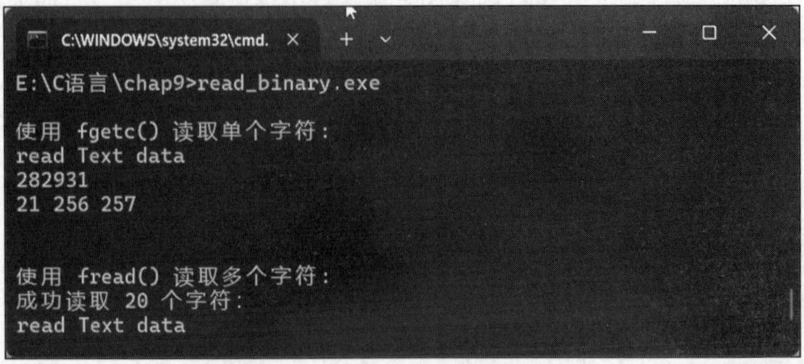

图 9－6　例 9－3 程序的运行结果

9.3.2 写入文件

C 语言中，文件写入操作是处理文件时的一项重要功能，它允许程序员将数据从程序的内存空间传输到文件中，以便进行存储。这些操作通常通过文件指针和标准库中的文件操作函数来实现。文件写入函数使用说明如表 9－3 所示。

表 9－3 文件写入函数使用说明

函数名	函数声明	参数说明	返回值说明	函数功能说明
fputc()	int fputc(int c, FILE *stream);	int c：要写入的字符 FILE *stream：指向文件流的指针	int：写入的字符，如果遇到错误则返回 EOF	将一个字符写入文件流中
fputs()	int fputs(const char *str, FILE *stream);	const char *str：要写入的字符串 FILE *stream：指向文件流的指针	int：写入的字符数量，如果遇到错误则返回 EOF	将一个字符串写入文件流中
fprintf()	int fprintf(FILE *stream, const char *format, ...);	FILE *stream：指向文件流的指针 const char *format: 格式字符串 ...: 要写入数据的变量	int：成功写入的字符数量	将格式化数据写入文件流中
fwrite()	size_t fwrite(const void *ptr, size_t size, size_t nmemb, FILE *stream);	const void *ptr：指向内存缓冲区的指针 size_t size：每个元素的大小（字节数） size_t nmemb：要写入的元素数量 FILE *stream：指向文件流的指针	size_t：成功写入的元素数量	将二进制数据写入文件流中

下面演示文本文件写入的用法，如例 9－4 所示。

例 9－4 文本文件写入的用法

```
#include <stdio.h>

int main() {
    FILE *fp;
    //写入文件
    fp = fopen("write_text.txt", "w"); //以写入模式打开文件
    if (fp == NULL) {
        perror("打开文件错误! ");
        return -1;
    }
    //使用 fputc() 函数写入字符
    fputc('H', fp);
    fputc('e', fp);
    fputc('l', fp);
    fputc('l', fp);
    fputc('o', fp);
```

```
17          fputc('\n', fp); //写入换行符
18          //使用 fputs() 函数写入字符串
19          fputs("这里是一串字符串.\n", fp);
20
21          //使用 fprintf() 函数写入格式化字符串
22          fprintf(fp, "这里是一个整数: %d\n", 256);
23          //关闭文件
24          fclose(fp);
25          //读取文件
26          fp = fopen("write_text.txt", "r");       //以读取模式重新打开文件
27          if (fp == NULL) {
28              perror("打开文件错误! ");
29              return -1;
30          }
31          //读取并输出文件内容
32          char ch;
33          while ((ch = fgetc(fp)) != EOF) {        //逐个字符读取直到文件末尾
34              putchar(ch);                         //将读取的字符输出到控制台
35          }
36          //关闭文件
37          fclose(fp);
38          return 0;
39      }
```

上述程序中，第 12 ～ 17 行代码使用 fputc() 函数写入字符；第 19 行代码使用 fputs() 函数写入一个字符串；第 22 行代码使用 fprintf() 函数写入一个整数；第 33 行代码使用 fgetc() 函数读取写入的数据。运行程序，结果如图 9－7 所示。

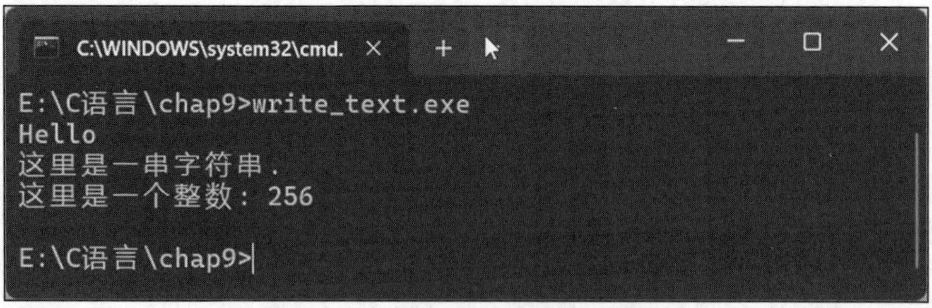

图 9－7　例 9－4 程序的运行结果

下面演示二进制文件写入的用法，如例 9－5 所示。

例 9－5　二进制文件写入的用法

```
#include <stdio.h>
#include <stdlib.h>
#include <string.h>
```

```
4    typedef struct {
5        char username[50];
6        char password[50];
7    } User;
8    int main() {
9        FILE *fp;
10       char filename[] = "write_binary.bin";
11       User user;
12       //获取用户名和密码
13       printf("请输入用户名: ");
14       scanf("%s", user.username);
15       printf("请输入密码: ");
16       scanf("%s", user.password);
17       //打开文件
18       fp = fopen(filename, "wb"); //以二进制写入模式打开
19       if (fp == NULL) {
20           printf("打开文件失败! \n");
21           return 1;
22       }
23       //使用 fwrite() 函数写入用户信息
24       fwrite(&user, sizeof(User), 1, fp);
25       //关闭文件
26       fclose(fp);
27       //重新打开文件以读取数据
28       fp = fopen(filename, "rb");
29       if (fp == NULL) {
30           printf("打开文件失败! \n");
31           return 1;
32       }
33       //使用 fread() 函数读取用户信息
34       User readUser;
35       fread(&readUser, sizeof(User), 1, fp);
36       //输出读取的用户信息
37       printf("\n读取的用户信息: \n");
38       printf("用户名: %s\n", readUser.username);
39       printf("密码: %s\n", readUser.password);
40       //关闭文件
41       fclose(fp);
42       return 0;
43   }
```

上述程序中，第24行代码使用fwrite()函数将user结构体的内存内容以二进制形式写入文件中；第35行代码使用fread()函数从文件读取数据，并存储到readUser结构体

中。运行程序，结果如图 9－8 所示。

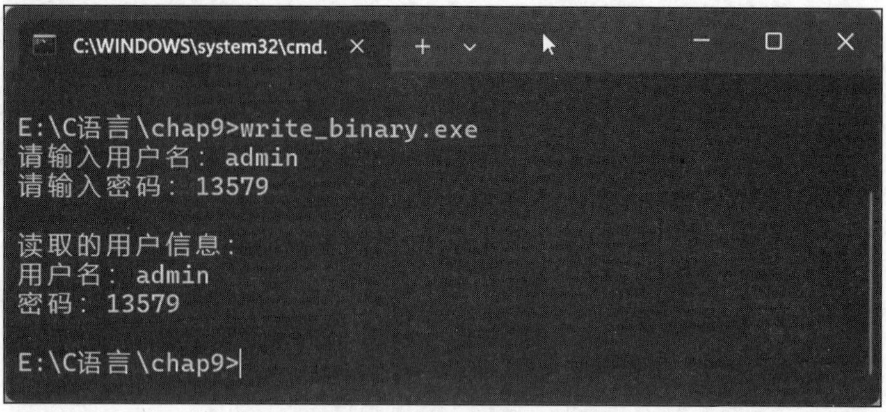

图 9－8　例 9－5 程序的运行结果

9.4 文件定位

在 C 语言中，文件定位是文件 I/O 操作中的一个关键概念。文件定位函数可用于改变文件指针的位置，实现文件的随机读取或写入数据。文件定位函数是处理大文件时非常有用的工具，可以提高程序的效率和性能。

9.4.1　文件指针移动

文件定位可以通过多种方式实现，最基本的方式是使用 fseek() 函数，它允许将文件流的位置指针移动到文件中的特定位置。fseek() 函数需要三个参数：文件指针、偏移量及定位模式。偏移量可以是正数或负数，表示从定位基点向前或向后移动的字节数。fseek() 函数的声明语法格式如下：

```
int fseek(FILE *stream, long offset, int fromwhere)
```

上述函数声明中，参数和返回值说明如下：

（1）stream：文件指针句柄。

（2）offset：偏移量，正数表示正向偏移（向后偏移），负数表示负向偏移（向前偏移）。

（3）fromwhere：设定从文件的哪里开始偏移，可能取值为：SEEK_CUR、SEEK_END 或 SEEK_SET。

（4）返回值：如果执行成功，函数返回 0。如果执行失败，函数返回一个非 0 值。如果执行失败（如 offset 超过文件自身大小），则不改变 stream 指向的位置。

下面演示 fseek() 函数的用法，如例 9－6 所示。

例 9－6 fseek() 函数的用法

```
1   #include <stdio.h>
2   #include <stdlib.h>
3   #define BUFFER_SIZE 1024
4
5   int main() {
6       FILE *fp = fopen("example.txt", "r");
7       if (fp == NULL) {
8           perror("Error opening file");
9           exit(EXIT_FAILURE);
10      }
11      //移动文件指针到第 10 个字节（或字符）
12      //123, 456.789, 2024-07-17, 10.5, 98765
13      fseek(fp, 10, SEEK_SET);
14      char buffer[BUFFER_SIZE];
15      while (fgets(buffer, BUFFER_SIZE, fp) != NULL) {
16          //输出从当前位置到下一行或文件末尾的内容
17          printf("%s", buffer);
18      }
19      //关闭文件
20      fclose(fp);
21      return 0;
```

上述程序中，第 13 行代码设置文件指针位置为第 10 位字符开始。运行程序，结果如图 9－9 所示。

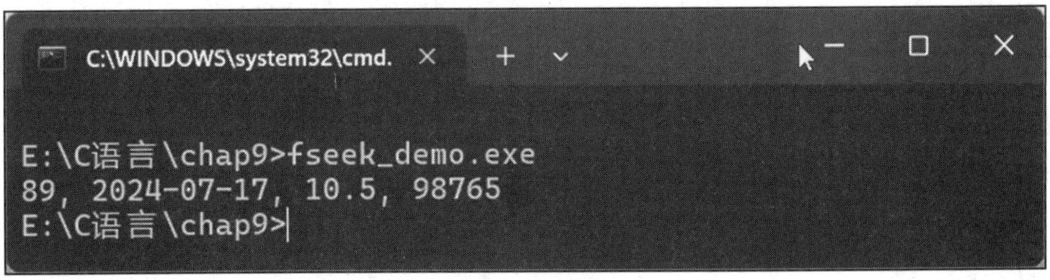

图 9－9 例 9－6 程序的运行结果

9.4.2 文件指针位置获取

文件指针位置获取函数主要用于获取文件指针当前位置的坐标。这些函数允许程序员精确控制文件指针在文件中的位置，从而实现文件的随机访问。文件指针位置获取函数主要包括 ftell()、fgetpos() 和 fsetpos() 函数。这些函数的组合使用能够有效地在文件中导航，执行随机访问和修改操作。文件指针位置获取函数的用法如表 9－4 所示。

表 9-4　文件指针位置获取函数的用法

函数	函数声明	参数说明	功能说明
ftell()	long ftell(FILE *stream);	stream：指向 FILE 对象的指针，该对象标识了要确定当前文件位置的流	ftell() 函数用于获取给定文件流当前的读写位置（即文件指针的当前位置），以相对于文件开头的字节偏移量表示。如果成功，返回从文件开头到当前读写位置的偏移量（以长整型表示）。如果发生错误，返回 -1L
fgetpos()	int fgetpos(FILE *stream, fpos_t *pos);	stream：指向 FILE 对象的指针，表示要获取位置的文件流 pos：指向 fpos_t 对象的指针，用于存储获取到的文件位置	fgetpos() 函数用于获取给定文件流当前的读写位置，并将该位置存储在 fpos_t 类型的对象中。这个位置是相对于文件开头的，但具体表示方式依赖于系统。如果成功，返回 0；如果失败，返回非零值
fsetpos()	int fsetpos(FILE *stream, const fpos_t *pos);	stream：指向 FILE 对象的指针，表示要设置位置的文件流 pos：指向 fpos_t 对象的指针，包含要设置到文件流中的位置	fsetpos() 函数用于将给定文件流的读写位置设置为 pos 参数所指向的 fpos_t 对象所表示的位置。这个操作将文件指针移动到文件中指定的位置。如果成功，返回 0；如果失败，返回非零值

fpos_t 是一个在 stdio.h 等头文件中定义的类型，用于表示文件内的位置。它是一个不透明的数据类型，其确切的表示方式依赖于实现（它可以是一个整数、结构体或其他类型）。

使用 fgetpos() 和 fsetpos() 可以更可靠地处理大文件或在不同系统之间移植，因为 fpos_t() 提供了比简单的长整型偏移量更灵活和更强大的位置表示能力。然而，对于许多标准用途和较小的文件，ftell() 和 fseek() 也足够使用。

在使用 fseek()、ftell()、fgetpos() 和 fsetpos() 函数时，必须确保文件是以支持随机访问的方式打开的（即以 "r"、"r + "、"w + " 或 "a + " 模式打开）。如果文件是以 "w" 或 "a" 模式打开的，则 fseek() 和 fsetpos() 可能无法将文件指针移动到文件的开头（或任何已写入内容之前的位置），具体取决于系统和库的实现。

任务实现

（1）定义学生结构体：Student 结构体包含学生的学号、姓名、三门成绩和总成绩。

（2）主函数：提供一个菜单，用户可以选择保存、读取、查找或修改学生成绩。

（3）保存学生记录：函数 saveStudent() 从用户输入中获取学生信息，并将其追加保存到文件中。

（4）读取所有学生记录：函数 readAllStudents() 从文件中读取所有学生记录并显示。

（5）按姓名查找学生：函数 findStudent() 根据输入的姓名查找并显示相应学生记录。

（6）按姓名修改学生记录：函数 modifyStudent() 根据输入的姓名查找相应学生记录，并允许用户修改其成绩后保存。

编写程序，利用文件实现学生成绩信息持久化存储，如例 9－7 所示。

例 9－7　学生成绩管理系统之信息持久化

```
#include <stdio.h>
#include <stdlib.h>
#include <string.h>

#define FILENAME "students.dat"

typedef struct {
    char id[20];
    char name[20];
    float score1;
    float score2;
    float score3;
    float total;
} Student;

void saveStudent();
void readAllStudents();
void findStudent();
void modifyStudent();
void displayStudent(Student student);

int main() {
    int choice;
    while (1) {
        printf("\n学生成绩管理系统\n");
        printf("1. 保存学生成绩\n");
        printf("2. 读取所有学生成绩\n");
        printf("3. 按姓名查找学生成绩\n");
        printf("4. 按姓名修改学生成绩\n");
        printf("5. 退出\n");
        printf("请输入你的选择: ");
        scanf("%d", &choice);

        switch (choice) {
            case 1:
                saveStudent();
                break;
            case 2:
                readAllStudents();
                break;
```

```
            case 3:
                findStudent();
                break;
            case 4:
                modifyStudent();
                break;
            case 5:
                exit(0);
            default:
                printf("无效选择！请重试。\n");
        }
    }
    return 0;
}

void saveStudent() {
    FILE *fp = fopen(FILENAME, "ab");
    if (fp == NULL) {
        perror("打开文件错误");
        return;
    }

    Student student;
    printf("请输入学生学号：");
    scanf("%s", student.id);
    printf("请输入学生姓名：");
    scanf("%s", student.name);
    printf("请输入成绩1：");
    scanf("%f", &student.score1);
    printf("请输入成绩2：");
    scanf("%f", &student.score2);
    printf("请输入成绩3：");
    scanf("%f", &student.score3);
    student.total = student.score1 + student.score2 + student.score3;

    fwrite(&student, sizeof(Student), 1, fp);
    fclose(fp);

    printf("学生成绩保存成功。\n");
}

void readAllStudents() {
    FILE *fp = fopen(FILENAME, "rb");
```

```
    if (fp == NULL) {
        perror(" 打开文件错误 ");
        return;
    }

    Student student;
    printf("\n 所有学生成绩记录 :\n");
    while (fread(&student, sizeof(Student), 1, fp) == 1) {
        displayStudent(student);
    }

    fclose(fp);
}

void findStudent() {
    FILE *fp = fopen(FILENAME, "rb");
    if (fp == NULL) {
        perror(" 打开文件错误 ");
        return;
    }

    char name[20];
    printf(" 请输入要查找的学生姓名 : ");
    scanf("%s", name);

    Student student;
    int found = 0;
    while (fread(&student, sizeof(Student), 1, fp) == 1) {
        if (strcmp(student.name, name) == 0) {
            displayStudent(student);
            found = 1;
            break;
        }
    }

    if (!found) {
        printf(" 未找到学生。\n");
    }

    fclose(fp);
}

void modifyStudent() {
```

```
    FILE *fp = fopen(FILENAME, "rb+");
    if (fp == NULL) {
        perror(" 打开文件错误 ");
        return;
    }

    char name[20];
    printf(" 请输入要修改的学生姓名 : ");
    scanf("%s", name);

    Student student;
    int found = 0;
    long pos;
    while ((pos = ftell(fp)) != -1 && fread(&student, sizeof(Student), 1, fp) == 1) {
        if (strcmp(student.name, name) == 0) {
            printf(" 请输入新成绩 1: ");
            scanf("%f", &student.score1);
            printf(" 请输入新成绩 2: ");
            scanf("%f", &student.score2);
            printf(" 请输入新成绩 3: ");
            scanf("%f", &student.score3);
            student.total = student.score1 + student.score2 + student.score3;

            fseek(fp, pos, SEEK_SET);
            fwrite(&student, sizeof(Student), 1, fp);
            found = 1;
            printf(" 学生成绩更新成功。\n");
            break;
        }
    }

    if (!found) {
        printf(" 未找到学生。\n");
    }

    fclose(fp);
}

void displayStudent(Student student) {
    printf(" 学号 : %s\n", student.id);
    printf(" 姓名 : %s\n", student.name);
    printf(" 成绩 1: %.2f\n", student.score1);
```

```
        printf(" 成绩 2: %.2f\n", student.score2);
        printf(" 成绩 3: %.2f\n", student.score3);
        printf(" 总分 : %.2f\n", student.total);
        printf("\n");
    }
```

任务拓展

文件作为数字化时代信息的载体，其安全性至关重要。设计程序，实现文件加密功能，如例 9 - 8 所示。

例 9 - 8　实现文件加密功能

```
#include <stdio.h>
#include <stdlib.h>
#include <ctype.h>

#define SHIFT 3  //加密和解密时字母移动的位数

//加密函数
void encrypt(char *inputFile, char *outputFile) {
    FILE *inFile = fopen(inputFile, "r");
    FILE *outFile = fopen(outputFile, "w");
    char ch;

    if (inFile == NULL || outFile == NULL) {
        perror(" 文件打开失败 ");
        exit(EXIT_FAILURE);
    }

    while ((ch = fgetc(inFile)) != EOF) {
        if (isalpha(ch)) {
            char base = islower(ch) ? 'a' : 'A';
            ch = (ch - base + SHIFT) % 26 + base;
        }
        fputc(ch, outFile);
    }

    fclose(inFile);
    fclose(outFile);
}

```

```c
//解密函数
void decrypt(char *inputFile, char *outputFile) {
    FILE *inFile = fopen(inputFile, "r");
    FILE *outFile = fopen(outputFile, "w");
    char ch;

    if (inFile == NULL || outFile == NULL) {
        perror(" 文件打开失败 ");
        exit(EXIT_FAILURE);
    }

    while ((ch = fgetc(inFile)) != EOF) {
        if (isalpha(ch)) {
            char base = islower(ch) ? 'a' : 'A';
            ch = (ch - base - SHIFT + 26) % 26 + base;
        }
        fputc(ch, outFile);
    }

    fclose(inFile);
    fclose(outFile);
}

int main() {
    char inputFile[100], outputFile[100];
    int choice;

    printf("1. 加密文件 \n");
    printf("2. 解密文件 \n");
    printf(" 选择操作 : ");
    scanf("%d", &choice);

    printf(" 输入文件路径 : ");
    scanf("%s", inputFile);

    printf(" 输出文件路径 : ");
    scanf("%s", outputFile);

    if (choice == 1) {
        encrypt(inputFile, outputFile);
        printf(" 文件加密成功 \n");
    } else if (choice == 2) {
        decrypt(inputFile, outputFile);
```

```
            printf(" 文件解密成功 \n");
        } else {
            printf(" 无效选择 \n");
        }

        return 0;
    }
```

运行程序，结果如图 9－10 所示。

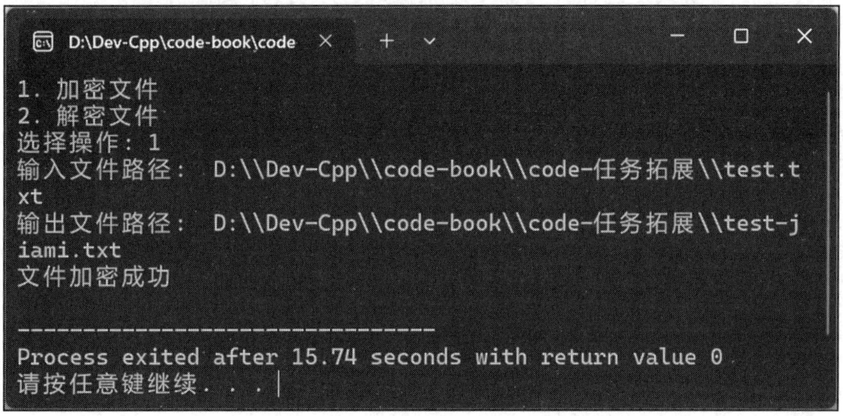

图 9－10　例 9－8 程序运行结果

习题

一、填空题

1. 文件操作中的________和________是两种常见的文件类型。

2. 使用 fopen() 函数打开文件时，如果希望以只读方式打开文件，应使用模式字符串________。

3. 使用 fread() 函数从文件中读取数据时，需要指定读取的数据块大小，该大小通过函数的第________个参数指定。

4. 在 C 语言中，通过________函数可以实现文件的随机访问。

5. 使用 ftell() 函数可以获取当前文件指针的________。

二、判断题

1. 使用 fopen() 函数打开文件时，如果文件不存在，则函数会创建该文件。　（　　）

2. 文本文件和二进制文件的主要区别在于文件内容的存储方式，而非文件扩展名。　（　　）

3. 使用 fclose() 函数关闭文件后，文件指针会自动指向 NULL。　（　　）

4. 在 C 语言中，对文件进行写操作时，如果文件不存在，fopen() 函数默认会创建该文件，如果文件已存在，则会清空文件内容后重新写入。（　　）

5. 使用 fseek() 函数可以将文件指针移动到文件的任意位置，包括文件末尾之后的位置。（　　）

三、选择题

1. 在 C 语言中，用于打开文件的函数是（　　）。

A. fopen()　　B. open()　　C. readfile()　　D. writefile()

2. 以下（　　）模式字符串用于以二进制写入方式打开文件。

A. "r"　　B. "w"　　C. "rb"　　D. "wb"

3. 使用 fread() 函数从文件中读取数据时，如果读取成功，该函数返回的是（　　）。

A. 读取的字节数　　B. 读取的元素数量

C. 读取的字符数　　D. 文件的大小

4. 以下（　　）函数用于获取当前文件指针的位置。

A. ftell()　　B. fseek()　　C. feof()　　D. ferror()

5. 在文件操作中，用于检查文件是否结束的函数是（　　）。

A. feof()　　B. ferror()　　C. fclose()　　D. fflush()

四、简答题

1. 请简要说明流的概念。

2. 请简要说明文件指针和文件位置指针的区别。

五、编程题

1. 在 D 盘中有一个 example.txt 文件，从键盘输入一段文字，并写入该文件中，当输入“$”时，则停止并自动保存。

2. 编写一个 C 程序，该程序首先创建一个名为“ data.bin”的二进制文件，并向其中写入 5 个整数（如 1, 2, 3, 4, 5）。然后，应重新打开该文件，读取并显示这些整数。

任务 10 综合项目实践

任务目标

知识目标	● 深入理解 C 语言的基本语法规则； ● 能够根据问题的需求，选择合适的控制结构来设计程序； ● 学习模块化编程思想，能合理设计功能模块，提高代码的可读性和可维护性。	1
技能目标	● 能够根据需求，使用 C 语言编写出功能完整的程序，解决实际问题； ● 能够根据问题的特点，选择合适的算法进行编程实现； ● 能够正确使用 C 语言的调试技巧，快速定位并修正程序中的错误； ● 在综合项目中，能够与他人合作完成任务，共同解决问题。	2
素养目标	● 养成自主学习的习惯，能够主动寻求学习资源，解决学习中的疑问； ● 面对实际问题时，能够运用所学知识进行分析、设计和实现解决方案； ● 能够清晰、准确地表达自己的观点和想法，与团队成员和他人进行有效沟通。	3

10.1 学生成绩管理系统

在当今信息化高速发展的时代，教育领域也迎来了数字化转型的浪潮。为了更高效、准确地管理学生成绩，提升教学质量与效率，学生成绩管理系统应运而生。该系统集成了学生信息管理、成绩录入、成绩分析、报表生成等多项功能，不仅极大减轻了教师的工作负担，还为学生和家长提供了便捷的成绩查询与分析服务，促进了家校之间的有效沟通，共同助力学生的全面发展。本项目要求设计一个简易的学生成绩信息管理系统，实现学生成绩信息的增、删、改、查、排序等基本功能，并实现学生成绩信息的本地化存储。学生成绩管理系统功能设计如图 10-1 所示。

微课

学生成绩管理系统

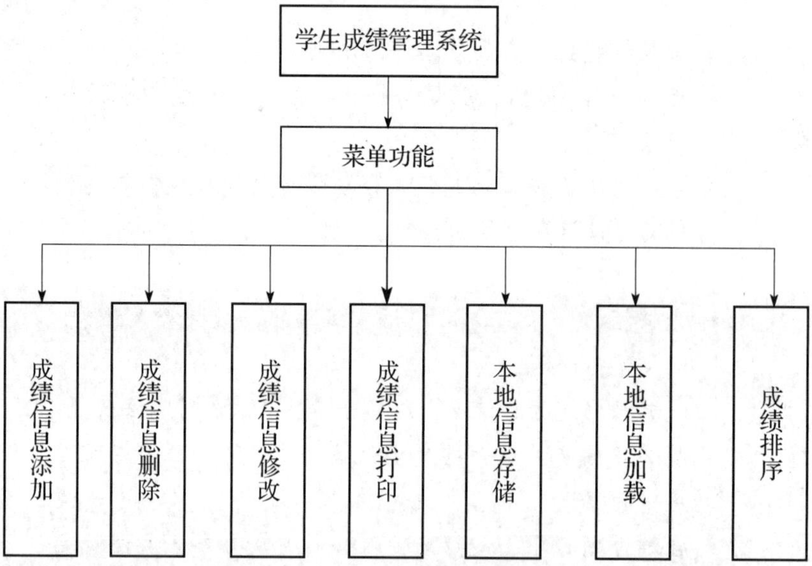

图 10-1 学生成绩管理系统功能设计

10.1.1 数据结构设计

学号、姓名、各个科目对应的成绩、总成绩，这些是组成学生成绩需要包含的基础信息，例如：

```
13120240309 张三 98 89.5 73 260.5
```

以上是一条学生成绩记录，这条记录中有由数字构成的学号，由汉字构成的姓名，整数成绩和带小数的各科成绩，以及由各科成绩相加得到的总成绩。根据此学生成绩信息示例设计的学生成绩信息数据结构，如表 10-1 所示。

表 10－1 学生成绩信息数据结构设计

变量声明	功能描述
int id	存储学号
char name[50]	存储学生姓名
float score1	存储课程 1 成绩
float score2	存储课程 2 成绩
float score3	存储课程 3 成绩

注意：因为学生总成绩可以由各科课程成绩相加得来，所以以上结构并未包含学生总成绩。表 10－1 中的信息均为与学生成绩相关的信息，为便于管理这些信息，体现数据间的关联性，可以使用结构体类型来声明这些数据。具体代码如下所示：

```
typedef struct {
    int id;
    char name[50];
    float score1;
    float score2;
    float score3;
} Student;
```

上述代码定义了学生成绩信息的数据结构，并为其取名为 Student，后续在代码中可使用 Student 定义学生成绩信息的数据类型。

10.1.2 功能设计

根据图 10－1 所示的学生成绩管理系统功能设计，可设计多个功能函数，分别实现系统的各个功能。下面对每个功能模块进行说明。

（1）添加信息功能 addStudent()：用于增加一条学生成绩信息记录。

（2）删除信息功能 deleteStudent()：用于删除一条学生成绩信息记录。

（3）修改信息功能 modifyStudent()：用于修改一条学生成绩信息记录，此功能应根据成绩信息中的某一唯一标识识别要修改的信息。

（4）打印信息清单功能 displayStudents()：用于打印所有学生成绩信息记录。

（5）存储信息功能 saveStudents()：用于将学生成绩信息存储到本地文件。

（6）本地信息加载功能 loadStudents()：用于从本地文件读取学生成绩信息，常用于系统初始化时。

（7）成绩排序功能 sortStudents()：根据学生总成绩对所有成绩进行排序。

除以上功能函数外，项目应定义主函数 main()，以串联所有功能模块。在学生成绩管理系统中，主函数一般承担打印主页面，提供系统交互功能。

10.1.3 创建项目

打开 Dev-C++，单击“文件”→“新建”→“项目”，以创建新项目，如图 10－2 所示。

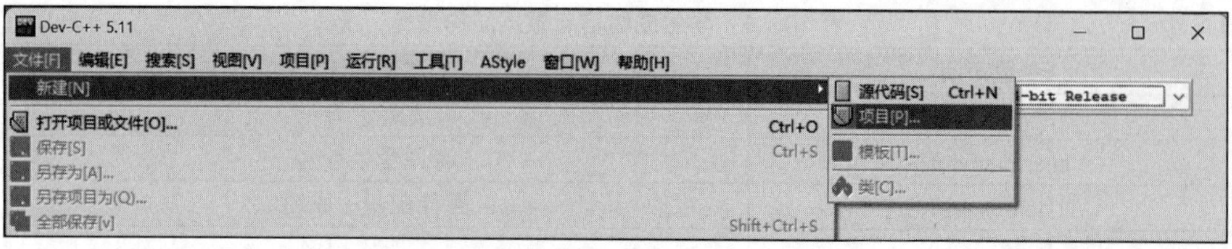

图 10－2 新建项目

桌面弹出“新项目”窗口，如图 10－3 所示。

图 10－3 “新项目”窗口

选择“Basic”选项卡中的“Console Application”和“C 项目”，在“名称”栏中设置项目名称“项目一－－学生成绩信息管理系统”，单击“确定”按钮，创建项目。

新建项目默认带有 main.c 文件，在该项目中添加两个新文件，这三个文件的功能说明如下：

- ScoManage.c：该文件用于定义各个功能模块的实现。
- ScoManage.h：该文件用于保存宏定义、结构体类型及函数的声明。
- main.c：该文件为项目的入口，用于进入程序，调用各函数以实现系统功能。

文件添加完成后，编辑器项目管理部分如图 10－4 所示。

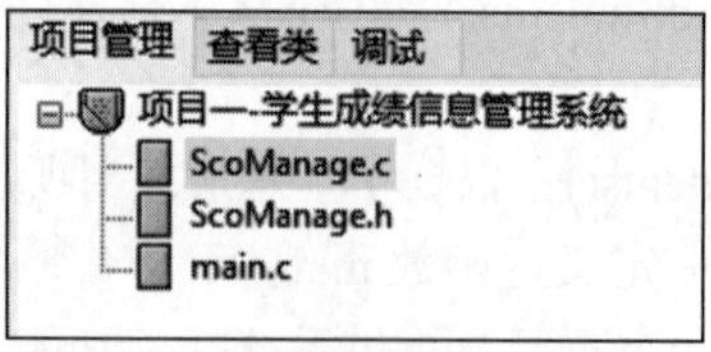

图 10－4 编辑器项目管理部分

由图 10－4 可知，该项目包含 1 个头文件和 2 个源代码文件。

10.1.4 预处理信息

在正式编写程序功能之前，往往会先定义一些预处理信息，如数据结构定义、函数声明、预处理语句。在 ScoManage.h 文件中定义预处理信息，具体如下所示：

```
#include <stdio.h>
#include <stdlib.h>
#define MAX_STUDENTS 100
#define FILE_NAME "students.dat"

typedef struct {
    int id;
    char name[50];
    float score1;
    float score2;
    float score3;
} Student;

//添加信息
void addStudent(Student students[], int *count);
//删除信息
void deleteStudent(Student students[], int *count);
//修改信息
void modifyStudent(Student students[], int count);
//打印信息清单
void displayStudents(Student students[], int count);
//存储信息
void saveStudents(Student students[], int count);
//从本地文件加载信息
void loadStudents(Student students[], int *count);
//成绩排序
void sortStudents(Student students[], int count);
```

ScoManage.h 文件中包含了常用系统头文件 stdio.h、stdlib.h，声明了全局变量 MAX_STUDENTS（值为 100）以设置成绩信息数组的最大容量，FILE_NAME 以指定信息在本地存储时的文件名；声明了学生成绩信息和各个功能函数。

10.1.5 主函数实现

main.c 文件中的代码定义学生成绩信息管理系统的主程序框架，它使用 ScoManage.h 文件中定义的函数原型来执行不同的操作。这个程序允许用户通过命令行界面选择添加、打印、删除、修改学生信息，对学生成绩进行排序，以及保存并退出程序等功能。在 main.c 文件中定义程序运行逻辑，具体如下所示：

```
#include "ScoManage.h"

int main() {
    Student students[MAX_STUDENTS];
    int count = 0;
    int choice, studentID;
     //加载系统文件，读取学生成绩单
    loadStudents(students, &count);

    while (1) {
        printf("\n1. 添加信息 \n2. 打印信息 \n3. 删除信息 \n4. 修改信息 \n5. 成绩排序 \n6. 保存并退出 \n 请选择功能 : ");
        scanf("%d", &choice);
        switch (choice) {
            case 1:
                addStudent(students, &count);
                break;
            case 2:
                displayStudents(students, count);
                break;
            case 3:
                deleteStudent(students, &count);
                break;
            case 4:
                modifyStudent(students, count);
                break;
            case 5:
                sortStudents(students, count);
                break;
            case 6:
                saveStudents(students, count);
                printf(" 数据已保存。\n");
                exit(0);
            default:
                printf(" 无效选择，请重新输入。\n");
        }
    }
    return 0;
}
```

main.c 文件的主函数 main() 首先初始化学生数组和计数器：创建一个 Student 类型的数组 students，其大小由 MAX_STUDENTS 常量决定；初始化一个计数器 count，用于追踪当前学生数组中的学生数量。其次，调用 loadStudents() 函数加载学生信息，从学生信息文件中读取数据，并更新 count 的值。之后进入用户交互循环，使用一个无限循环来持续接收用户的输入，打印一个功能菜单，并提示用户进行选择。

读取用户的输入，并根据选择执行相应的函数：

- 添加信息：调用 addStudent() 函数，向数组中添加一个新学生，并增加 count 的值。
- 打印信息：调用 displayStudents() 函数，打印当前所有学生的信息。
- 删除信息：调用 deleteStudent() 函数，根据用户提供的 ID 删除一个学生，并更新 count 的值。
- 修改信息：调用 modifyStudent() 函数，允许用户修改一个已存在的学生信息。
- 成绩排序：调用 sortStudents() 函数，根据学生的成绩对数组进行排序。
- 保存并退出：调用 saveStudents() 函数，将学生信息保存回文件，然后退出程序。
- 错误处理：如果用户输入了一个无效的选择，程序会打印一条错误消息，并要求用户重新输入。

这个程序框架是完整的，但需要注意以下几点：

- 确保 ScoManage.h 头文件包含了所有必要的函数声明和 Student 结构体的定义。
- 确保所有函数［如 addStudent()、deleteStudent() 等］都已在其他地方实现。
- 确保有一个有效的学生信息文件，以便 loadStudents() 函数能够正确读取数据。

10.1.6 功能函数实现

1. 添加信息 addStudent()

实现添加信息功能的 addStudent() 函数用于增加一条学生成绩信息记录，其本质是为主程序中定义的学生成绩信息结构体 students 赋值。需要注意结构体数组的最大容量为 MAX_STYDENTS，在赋值之前应先判断结构体数组是否已满，如未存满才能添加信息。addStudent() 函数的功能实现代码如下所示：

```
//添加学生成绩信息
void addStudent(Student students[], int *count) {
    if (*count >= MAX_STUDENTS) {
        printf(" 内存已满 .\n");
        return;
    }
    printf(" 请输入学号 : ");
    scanf("%d", &students[*count].id);
    printf(" 请输入学生姓名 : ");
    scanf("%s", students[*count].name);
    printf(" 请输入课程 1 成绩 : ");
    scanf("%f", &students[*count].score1);
    printf(" 请输入课程 2 成绩 : ");
    scanf("%f", &students[*count].score2);
    printf(" 请输入课程 3 成绩 : ");
```

```
    scanf("%f", &students[*count].score3);
    (*count)++;
    printf(" 成绩信息添加成功 .\n");
}
```

2. 打印信息 displayStudents()

打印信息的本质是遍历并输出主程序中的结构体数组 students，其功能实现比较简单，具体代码如下所示：

```
//打印学生成绩信息
void displayStudents(Student students[], int count) {
    int i;
    printf("\n 学生成绩单 :\n");
    for (i = 0; i < count; i++) {
        printf(" 学号 : %d, 姓名 : %s, 课程 1: %.2f, 课程 2: %.2f, 课程 3: %.2f\n",
          students[i].id, students[i].name, students[i].score1,
          students[i].score2, students[i].score3 );
    }
}
```

3. 删除信息 deleteStudent()

删除信息功能的本质是根据学号（或其他唯一标识）从结构体数组中删除一个元素，具体代码如下所示：

```
//删除学生成绩信息
void deleteStudent(Student students[], int *count) {
    int i, studentID, found = 0;
    printf(" 输入学号 :");
    scanf("%d", &studentID);
    for (i = 0; i < *count; i++) {
        if (students[i].id == studentID) {
            found = 1;
            break;
        }
    }

    if (!found) {
        printf(" 成绩信息未找到。\n");
        return;
    }

    for (; i < *count - 1; i++) {
        students[i] = students[i + 1];
```

```
    }

    (*count)--;
    printf(" 信息删除成功。\n");
}
```

deleteStudent() 函数接收一个 Student 结构体变量和表示当前信息数量的指针，函数内首先，提示用户输入要删除的学生学号，并通过 scanf() 函数读取用户输入的学号，存储在 studentID 变量中；其次，deleteStudent() 函数使用一个 for 循环遍历学生数组，查找与输入学号匹配的学生，如果找到匹配的学生，将 found 标志设置为 1，并跳出循环。

如果循环结束后 found 标志仍为 0，表示未找到匹配的学生，函数将打印“成绩信息未找到”的消息，并直接返回。如果找到匹配的学生，函数将使用另一个 for 循环，将从找到的学生位置开始到数组末尾的所有学生信息向前移动一位，以覆盖要删除的学生信息。

删除学生信息后，函数将计数器 *count 的值减少 1，以反映数组中当前的学生数量。

最后，函数打印“信息删除成功”的消息，表示已成功删除学生的成绩信息。

4. 修改信息 modifyStudent()

修改信息功能的本质是根据学号（或其他唯一标识）找到对应元素，并为其重新赋值，具体代码实现如下所示：

```
//修改学生成绩信息
void modifyStudent(Student students[], int count) {
    int i, id, found = 0;
    float newScore1, newScore2, newScore3;

    printf(" 输入学号 : ");
    scanf("%d", &id);

    for (i = 0; i < count; i++) {
        if (students[i].id == id) {
            printf(" 输入课程 1 成绩 : ");
            scanf("%f", &newScore1);
            printf(" 输入课程 2 成绩 : ");
            scanf("%f", &newScore2);
            printf(" 输入课程 3 成绩 : ");
            scanf("%f", &newScore3);
            students[i].score1 = newScore1;
            students[i].score2 = newScore2;
            students[i].score3 = newScore3;
            printf(" 信息修改成功。\n");
            found = 1;
```

```
            break;
        }
    }
    if (!found) {
        printf("未找到信息。\n");
    }
}
```

modifyStudent() 函数接收一个 Student 结构体变量和表示当前信息数量的指针，函数内首先提示用户输入要修改的学生学号，并通过 scanf() 函数读取用户输入的学号，存储在 id 变量中；然后函数使用一个 for 循环遍历学生数组，查找与输入学号匹配的学生。

如果找到匹配的学生，函数将提示用户输入新的课程成绩，并通过 scanf() 函数读取用户输入的新成绩，存储在 newScore1、newScore2 和 newScore3 变量中。之后，函数将匹配学生的课程成绩更新为用户输入的新成绩。最后，函数打印“信息修改成功”的消息，表示已成功修改学生的成绩信息。如果循环结束后仍未找到匹配的学生，函数将打印“未找到信息。”的消息，表示未找到要修改的学生信息。

5. 成绩排序 sortStudents()

成绩排序功能的本质是根据结构体数组中存储的每个学生各科课程成绩计算每个学生的总成绩，并根据总成绩对结构体中的成绩记录进行排序。函数功能实现如下所示：

```
//学生成绩排序
void sortStudents(Student students[], int count) {
    int i, j;
    float sum1, sum2;
    Student temp;
    for (i = 0; i < count - 1; i++) {
        for (j = 0; j < count - i - 1; j++) {
            sum1 = students[j].score1 +  students[j].score2 + students[j].score3;
            sum1 = students[j+1].score1 +  students[j+1].score2 + students[j+1].score3;
            if (sum1 < sum2) {
                temp = students[j];
                students[j] = students[j + 1];
                students[j + 1] = temp;
            }
        }
    }
    printf("排序完成。\n");
}
```

sortStudents() 函数接收一个 Student 结构体变量和表示当前信息数量的指针。该函数中首先定义变量 i 和 j 用于循环控制；定义变量 sum1 和 sum2 用于存储相邻两个学生的总成绩，以便进行比较；定义 Student 类型的临时变量 temp，用于交换学生信息。其次，使用冒泡排序算法对学生数组进行排序：外层循环控制排序的总轮数，内层循环负责在每一轮中进行相邻元素的比较和交换；在内层循环中，计算相邻两个学生的总成绩。如果前一个学生的总成绩低于后一个，则使用 temp 变量交换两者的位置。经过冒泡排序后，学生数组将按照总成绩从高到低的顺序排列。

6. 保存并退出 saveStudents()

保存并退出功能的本质是将学生成绩信息结构体中的信息写入本地文件保存，并退出程序（关闭系统）。注意：退出程序通过系统函数 exit() 实现，因为该函数用于退出当前程序，故应在 main() 函数中调用。因此此处的保存功能由 saveStudents() 函数实现，而退出功能应在 main() 函数的 case 分支中调用。saveStudents() 函数功能实现如下所示：

```
//存储学生成绩信息
void saveStudents(Student students[], int count) {
    FILE *file = fopen(FILE_NAME, "wb");
    if (file == NULL) {
        printf(" 文件打开失败 .\n");
        exit(1);
    }
    fwrite(&count, sizeof(int), 1, file);
    fwrite(students, sizeof(Student), count, file);
    fclose(file);
}
```

saveStudents() 函数用来将学生成绩信息保存到文件中。该函数接收一个 Student 结构体变量和表示当前信息数量的指针，首先，使用 fopen() 函数以二进制写入模式（"wb"）打开一个文件，文件名为 FILE_NAME。如果文件打开失败（即 file 为 NULL），则打印错误信息并通过 exit (1) 终止程序。

若文件打开成功，则先写入学生数量：使用 fwrite() 函数将 count（表示学生数量的整数）写入文件。这里写入了 1 个数据项，每个数据项的大小为 sizeof (int)。其次，写入学生信息：再次使用 fwrite() 函数将学生数组 students 写入文件。这里写入了 count 个数据项，每个数据项的大小为 sizeof (Student)。最后，使用 fclose() 函数关闭文件，确保所有数据都已正确写入并保存。

7. 数据加载功能 loadStudents()

数据加载功能的本质是从本地文件读取数据，并将数据保存在 main() 函数中定义对的结构体数组 students 中，以便功能函数使用数据。函数功能实现如下所示：

```
//加载学生成绩文件
void loadStudents(Student students[], int *count) {
    FILE *file = fopen(FILE_NAME, "rb");
    if (file == NULL) {
```

```
        printf("未找到数据文件.\n");
        *count = 0;
        return;
    }
    fread(count, sizeof(int), 1, file);
    fread(students, sizeof(Student), *count, file);
    fclose(file);
    printf("数据读取成功.\n");
}
```

loadStudents() 函数接收一个 Student 结构体变量和表示当前信息数量的指针。该函数中首先使用 fopen() 函数以二进制读取模式（"rb"）打开一个文件，文件名为 FILE_NAME（代表要加载的文件名）。如果文件打开失败（即 file 为 NULL），则打印错误信息，并将 count 设置为 0，然后返回。然后读取学生数量：使用 fread() 函数从文件中读取一个整数，该整数表示学生数量，并将其存储在 count 指向的位置。之后读取学生信息：使用 fread() 函数从文件中读取 *count 个 Student 结构体，并将它们存储在 students 数组中。最后使用 fclose() 函数关闭文件，确保文件已正确关闭，并打印“数据读取成功”的消息，表示学生数据已成功从文件中加载。

以上功能实现函数均存储在 ScoManage.c 文件中，需注意：学生成绩信息的数据类型声明等信息存储在 ScoManage.h 文件中，功能函数的实现使用了 stdlib.h、stdio.h 中的函数（也存储在 ScoManage.h 文件），因此 ScoManage.c 文件需包含头文件 ScoManage.h。

10.1.7 功能演示

运行程序，首先由 main() 函数打印系统主页面，如图 10－5 所示。

图 10－5 打印系统主页面

根据提示输入选择的功能，可跳转到相应的页面。

1. 添加信息

输入“1”，跳转到添加信息页面。可以根据提示输入学生成绩信息，如图 10－6 所示。

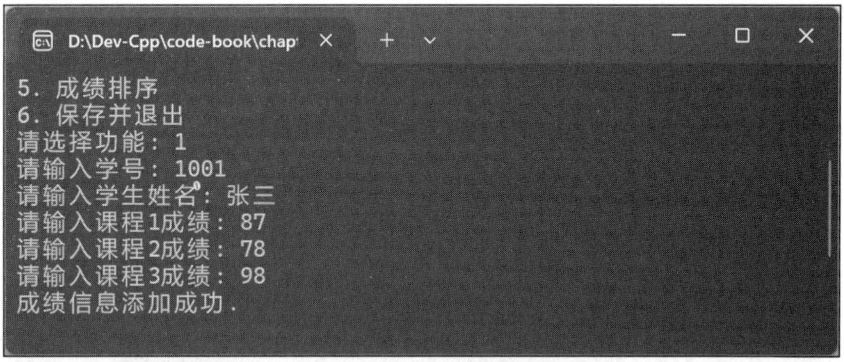

图 10-6　添加信息

如图 10-6 所示，信息添加成功。此时程序打印提示信息，并返回主页面，如图 10-7 所示。

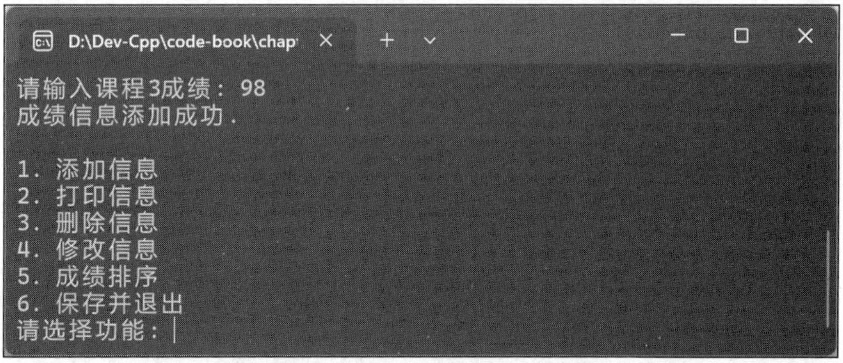

图 10-7　添加信息后返回主页面

2. 打印信息

输入“2”，程序将打印学生成绩信息。完成打印后，程序将返回主页面，如图 10-8 所示。

图 10-8　打印信息（成功返回主页面）

3. 删除信息

输入“3”，可根据学号删除学生成绩信息，如图 10－9 所示。

图 10－9　删除信息

4. 修改信息

输入“4”，可使用信息修改功能。通过输入序号可选择要修改信息的记录，并重新设置信息。因此时记录为空，我们先重新添加信息，如图 10－10 所示。

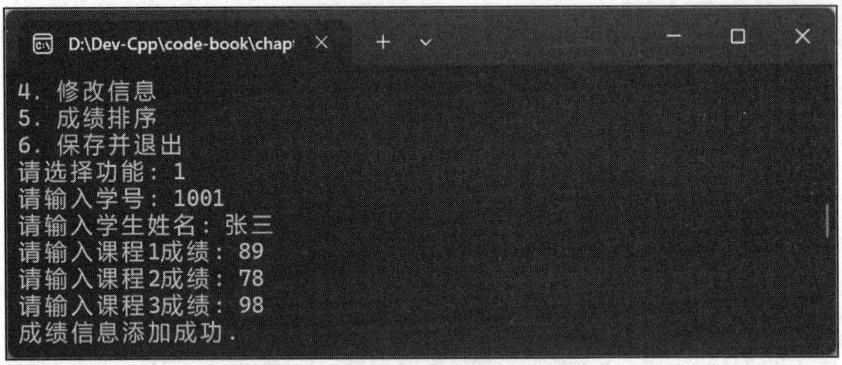

图 10－10　重新添加信息

之后再修改信息，并使用功能 2 查看修改后的信息，如图 10－11 所示。对比图 10－10 和图 10－11 中的信息，说明信息修改成功。

5. 成绩排序

输入“5”，可使用成绩排序。此时先录入以下成绩：

```
1001 张三 9  8     7
1002 李四 97 84.5 72
1003 王五 88 79.5 83
```

再选择功能“5”对数据进行排序，如图 10-12 所示。

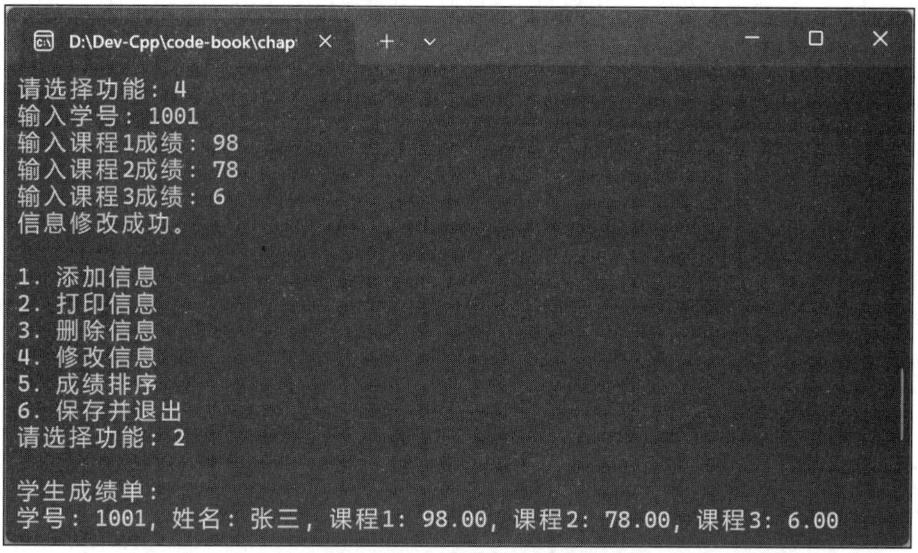

图 10-11 信息修改（并查看）

图 10-12 成绩排序

之后选择功能“2”打印信息，以查看排序结果，如图 10-13 所示。

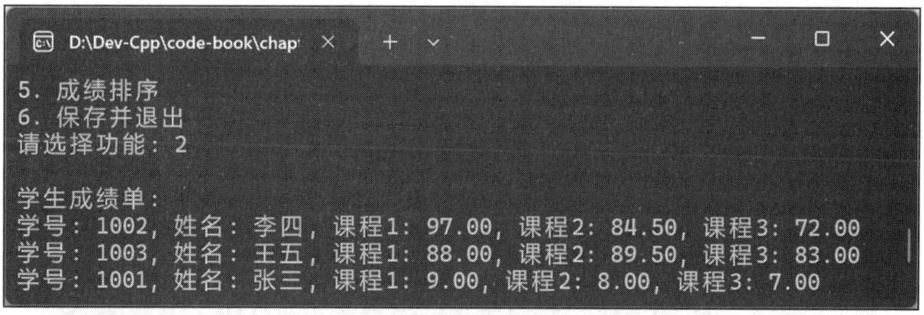

图 10-13 查看排序结果

对比排序前后的信息，可知成绩信息排序成功。

6. 保存并退出

输入“6”，可将 students 结构体中的信息保存到本地文件中，系统提示信息如图 10－14 所示。

图 10－14　信息保存

打开项目存储位置，可找到数据文件“ students.dat”，打开文件可查看文件中的信息，如图 10－15 所示。

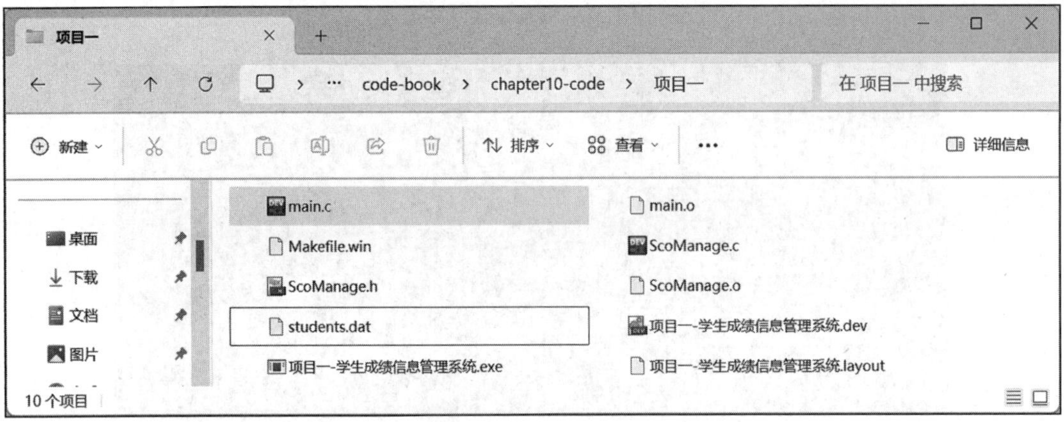

图 10－15　找到数据文件“students.dat”

因选项 6 还有退出功能，此时命令行窗口不再返回主页面，而是退出程序，提示信息如图 10－16 所示。

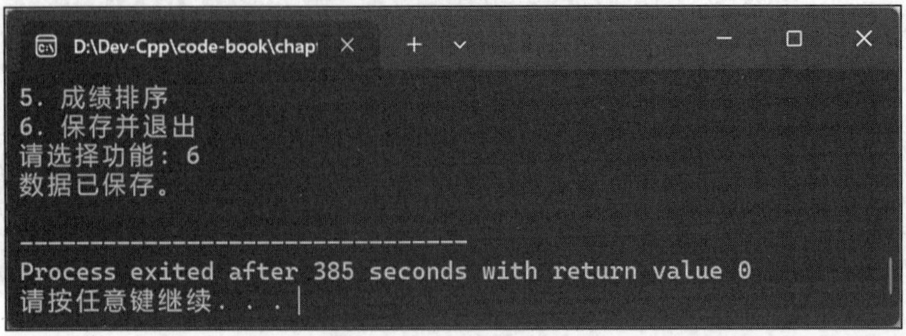

图 10－16　退出程序

7. 加载数据

项目程序运行后，main() 函数将调用加载数据功能以读取本地数据。重新启动程序，程序将从本地读取数据文件“ students.dat”；选择功能“2”，则可将本地数据输出至命令行。加载本地数据并打印，如图 10－17 所示。

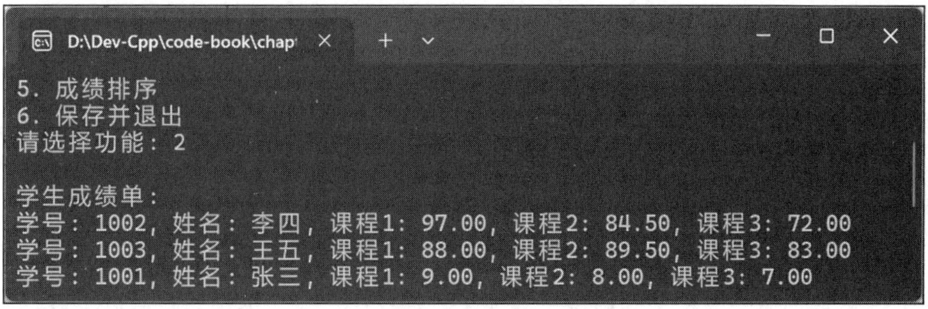

图 10－17 加载本地数据并打印

实际编程中，往往在加载数据之后，打印相应提示信息。

10.2 图书信息管理系统

在当今信息化高速发展的时代，各行各业都在积极探索数字化转型的道路，以提高工作效率和服务质量。图书馆，作为知识与智慧的宝库，也不例外。为了更好地管理图书资源、提升借阅体验、优化图书流通效率，图书信息管理系统应运而生。本项目要求设计一个简易的图书信息管理系统，实现图书信息增、删、改、查等基本功能，并实现图书信息的本地化存储。图书信息管理系统功能设计如图 10－18 所示。

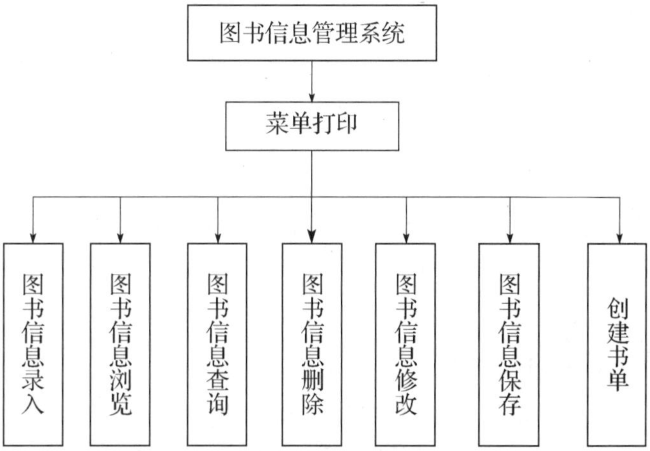

图 10－18 图书信息管理系统功能设计

10.2.1 数据结构设计

图书的常规信息包含图书编号、书名、作者、图书类别编号、图书价格等，根据需求设计的图书信息数据结构，如表 10－2 所示。

表 10－2 图书信息数据结构设计

变量声明	功能描述
char bnum[10]	存储图书编号
char bname[30]	存储书名
char bauthor[20]	存储作者
char bclassfy[10]	存储图书类别编号
float bprice	存储图书价格

以上信息均为与图书相关的信息，为便于管理这些信息，体现数据间的关联性，可以使用结构体类型来声明这些数据；同时为灵活处理数据，可以在结构体中设置链表指针。具体代码如下所示：

```
typedef struct book
{
    char bnum[10];                          //图书编号
    char bname[30];                         //书名
    char bauthor[20];                       //作者
    char bclassfy[10];                      //图书类别编号
    float bprice;                           //图书价格
    struct book* next;                      //链表指针
}BookInfo;
```

上述代码定义了图书信息的数据结构，并为其取别名为 BookInfo，后续在代码中可使用 BookInfo 定义图书信息的数据类型。

10.2.2 功能设计

为了保证代码结构完整、脉络清晰，本项目的每个功能将被模块化为一个函数，在主函数中根据用户的选择，调用对应的功能。下面对每个功能模块进行说明。

1. 菜单打印函数 menu()

此函数负责展示功能菜单，为用户提供与程序进行交互的入口。通过打印不同的选项，引导用户选择想要执行的操作，如录入图书信息、浏览图书信息、查询图书信息等。

2. 图书信息录入函数 Insert()

该函数实现了向链表中添加新图书信息的功能。用户输入图书的详细信息后，函数会创建一个新的链表节点，并将其添加到链表的末尾或指定位置。

3. 图书信息浏览函数 Print()

此函数负责遍历链表，并输出其中存储的所有图书信息。用户可以通过此函数查看当前链表中保存的所有图书记录。

4. 图书信息查询函数 Search()

该函数根据用户输入的某项图书信息（如书名、作者等），在链表中查找对应的记录。如果找到匹配的记录，函数会将其详细信息输出给用户。

5. 图书信息修改函数 Update()

此函数允许用户根据输入的某项图书信息找到对应的记录，并修改其中的内容。例如，用户可以修改图书的作者、价格等信息。

6. 图书信息删除函数 Delete()

该函数用于删除链表中的指定图书记录。用户输入某项图书信息后，函数会在链表中查找对应的节点，并将其从链表中删除。

7. 图书信息保存函数 Save()

此函数负责将链表中的图书信息写入文件中，以便在程序关闭后仍能保存这些数据。用户可以选择将数据存储为文本文件、二进制文件等格式。

8. 创建书单函数 BookInfo()

本函数用于创建一个链表结构，以存储图书的相关信息。链表中的每个节点都包含一本图书的详细信息，如书名、作者等。此函数为后续各项功能的实现提供了基础的数据结构。

10.2.3 创建项目

打开 Dev-C++，单击“文件”→“新建”→“项目”，以创建新项目，如图 10－19 所示。

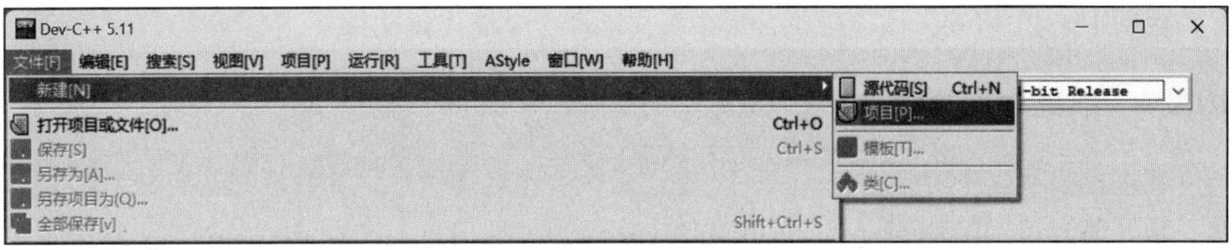

图 10－19 新建项目

桌面弹出“新项目”窗口，如图 10－20 所示。

选择“Basic”选项卡中的“Console Application”和“C 项目”，在“名称”栏中设置项目名称“项目二－图书信息管理系统”，单击“确定”按钮，创建项目。

图 10－20 “新项目”窗口

新建项目默认带有 main.c 文件，在该项目中添加两个新文件，这三个文件的功能说明如下：

- BooksManage.c：该文件用于定义各个功能模块的实现。
- BooksManage.h：该文件用于保存宏定义、结构体类型及函数的声明。
- main.c：该文件为项目的入口，用于进入程序，调用各函数以实现系统功能。

文件添加完成后，编辑器项目管理部分如图 10－21 所示。

图 10－21 编辑器项目管理部分

由图 10－21 可知，该项目包含 1 个头文件和 2 个源代码文件。

10.2.4 预处理信息

在正式编写程序功能之前，往往会先定义一些预处理信息，如数据结构定义、函数声明、预处理语句。在 BooksManage.h 文件中定义预处理信息，文件 BooksManage.h 具体如下所示：

```
#include <stdio.h>

typedef struct book{
    char bnum[10];                          //图书编号
```

```
        char bname[30];                               //书名
        char bauthor[20];                             //作者
        char bclassfy[10];                            //图书类别编号
        float bprice;                                 //图书价格
        struct book* next;                            //链表指针
    }BookInfo;

    BookInfo* CreateBooksList();                      //创建链表
    void Insert(BookInfo* head);                      //插入
    void Delete(BookInfo* head);                      //删除
    void Print(BookInfo* head);                       //浏览
    void Search(BookInfo* head);                      //查询
    void Update(BookInfo* head);                      //修改
    void Save(BookInfo* head);                        //保存
    int menu();                                       //菜单
```

以上代码分别声明了图书信息结构体 BookInfo 和各个功能函数。

10.2.5 主函数实现

main.c 文件中的代码实现了一个基本的图书信息管理系统，通过链表来存储和管理图书信息，并提供了用户交互界面来执行各种操作。在 main.c 文件中定义程序运行逻辑，具体如下所示：

```
#include "BooksManage.h"
#include <stdlib.h>

int main()
{
    BookInfo *head;
    int sel;
    head = NULL;
    for (;;)
    {
        sel = menu();                          //输出菜单，并获取选择的功能
        switch (sel)
        {
        case 1:
            if (head == NULL)
                head = CreateBooksList();
            Insert(head);
            break;
        case 2:Print(head); break;
```

```
            case 3:Search(head); break;
            case 4:Update(head); break;
            case 5:Delete(head); break;
            case 6:Save(head); break;
            case 7:exit(0); break;
            default:break;
            }
        }
        return 0;
    }
```

以上代码的功能说明如下：

1. 头文件包含

（1）#include "BooksManage.h"：包含了图书管理系统的自定义头文件，其中应该定义了 BookInfo 结构体、menu() 函数及图书管理的各种功能函数。

（2）#include <stdlib.h>：包含了标准库的头文件，用于调用 exit() 函数等。

2. 主函数

主函数定义了一个 BookInfo 类型的指针 head，用于指向图书链表的头节点。head 初始化为 NULL，表示链表为空。使用一个无限循环 for (; ;) 来不断显示菜单，并处理用户的选择。

3. 菜单处理

（1）调用 menu() 函数显示功能菜单，并获取用户的选择 sel。

（2）将用户选择的功能 sel 传递到 switch-case 结构，根据用户的选择执行相应的功能。

- case 1：如果链表为空，则调用 CreateBooksList() 函数创建一个新的链表，并调用 Insert() 函数向链表中插入新的图书信息。
- case 2：调用 Print() 函数打印链表中的所有图书信息。
- case 3：调用 Search() 函数根据用户输入的信息搜索链表中的图书。
- case 4：调用 Update() 函数更新链表中的图书信息。
- case 5：调用 Delete() 函数从链表中删除指定的图书。
- case 6：调用 Save() 函数将链表中的图书信息保存到文件中。
- case 7：调用 exit() 函数退出程序。
- default：不执行任何操作。

4. 程序结束

常规的结束语句“return 0;”在理论上永远不会执行，因为使用了无限循环，程序实际上不会自然结束，除非用户选择退出（case 7）。

需要注意的是，代码中的 CreateBooksList() 函数用于初始化链表，但在用户已经选择过一次添加图书（case 1）之后，再次选择时不会再次调用 CreateBooksList()，因为 head 已经不为 NULL 了。这是为了避免重复创建链表头节点。

10.2.6 功能函数实现

1. 菜单打印函数 menu()

菜单打印功能用于展示功能菜单，为用户提供与程序进行交互的入口。通过打印不同的选项，引导用户选择想要执行的操作，如图书信息录入、图书信息浏览、图书信息查询等。menu() 函数的功能实现代码如下所示：

```
//菜单
int menu()
{
    int sec;
    printf("                图书管理系统                    \n");
    printf("────────────────────────────────────────── \n");
    printf("               1-图书信息录入 \n");
    printf("               2-图书信息浏览 \n");
    printf("               3-图书信息查询 \n");
    printf("               4-图书信息修改 \n");
    printf("               5-图书信息删除 \n");
    printf("               6-图书信息保存 \n");
    printf("               7-退出 \n");
    printf("────────────────────────────────────────── \n");
    printf("请选择: ");
    fflush(stdin);
    scanf("%d", &sec);
    while (sec > 7 || sec < 0)
    {
        printf("选择有误! \n请重新输入: ");
        scanf("%d", &sec);
    }
    return sec;
}
```

int menu() 函数不接收任何参数，但返回一个整型值，函数内声明了一个整型变量 sec，用于存储用户的选择。使用 printf() 函数打印图书信息管理系统的菜单，包括各个功能的选项。使用 scanf() 函数读取用户输入的选择，并将其存储在变量 sec 中。使用 while (sec > 7 || sec < 0) 循环检查用户输入的选择是否有效（即是否在 1 到 7 的范围内）。如果输入无效，则打印错误消息，并再次提示用户输入。使用 return 语句返回用户的选择。

2. 创建书单功能 BookInfo()

多条图书信息存储在一起便形成书单。书单使用链表存储，在存储书单之前，需先创建一个空链表。这里通过函数 BookInfo() 实现创建书单功能，代码如下：

```
//创建书单
BookInfo* CreateBooksList()
{
    BookInfo* head;
    head = (BookInfo*)malloc(sizeof(BookInfo));    //为头节点分配空间
    head->next = NULL;                              //初始化头指针
    return head;
}
```

3. 图书信息录入函数 Insert()

图书信息录入功能的本质，是在链表尾部添加新的图书信息节点。函数 Insert() 的功能实现代码如下：

```
void Insert(BookInfo* head)
{
    BookInfo *b, *p;
    char flag = 'Y';
    p = head;
    while (p->next != NULL)
        p = p->next;
    //开辟新空间，存储图书信息，并加入链表
    while (flag == 'Y' || flag == 'y')
    {
        b = (BookInfo*)malloc(sizeof(BookInfo));          //开辟新空间
        printf(" 请输入图书编号：");                       //获取图书信息
        fflush(stdin);                                      //清空缓冲区
        scanf("%s", b->bnum);
        printf(" 请输入书名：");
        fflush(stdin);
        scanf("%s", b->bname);
        printf(" 请输入作者：");
        fflush(stdin);
        scanf("%s", b->bauthor);
        printf(" 请输入类别编号：");
        fflush(stdin);
        scanf("%s", b->bclassfy);
        printf(" 请输入图书价格：");
        fflush(stdin);
        scanf("%f", &b->bprice);
```

```
        p->next = b;                        //将新增加的节点加入链表
        p = b;                              //指针p向后移动，指向尾节点
        b->next = NULL;
        printf("添加成功！\n继续添加？(Y/N):");
        fflush(stdin);
        scanf("%c", &flag);
        if (flag == 'N' || flag == 'n')break;
        else if (flag == 'Y' || flag == 'y')continue;
    }
    return;
}
```

Insert() 函数接收一个指向 BookInfo 类型的指针 head 作为参数，这个指针指向链表的头节点。Insert() 函数中定义了两个指向 BookInfo 类型的指针 b 和 p。b 将用于指向新创建的节点，而 p 将用于遍历链表；定义了 char 类型变量 flag，在每次添加新节点后，程序都会询问用户是否继续添加，根据用户的输入，循环将继续或终止，用于控制是否继续添加图书信息。

4. 图书信息浏览函数 Print()

图书信息浏览功能的本质是遍历链表，并输出其中存储的所有图书信息。用户可以通过此函数查看当前链表中保存的所有图书记录。函数 Print() 的功能实现如下：

```
//图书信息浏览函数 Print()
void Print(BookInfo* head)
{
    BookInfo *p;
    if (head == NULL || head->next == NULL)        //判断链表是否为空
    {
        printf("无记录！\n");
        return;
    }
    p = head;
    //遍历链表，输出图书信息
    while (p->next != NULL)
    {
        p = p->next;
        printf("|编号:%-6s|书名:%-10s|作者:%-10s|类别编号:%-10s|价格:%.2lf|\n",
         p->bnum,p->bname, p->bauthor, p->bclassfy, p->bprice);
    }
}
```

5. 图书信息查询函数 Search()

图书信息查询功能的本质是根据用户输入的某项图书信息（如书名、作者等），在

链表中查找对应的记录。如果找到匹配的记录，函数会将其详细信息输出给用户。函数 Search() 的功能实现如下：

```
//图书信息查询函数 Search()
void Search(BookInfo* head)
{
    BookInfo *p;
    char tmp[30];
    int flag = 0;
    p = head;
    if (head == NULL || head->next == NULL)
        printf("清单为空！\n");
    else
    {
        printf("请输入书名：");
        fflush(stdin);
        scanf("%s", tmp);
        while (p->next != NULL)
        {
            p = p->next;
            if (strcmp(p->bname, tmp) == 0)
            {
                flag = 1;                              //图书已找到
                printf("编号：%s\n书名：《%s》\n作者：%s\n分类：%s\n价格：%.2f\n",
                    p->bnum, p->bname, p->bauthor, p->bclassfy, p->bprice);
                return;
            }
            if (p->next == NULL)
                printf("\n查询完毕！");
        }
        if (flag == 0)
            printf("没有找到《%s》！\n", tmp);
    }
    return;
}
```

Search() 函数定义了一个无返回值的函数，它接收一个指向 BookInfo 类型的指针 head 作为参数，这个指针指向链表的头节点。函数中声明了一个指向 BookInfo 类型的指针 p，用于遍历链表；声明了一个字符数组 tmp，用于存储用户输入的书名；声明了一个整型变量 flag，并初始化为 0，用于标记是否找到了用户指定的图书。

函数中通过 if (head == NULL || head -> next == NULL) 判断链表是否为空。如果为空，则打印“清单为空！”并结束函数；否则通过 printf() 和 scanf() 函数获取用户输入的书名，并存储在 tmp 数组中；通过 while (p -> next != NULL) 循环遍历链表。在循环中，使用 strcmp() 函数比较当前节点的书名 (p -> bname) 与用户输入的书名 (tmp)。如果相同，表示

找到了用户指定的图书（strcmp 返回 0），则将 flag 设置为 1，并打印出该书的详细信息，然后结束函数；如果遍历完整个链表都没有找到用户指定的图书，则打印“查询完毕！”。

最后对 flag 进行判断，如果 flag 仍然为 0，则表示没有找到用户指定的图书，打印“没有找到《%s》！”，其中 %s 会被替换为用户输入的书名。

6. 图书信息修改函数 Update()

图书信息修改功能用于让用户根据输入的某项图书信息找到对应的记录，并修改其中的内容。例如，用户可以修改图书的作者、价格等信息。函数 Update() 的功能实现如下：

```
//图书信息修改函数 Update()
void Update(BookInfo* head)
{
    BookInfo *p;
    int flag = 0;
    char tmp[30];
    p = head;
    printf("请输入书名：");
    fflush(stdin);
    scanf("%s", tmp);
    while (p->next != NULL)
    {
        p = p->next;
        if (strcmp(p->bname, tmp) == 0)
        {
            flag = 1;                               //标记找到所要修改的图书
            printf("请输入编号：");
            fflush(stdin);
            scanf("%s", p->bnum);
            printf("请输入书名：");
            fflush(stdin);
            scanf("%s", p->bname);
            printf("请输入作者：");
            fflush(stdin);
            scanf("%s", p->bauthor);
            printf("请输入类别编号：");
            fflush(stdin);
            scanf("%s", p->bclassfy);
            printf("请输入价格：");
            fflush(stdin);
            scanf("%f", &p->bprice);
        }
    }
```

```
    if (flag == 0)
        printf(" 没有找到《%s》! \n", tmp);
    return;
}
```

Update() 函数无返回值，它接收一个指向 BookInfo 类型的指针 head 作为参数，这个指针指向链表的头节点。函数中声明了一个指向 BookInfo 类型的指针 p，用于遍历链表；声明了一个整型变量 flag，并初始化为 0，用于标记是否找到了用户指定的图书；声明了一个字符数组 tmp，用于存储用户输入的书名。通过 printf() 和 scanf() 函数获取用户输入的书名，并存储在 tmp 数组中。通过 while (p->next!=NULL) 循环遍历链表。在循环中，使用 strcmp() 函数比较当前节点的书名 (p->bname) 与用户输入的书名 (tmp)。如果找到了用户指定的图书（strcmp 返回 0），则将 flag 设置为 1，并允许用户输入新的图书信息来更新当前节点的数据。如果遍历完整个链表都没有找到用户指定的图书，则打印"没有找到《%s》!"，其中 %s 会被替换为用户输入的书名。

7. 图书信息删除函数 Delete()

图书信息删除功能用于删除链表中的指定图书记录。用户输入某项图书信息后，函数会在链表中查找对应的节点，并将其从链表中删除。函数 Delete() 的功能实现代码如下：

```
// 图书信息删除函数 Delete()
void Delete(BookInfo* head)
{
    BookInfo *b, *p;
    char tmp[30];
    int flag;                    // 标志位，判断是否找到了要删除的图书
    flag = 0;
    b = head;
    p = head;
    printf(" 请输入要删除的书籍名: ");
    fflush(stdin);
    scanf("%s", tmp);
    // 遍历链表
    while (p != NULL)
    {
        if (strcmp(p->bname, tmp) == 0)
        {
            flag = 1;
            break;
        }
        p = p->next;
    }
    if (flag == 1)
```

```
    {
        for (; b->next != p;)
            b = b->next;
        b->next = p->next;
        free(p);
        printf(" 删除成功! \n");
    }
    else
        printf(" 该书不存在! ");
    return;
}
```

Delete() 函数无返回值，它接收一个指向 BookInfo 类型的指针 head 作为参数，这个指针指向链表的头节点。函数中声明了两个指向 BookInfo 类型的指针 b 和 p，用于遍历链表和找到要删除的节点的前一个节点；声明了一个字符数组 tmp，用于存储用户输入的要删除的书籍名；声明了一个整型变量 flag，用于标记是否找到了用户指定的书籍。通过 printf() 和 scanf() 函数获取用户输入的要删除的书籍名，并存储在 tmp 数组中。通过 while (p != NULL) 循环遍历链表。在循环中，使用 strcmp() 函数比较当前节点的书名 (p -> bname) 与用户输入的书名 (tmp)。如果找到了，将 flag 设置为 1，并跳出循环。如果 flag 为 1，表示找到了要删除的书籍。此时，使用另一个循环 for (; b -> next! = p;) 找到要删除的节点 p 的前一个节点 b。然后，将 b->next 指向 p->next，从而从链表中删除节点 p。最后，使用 free (p) 释放节点 p 的内存，并打印"删除成功!"。如果 flag 不为 1，表示没有找到用户指定的书籍，打印"该书不存在!"。

8. 图书信息保存函数 Save()

图书信息保存功能用于将链表中的图书信息写入文件中，以便在程序关闭后仍能保存这些数据。用户可以选择将数据存储为文本文件、二进制文件等格式。函数 Save() 的功能实现代码如下：

```
//保存书单到文件
void Save(BookInfo* head)
{
    BookInfo *p;
    FILE *fp;
    p = head;
     //以只写的方式打开文件
    fp = fopen("C:\\Users\\admin\\Desktop\\bookslist.txt", "w");
    if (fp == NULL) {                  //打开失败则打印提示信息
        perror("Error opening file");
        printf(" 打开失败 \n");
        return;
    }
```

```
    while (p->next != NULL)
    {
        p = p->next;
        fprintf(fp, "编号: %s\n书名:《%s》\n作者: %s\n分类: %s\n价格: %.2f\n",
            p->bnum, p->bname, p->bauthor, p->bclassfy, p->bprice);
        fprintf(fp, "└──────────┴──────────┴──────────┴──────────┴──────────┘\n");
    }
    fclose(fp);
    printf("保存成功! \n");
    printf("数据已成功保存到C:\\Users\\admin\\Desktop\\bookslist.txt\n");
}
```

Save() 函数无返回值，它接收一个指向 BookInfo 类型的指针 head 作为参数，这个指针指向链表的头节点。函数内声明了一个指向 BookInfo 类型的指针 p，用于遍历链表；声明了一个指向 FILE 类型的指针 fp，用于操作文件。使用 fopen() 函数以只写的方式打开文件 "C:\\Users\\admin\\Desktop\\bookslist.txt"，并将文件指针赋给 fp。如果文件打开失败，fp 将为 NULL，此时输出提示信息，跳出函数。

若文件成功打开，则首先使用 fprintf() 函数写入表格的头部。然后通过 while (p -> next != NULL) 循环遍历链表，使用 fprintf() 将每本书的编号、书名、作者、分类和价格写入文件。注意，这里在每次循环结束时都写入了表格的底部线条，这可能会导致文件中有多余的线条。信息写入完毕后使用 fclose() 函数关闭文件，并打印提示信息和文件保存路径的提示信息。

以上功能实现函数均存储在 BooksManage.c 文件中，需注意，图书信息的数据类型声明存储在 BooksManage.h 文件中，函数实现时调用的函数存储在 stdlib.h、string.h 文件中，因此 BooksManage.c 文件需包含 BooksManage.h 文件。

10.2.7 功能演示

运行程序，首先由 main 函数打印系统主页面，如图 10－22 所示。

图 10－22　打印系统主页面

根据提示输入选择的功能，可跳转到相应的页面。

1. 图书信息录入

输入“1”，跳转到图书信息录入页面。可以根据提示输入图书信息，如图 10－23 所示。

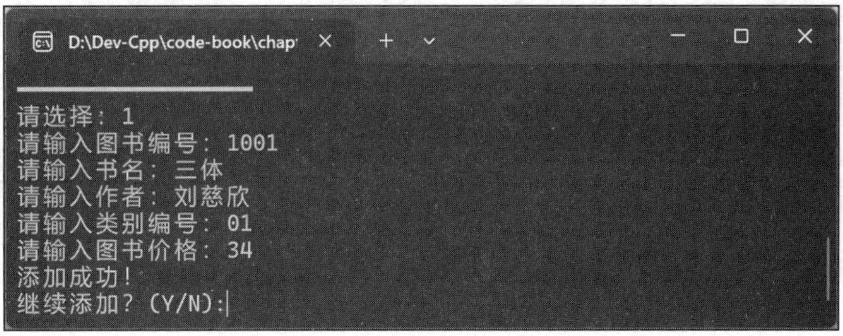

图 10－23 图书信息录入页面

如图 10－23 所示，图书信息录入成功。根据提示信息，若输入“y”(或“Y”)则表示继续添加，程序跳转到图书信息录入页面，可以再次录入信息，如图 10－24 所示。

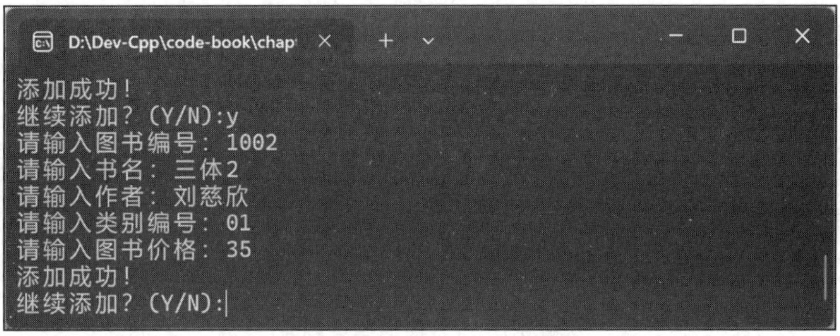

图 10－24 输入“y”继续输入

此处又添加 1 条信息。输入“n”(或“N”)则表示不继续添加，将返回主页面，可继续选择，如图 10－25 所示。

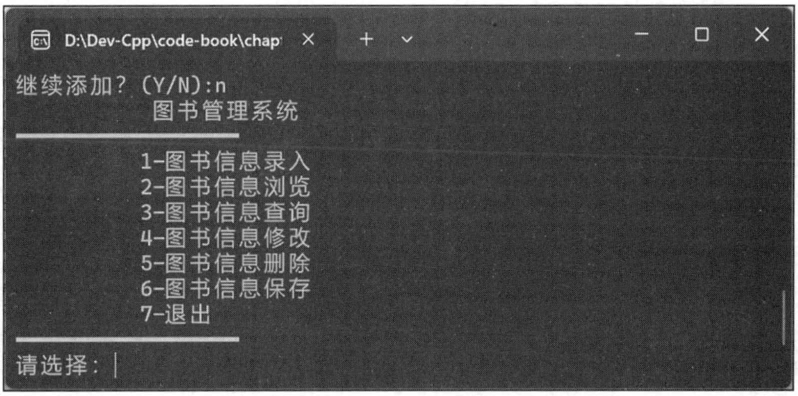

图 10－25 输入“n”返回主页面

2. 图书信息浏览

输入“2”，程序将打印书单，如图 10－26 所示。

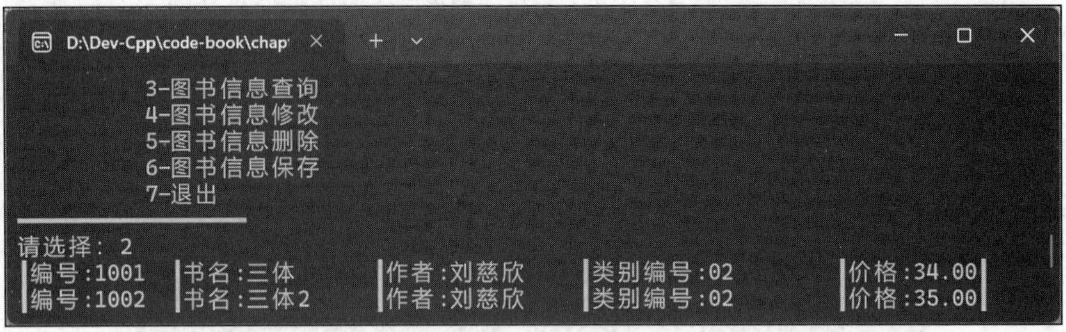

图 10－26　打印书单

3. 图书信息查询

输入“3”，可根据书名查询图书信息。输入想查询的书名，程序将打印相应图书信息，并返回主页面，如图 10－27 所示。

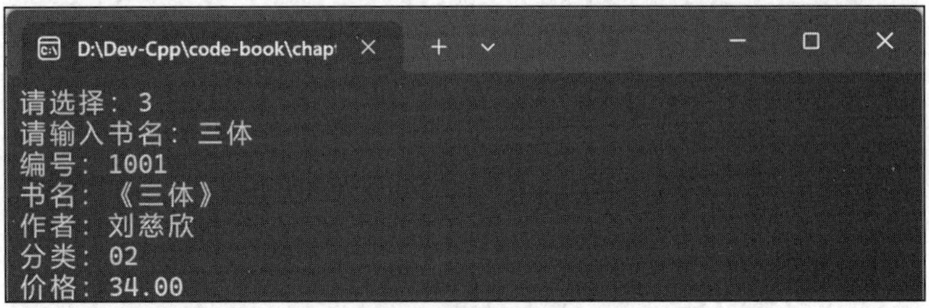

图 10－27　图书信息查询

4. 图书信息修改

输入“4”，可使用图书信息修改功能。通过输入书名可选择要修改信息的图书，并重新设置图书信息，如图 10－28 所示。

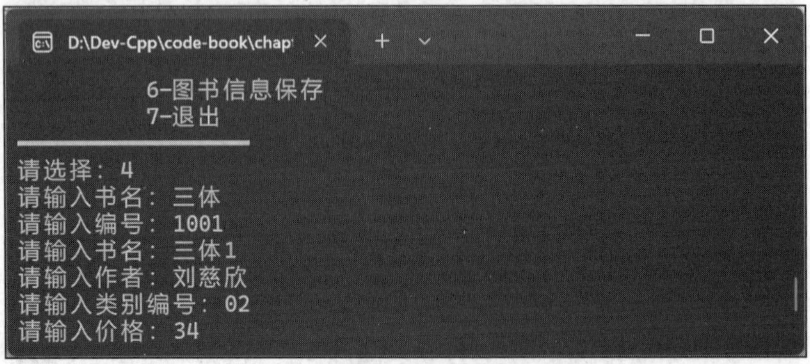

图 10－28　图书信息修改

此时再次浏览书单，发现书名从“三体”更新为“三体 1”，说明信息修改成功，如图 10－29 所示。

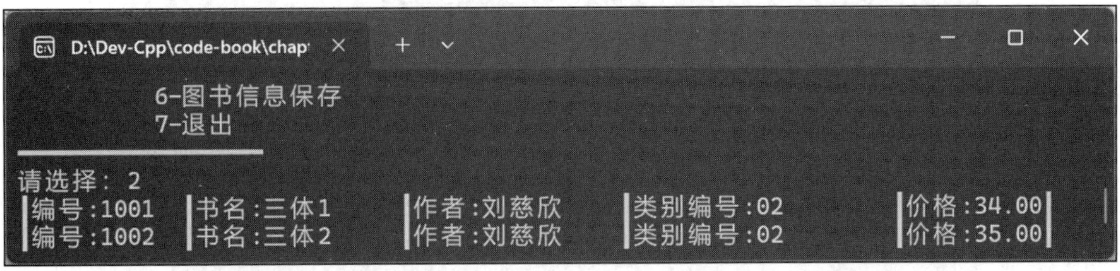

图 10－29　再次浏览书单

5. 图书信息删除

输入“5”，可使用信息删除功能。根据提示输入要删除的图书名字，即可删除图书信息，如图 10－30 所示。

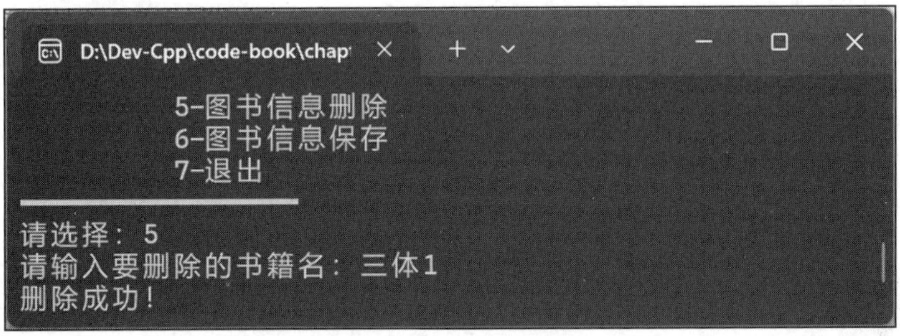

图 10－30　图书信息删除

此时浏览书单，图书《三体 1》的信息已被删除，说明图书信息删除功能正常，如图 10－31 所示。

图 10－31　信息成功删除

6. 图书信息保存

图书信息保存功能用于存储书单到本地。输入“6”，系统提示信息如图 10－32 所示。

根据提示信息，在指定路径找到文件“ bookslits.txt”，打开文件可查看文件中的书单信息，如图 10－33 所示。

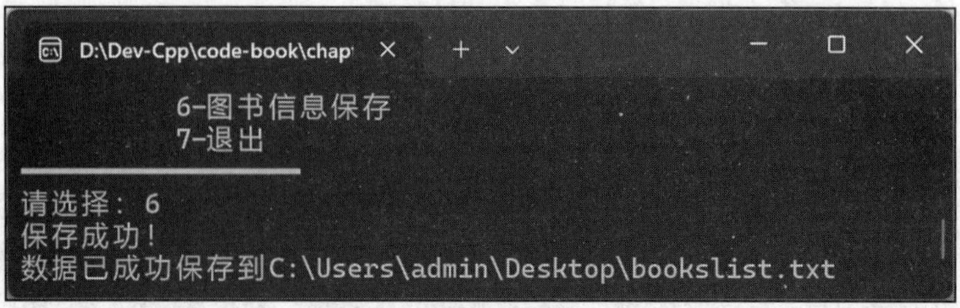

图 10－32　图书信息保存

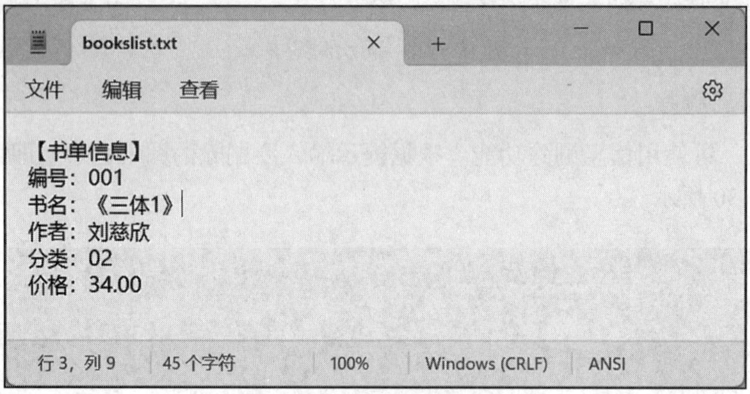

图 10－33　查看书单信息

参考文献

［1］梅创社. C 语言程序设计［M］. 4 版. 北京：北京邮电大学出版社，2020.

［2］黑马程序员. C 语言程序设计项目化教程［M］. 北京：高等教育出版社，2023.

［3］李学刚. C 语言程序设计［M］. 3 版. 北京：高等教育出版社，2021.

［4］景宏磊. C 语言程序设计案例教程［M］. 5 版. 大连：大连理工大学出版社，2021.

［5］刘畅. C 语言实用教程［M］. 4 版. 北京：电子工业出版社，2023.

附录

附录 A　ASCII 码表节选（0 ～ 127 号）

代码	字符	代码	字符	代码	字符	代码	字符
0		32	[空格]	64	@	96	`
1		33	!	65	A	97	a
2		34	"	66	B	98	b
3		35	#	67	C	99	c
4		36	$	68	D	100	d
5		37	%	69	E	101	e
6		38	&	70	F	102	f
7		39	'	71	G	103	g
8	退格	40	(	72	H	104	h
9	Tab	41	)	73	I	105	i
10	换行	42	*	74	J	106	j
11		43	+	75	K	107	k
12		44	,	76	L	108	l
13	回车	45	−	77	M	109	m
14		46	.	78	N	110	n
15		47	/	79	O	111	o
16		48	0	80	P	112	p
17		49	1	81	Q	113	q
18		50	2	82	R	114	r
19		51	3	83	S	115	s
20		52	4	84	T	116	t
21		53	5	85	U	117	u
22		54	6	86	V	118	v
23		55	7	87	W	119	w

续表

代码	字符	代码	字符	代码	字符	代码	字符
24		56	8	88	X	120	x
25		57	9	89	Y	121	y
26		58	:	90	Z	122	z
27		59	;	91	[	123	{
28		60	<	92	\	124	|
29		61	=	93	]	125	}
30	-	62	>	94	^	126	～
31		63	?	95	_	127	

附录 B　C 语言关键字

在 C 语言中，关键字（Keywords）是预定义的、保留的标识符，它们具有特殊的含义，用于控制程序的结构或执行特定的操作。你不能将 C 语言的关键字用作变量名、函数名或任何其他标识符。C 语言的常见标准关键字如下：

```
auto          break         case          char          const         continue
default       do            double        else          enum          extern
float         for           goto          if            int           long
register      return        short         signed        sizeof        static
struct        switch        typedef       union         unsigned      void
volatile      while         _Alignas      _Alignof      _Atomic       _Bool
_Complex      _Generic      _Imaginary    _Noreturn
_Static_assert _Thread_local (C11 新增)
```

注意，随着 C 语言标准的演进（如 C89 ～ C99 到 C11 ～ C17），以上展示的是最常见的关键字，但其中有几个关键字（如 _Alignas、_Alignof、_Atomic、_Bool、_Complex、_Generic、_Imaginary、_Noreturn 和 _Thread_local）是 C11 或更高版本标准中引入的，因此在旧版本的 C 编译器中可能不可用。

此外，还有一些以两条下划线开头或结尾，或者一条下划线后跟一个大写字母的标识符，它们通常是为编译器或标准库保留的，虽然在技术上不是关键字，但在编程时应避免使用这些名称，不然可能引起与编译器或库出现冲突。

在编写 C 程序时，了解并正确使用这些关键字是非常重要的。它们构成了 C 语言的基础，是控制程序流程、定义数据类型、处理数据及组织代码的关键。

附录 C　运算符的优先级及结合顺序

在 C 语言中，运算符的优先级和结合顺序是编写正确且高效代码的重要基础，了解运算符的优先级和结合顺序是准确编写表达式的基础。

<table>
<tr><th>运算符</th><th>优先级</th><th>结合顺序</th><th>含义</th></tr>
<tr><td>()</td><td rowspan="4">（最高）1</td><td rowspan="4">自左至右</td><td>圆括号运算符</td></tr>
<tr><td>[]</td><td>下标运算符</td></tr>
<tr><td>.</td><td>结构体成员运算符</td></tr>
<tr><td>-></td><td>结构体指针成员运算符</td></tr>
<tr><td>!</td><td rowspan="8">2</td><td rowspan="8">自右至左</td><td>逻辑非运算符</td></tr>
<tr><td>++、--</td><td>自增、自减运算符</td></tr>
<tr><td>+</td><td>求正运算符</td></tr>
<tr><td>-</td><td>求负运算符</td></tr>
<tr><td>*</td><td>间接运算符</td></tr>
<tr><td>&</td><td>取址运算符</td></tr>
<tr><td>(类型名)</td><td>强制类型转换运算符</td></tr>
<tr><td>sizeof</td><td>求所占字节数运算符</td></tr>
<tr><td>*、/、%</td><td>3</td><td>自左至右</td><td>乘、除、求余运算符</td></tr>
<tr><td>+、-</td><td>4</td><td>自左至右</td><td>加、减运算符</td></tr>
<tr><td><、<=、>、>=</td><td>6</td><td>自左至右</td><td>小于、小于等于、大于、大于等于运算符</td></tr>
<tr><td>==、!=</td><td>7</td><td>自左至右</td><td>等于、不等于判断运算符</td></tr>
<tr><td>&&</td><td>11</td><td>自左至右</td><td>逻辑与运算符</td></tr>
<tr><td>||</td><td>12</td><td>自左至右</td><td>逻辑或运算符</td></tr>
<tr><td>? :</td><td>13</td><td>自右至左</td><td>条件运算符</td></tr>
<tr><td>=
+=、-=、*=、
/=、%=</td><td>14</td><td>自右至左</td><td>赋值运算符</td></tr>
<tr><td>,</td><td>（最低）15</td><td>自左至右</td><td>逗号运算符</td></tr>
</table>

附录 D　C 语言常用库函数

1. 字符处理函数

使用以下字符处理函数时，需在程序中包含头文件 stdio.h。

函数名	函数原型	功能	返回值
isalnum	int isalnum(int c);	判断 c 是否为字母或数字	是返回 1；否则返回 0
isalpha	int isalpha(int c);	判断 c 是否为字母	是返回 1；否则返回 0
iscntrl	int iscntrl(int c);	判断 c 是否为控制字符	是返回 1；否则返回 0
isdigit	int isdigit(int c)	判断 c 是否为数字	是返回 1；否则返回 0
islower	int islower(int c);	判断 c 是否为小写字母	是返回 1；否则返回 0
isspace	int isspace(int c);	判断 c 是否为空格	是返回 1；否则返回 0
isupper	int isupper(int c);	判断 c 是否为大写字母	是返回 1；否则返回 0
tolower	int tolower(int c);	将 c 字符转换为小写字母	是返回 1；否则返回 0
toupper	int toupper(int c);	将 c 字符转换为大写字母	是返回 1；否则返回 0

2. 常用的字符串处理函数

使用以下字符串处理函数时，需在程序中包含头文件 string.h。

函数名	函数原型	功能	返回值
strcat	char* strcat(char* s1, char* s2);	将字符串 s2 连接到字符串 s1 后面；调用时应保证 s1 的空间足够大，能存入 s1 和 s2 两个字符串的内容	返回 s1 指针
strchr	char* strchr(char*s, int c);	在 s 字符串中找出字符 c 第一次出现的位置	找到返回该位置的地址；否则返回 NULL
strcmp	int strcmp(char* s1, char* s2);	比较字符串 s1 与 s2 的大小	s1>s2，返回负数； s1=s2，返回 0； s1<s2，返回正数
strcpy	char* strcpy(char* s1, char* s2);	将字符串 s2 复制到 s1 指向的内存空间，s2 必须是以 '\0' 终止的字符串指针	返回 s1 指针
strlen	int strlen(char* s);	求字符串 s 的长度	返回有效字符个数
strncat	char* strncat(char*s1, char*s2, int n);	将字符串 s2 中的前 n 个字符连接到 s1 字符串后面	返回 s1 指针
strncmp	int strncmp(char*s1, char*s2, int n);	比较字符串 s1 和 s2 前 n 个字符的大小	s1>s2，返回负数； s1=s2，返回 0； s1<s2，返回正数
strncpy	char*strncpy(char*s1, char* s2, int n);	将 s2 的前 n 个字符复制到 s1 中，s2 必须是以 '\0' 终止的字符串指针	
strstr	char*strstr(char* s1, char* s2);	在字符串 s1 中查找字符串 s2 第一次出现的位置	找到返回该位置的地址；否则返回 NULL
strupr	char* strupr(char* s);	将字符串 s 转换为大写字母	返回 s 指针

3. 常用的内存操作函数

使用以下内存操作函数时，需在程序中包含头文件 stdlib.h。

函数名	函数原型	功能	返回值
malloc	void *malloc(unsigned size);	分配一个 size 字节的内存空间	成功返回分配内存块的首地址，失败返回 NULL
calloc	void *calloc(unsigned num, unsigned size);	分配 num 个数据项的内存空间，每个数据项占 s 字节	成功返回分配内存块的首地址，失败返回 NULL
realloc	Void *reallco(void *p, unsigned num);	将 p 所指的内存区的大小改为 num 字节	新分配内存空间的地址，如不成功返回 0
memset	void *memset(void *buffer, int c, int count);	用 c 来初始化 buffer 所指定的内存空间的前 count 个字符	返回指向 buffer 的指针
memcpy	void *memcpy(void *dest, void *src, unsigned int count);	拷贝 src 指向的内存空间的前 count 个字符到 dest 指向的内存空间中	指向 dest 的指针

续表

函数名	函数原型	功能	返回值
memmove	void *memmove(void *dest, void *src, unsigned int count);	移动 src 指向的内存空间的前 count 个字符到 dest 指向的内存空间中	指向 dest 的指针
memcmp	int memcmp(void *buf1, void *buf2, unsigned int count);	比较 buf1 和 buf2 所指向内存的前 count 个字符是否相等	当 buf1<buf2 时，返回 <0；当 buf1=buf2 时，返回 0；当 buf1>buf2 时，返回 >0
free	void free(void *p);	释放 p 所指的内存区域	无

4. 常用的文件操作函数

使用以下文件操作函数时，需在程序中包含头文件 stdlib.h。

函数名	函数原型	功能	返回值
fclose	Int fclose(FILE* fp);	关闭 fp 所指的文件，释放文件缓冲区	出错返回非零值，否则返回 0
feof	int feof(FILE* fp);	判断文件是否结束	文件结束返回非零值，否则返回 0
fgetc	int fgect(FILE* fp);	从 fp 所指文件中读取下一个字符	出错返回 EOF，否则返回读取字符的 ASCII 码
fgets	char* fgets(char* b, int n, FILE*fp);	从 fp 所指文件中读取长度为 n−1 的字符串，并存入 b 所指存储区	返回 b 所指存储区的地址，若遇文件结束或出错返回 NULL
fopen	FILE*fopen(char*filename, char* mode);	以 mode 指定的访问方式打开文件名为 filename 的文件	打开成功则返回文件信息区的起始地址，否则返回 NULL
fprintf	int fprintf(FILE* stream, char* format[, argument, ...]);	将 argument 中的值以 format 指定的格式输出到 fp 所指文件中	返回实际输出的字符数
fputc	int fpuc(char c, FILE* fp);	将 c 中的字符存放到 fp 所指文件中	成功返回该字符，否则返回 EOF
fputs	int fputs(char* s, FILE* fp);	将 s 所指字符串存放到 fp 所指文件中	成功返回非零值，否则返回 0
fread	int fread(void* ptr, int size, int n, FILE* fp);	从 fp 所指文件中读取长度为 size 的 n 个数据块并存入 ptr 所指内存空间中	返回读取的内存块个数，若遇文件结束或出错返回 0
fscanf	int fscanf(FILE* fp, char* format [, argument, ...]);	从 fp 所指文件中按 format 指定的格式把输入数据存入 argument 所指内存空间中	已输入的数据个数，遇到文件结束或出错返回 0
fseek	int fseek(FILE* fp, long offset, int base);	移动 fp 所指文件的位置指针	成功返回当前位置，否则返回 −1
ftell	long ftell(FILE* fp);	求出 fp 所指文件当前的读写位置	读写位置
fwrite	int fwrite(void* ptr, int size, int n, FILE* fp);	把 ptr 所指的 size * n 个字节输出到 fp 所指文件中	输出的数据块个数

续表

函数名	函数原型	功能	返回值
getch	int getch(void);	从标准输入设备读取一个字符，但不回显到屏幕上	返回所读字符，若出错或文件结束返回 -1
getchar	int getchar(void);	从标准输入设备读取一个字符	返回所读字符，若出错或文件结束返回 -1
gets	char* gets(char* s);	从标准输入设备读取一个字符串	返回 s
printf	int printf(char* format[, argument, ...]);	把 argument 的值以 format 指定的格式输出到标准输出设备	输出字符的个数
putchar	int putchar(char c);	把 c 存放的字符输出到标准输出设备	返回输出的字符，若出错返回 EOF
puts	int puts(char* s);	把 s 所指字符串输出到标准输出设备，并追加换行符	返回非负值，若出错返回 EOF
scanf	int scanf(char* format[, argument, ...]);	从标准输入设备按 format 指定的格式把输入数据存放到 argument 所指内存空间中	返回已输入的数据个数，出错返回 0

图书在版编目（CIP）数据

C语言程序设计 / 杨磊，李洪建，李晓明主编．北京：中国人民大学出版社，2025.6．--（新编21世纪高等职业教育精品教材）．--ISBN 978-7-300-33579-7

Ⅰ. TP312.8

中国国家版本馆CIP数据核字第2025FA7677号

新编21世纪高等职业教育精品教材·电子与信息类

C语言程序设计

主　编　杨　磊　李洪建　李晓明

副主编　王延亮　徐　升　张　卓　陈　琳　张　鹏　童得力　曾　志

C Yuyan Chengxu Sheji

出版发行	中国人民大学出版社		
社　　址	北京中关村大街31号	**邮政编码**	100080
电　　话	010－62511242（总编室）		010－62511770（质管部）
	010－82501766（邮购部）		010－62514148（门市部）
	010－62511173（发行公司）		010－62515275（盗版举报）
网　　址	http://www.crup.com.cn		
经　　销	新华书店		
印　　刷	唐山玺诚印务有限公司		
开　　本	787 mm×1092 mm　1/16	**版　　次**	2025年6月第1版
印　　张	19.25	**印　　次**	2025年6月第1次印刷
字　　数	448 000	**定　　价**	53.00元